# Elektrotechnik

## Ein Lehrbuch für den Praktiker

Von

A. DÄSCHLER

Diplomingenieur

Technischer Verlag Herbert Cram / Berlin

1950

Druck: Deutsche Wertpapier-Druckerei, Leipzig (M 301)

# Vorwort zur ersten deutschen Auflage

Die vorliegende erste deutsche Auflage wurde eingehend überarbeitet. Alle Schaltbilder wurden, soweit dadurch keine Beeinträchtigung des Verständnisses der dargestellten Vorgänge oder Zusammenhänge eintrat, den Schaltungsnormen der VDE angepaßt oder durch diese neben der ursprünglichen Darstellung ergänzt, um den Lernenden gleich von Anfang an die Wirkungsweise und schaltungsmäßige Darstellung einer elektrischen Maschine oder eines Gerätes einzuprägen.

Großer Wert wurde darauf gelegt, die VDE-Vorschriften stets heranzuziehen, die betreffende VDE-Arbeit mit ihrer Bezeichnungsnummer zu erwähnen, wo auf Vorschriften, Festsetzungen oder Tabellen eingegangen werden mußte. Für die Westzonen wird unter VDE-Vorschriften das Vorschriftenwerk des „Verbandes Deutscher Elektrotechniker" verstanden, das für die Ostzone von der „Kammer der Technik" in Berlin übernommen und von ihr als „Vorschriftenwerk Deutscher Elektrotechniker" herausgegeben wird.

Verlag und Bearbeiter hoffen somit, daß das vorliegende Werk, das sich in der Schweiz schon in vielen Auflagen sehr bewährt hat, bei Lehrenden und Lernenden der gewerblichen Berufsschulen Deutschlands den gleichen Anklang finden wird und so für den jungen Menschen in der Ausbildung eine wertvolle Hilfe werden kann, auch zu späterer Mitarbeit am Wiederaufbau Deutschlands.

August 1949.

H. Bornemann, Baurat
Dozent für Elektrotechnik
an der Ingenieurschule Beuth, Berlin.

Im Jahre 1937 wurde von der Gewerbeschule Zürich eine vom Unterzeichneten verfaßte Merkblättersammlung für den Elektrotechnikunterricht herausgegeben. Dieses Lehrmittel fand in der Folge auch an weiteren Schulen Verwendung und erschien hierauf in Buchform. Im laufenden Jahr kann bereits die 7. Auflage (28.—35. Tausend) herausgegeben werden.

Da das Buch auch im Ausland Interessenten fand, so ergab sich der Gedanke, es auch dort zu verlegen, und zwar zunächst in Deutschland. Durch Vermittlung meines Freundes, Herrn Dipl.-Ing. E. Krehl, Berlin, konnte dafür der Technische Verlag Herbert Cram gewonnen werden. Mit Rücksicht auf die deutschen Normen und Bezeichnungen war zunächst eine Bearbeitung notwendig. Diese hat Herr Baurat H. Bornemann übernommen. Es ist mir eine angenehme Pflicht, ihm für seine wertvolle Überarbeitung, die den Charakter des Buches jedoch unverändert ließ, meinen herzlichen Dank auszusprechen. Dieser gilt auch Herrn Krehl und dem Verlag für alle ihre Bemühungen um das Zustandekommen dieser ersten deutschen Ausgabe.

Ich möchte der Erwartung Ausdruck geben, daß das Buch auch in Deutschland den ihm zugehörigen Interessentenkreis findet.

August 1949.

A. Däschler, Dipl.-Ing.,
Vorsteher an der Gewerbeschule Zürich.

# Inhaltsverzeichnis

# Elektrotechnische Grundlagen

## Wirkungen des elektrischen Stromes

Der elektrische Strom ist an den von ihm ausgeübten Wirkungen zu erkennen. Als solche sind zu nennen:

### Wärmewirkung

Jeder stromdurchflossene Leiter wird erwärmt. Anwendungen: Glühlampen, Wärmegeräte, industrielle Öfen, elektrische Schweißung.

### Chemische Wirkung

Zwei Kohlenplatten, die in eine Kupfervitriol-Lösung tauchen, werden an eine Batterie angeschlossen. Bei Stromdurchgang scheidet an der einen Platte Kupfer aus. Die Kupfervitriol-Lösung wird zersetzt, d. h. es ergibt sich eine chemische Wirkung (Abb. 1).

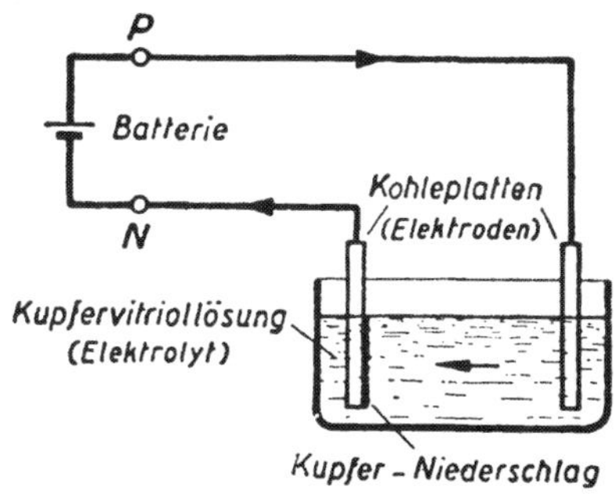


Abb. 1. Zersetzungszelle

Werden die Anschlüsse an die Batterieklemmen vertauscht, so scheidet das Kupfer an der andern Platte aus. Dies bedeutet: *Dem Strom ist eine Richtung zuzuschreiben.* Es wurde festgelegt:

*Das aus einer Lösung ausgeschiedene Metall, in obigem Fall das Kupfer, wandert mit dem Strom.*

Der Strom fließt somit von der als *positiver Pol* (*P*) bezeichneten Klemme durch die Leitung, Kupfervitriol-Lösung, zum *negativen Pol* (*N*) und durch die Batterie. Eine solche in sich geschlossene Strombahn ist ein *elektrischer Stromkreis.*

Den Strom leitende Flüssigkeiten bezeichnet man als *Elektrolyte,* die hineintauchenden Stromzuleitungen als *Elektroden* und die elektrochemische Zersetzung als *Elektrolyse.* Anwendungen: Galvanisieren (Vernickeln, Verkupfern, Verchromen usw.). Galvanoplastik, Wasserzersetzung zur Erzeugung von Wasserstoff- und Sauerstoffgas, Herstellung von Elektrolyt-Kupfer und Aluminium, Polreagenzpapier.

**Kraftwirkung**

Parallel zu einer Magnetnadel verlaufe ein stromdurchflossener Leiter.

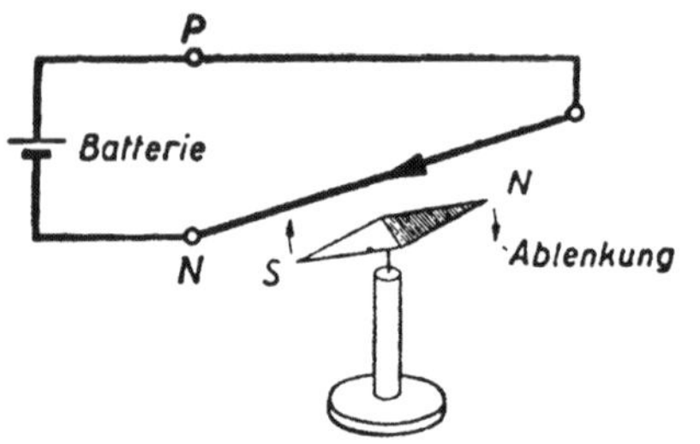


Abb. 2. Kraftwirkung auf Magnetnadel

Bei Stromdurchgang wird die Magnetnadel aus der Nord-Süd-Richtung abgelenkt (Abb. 2). Es ergibt sich somit eine Kraftwirkung. Bei Vertauschen der Anschlüsse an den Batterieklemmen erfolgt die Ablenkung im umgekehrten Sinn. Dies bedeutet ebenfalls, daß der Strom eine gewisse Richtung des Fließens hat. Anwendungen: Elektromotoren, Meßgeräte.

## Gesetz von Ohm

**Vergleich mit einer Wasserströmung**

Im Verbindungsrohr der beiden Gefäße ist keine Strömung, weil kein Gefälle vorhanden ist.

Infolge Gefälle oder Druck *h* ergibt sich eine Strömung.

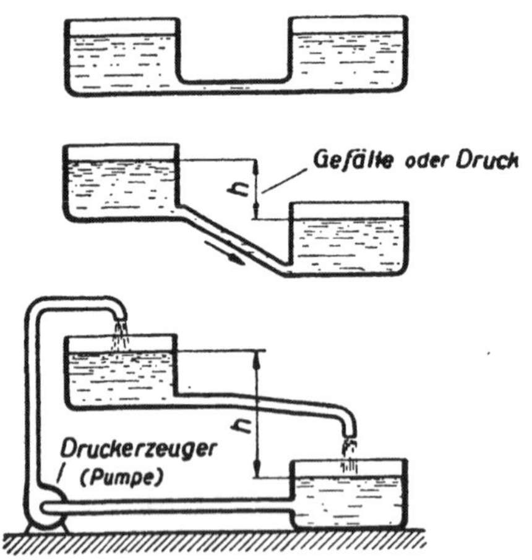


Abb. 3. Wasser-Stromkreis

Eine dauernde Strömung kann nur bei andauerndem Gefälle oder Druck *h* bestehen. Hierzu ist ein Druckerzeuger erforderlich (Abb. 3).

**Elektrischer Stromkreis**

Damit ein elektrischer Strom fließt, ist ein elektrischer Druck, eine elektrische Spannung, nötig. Elektrische Spannungserzeuger sind: galvanische Elemente, Sammler (Akkumulatoren), elektrische Maschinen (Generatoren).

Taucht man einen Zink- und einen Kohlenstab in eine Salmiaksalzlösung, so ist zwischen den Stabklemmen oder den Polen eine elektrische Spannung vorhanden. Das Ganze bildet ein galvanisches Element (Abb. 4).

Durch die Verbindung zwischen den Polen wird der Stromkreis geschlossen, und die Spannung treibt einen Strom hindurch. Der Stromkreis bietet dabei dem Strom einen Widerstand.

Ein elektrischer Stromkreis ist durch folgende Größen gekennzeichnet:

| | |
|---|---|
| Spannung oder Druck . . | $U$ |
| Stromstärke . . . . . . | $I$ |
| Widerstand . . . . . . | $R$ |

*Die Spannung $U$ treibt den Strom $I$ durch den Widerstand $R$.*

Je größer die Spannung, um so größer wird der Strom. Andererseits wird aber der Strom um so kleiner, je größer der sich bietende Widerstand ist. Nach dem *Gesetz von Ohm* ergibt sich die Stromstärke $I$ aus folgendem Zusammenhang:

$$\text{Strom} = \frac{\text{Spannung}}{\text{Widerstand}}$$

oder

$$\boxed{I = \frac{U}{R}}$$

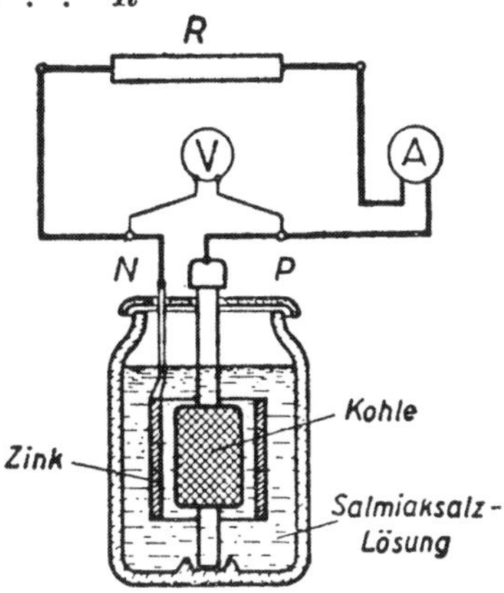


Abb. 4. Elektrischer Stromkreis

Ist z. B.

Spannung $U = 40$ Widerstand $R = 10$ so wird Strom $I = \frac{40}{10} = 4$

„ $U = 80$ „ $R = 10$ „ „ „ $I = \frac{80}{10} = 8$

„ $U = 40$ „ $R = 5$ „ „ „ $I = \frac{40}{5} = 8$

Stromstärke, Widerstand und Spannung werden in nachstehenden *Maßeinheiten* gemessen:

**Einheit der Stromstärke = 1 Ampere** . . . . . **1 A**

Diese Einheit wird durch die chemische Wirkung des elektrischen Stromes dargestellt: Durch Gesetz ist festgelegt: *Der Strom, der in einer Sekunde bei der Elektrolyse von Silbersalzlösung (Silbernitrat) 1,118 mg Silber ausscheidet, hat die Einheit von einem Ampere.*

**Einheit des Widerstandes = 1 Ohm** . . . . . $1\,\Omega$

Diese Einheit wird dargestellt durch den Widerstand eines Quecksilberfadens von 106,3 cm Länge und $1\,mm^2$ Querschnitt bei $0^0$ C.

**Einheit der Spannung = 1 Volt** . . . . . . . . . **1 V**

Nach dem Ohmschen Gesetz ist $1\,A = \frac{1\,V}{1\,\Omega}$. Ein Volt ist somit jene Spannung, die 1 A durch den Widerstand von $1\,\Omega$ treibt.

Für gewisse Messungen sind auch folgende Einheiten in Anwendung:

| | | |
|---|---|---|
| 1 Milliampere = $^1/_{1000}$ A | = 1 mA | 1 Millivolt = $^1/_{1000}$ V = 1 mV |
| 1 Kiloampere = 1000 A | = 1 kA | 1 Kilovolt = 1000 V = 1 kV |
| 1 Mikroohm = 1 millionstel $\Omega$ | = 1 $\mu\Omega$ | 1 Megohm = 1 Million $\Omega$ = 1 M$\Omega$ |

Aus Abb. 4 ist ersichtlich, wie Spannungs- und Strommesser zu schalten sind. Der Spannungsmesser ist an jene zwei Punkte anzuschließen, zwischen denen die Spannung zu messen ist. Der Strommesser ist so in die Leitung zu schalten, daß der zu messende Strom hindurchfließt. Alle anzeigenden elektrischen Meßgeräte werden in Schaltplänen durch einen Kreis dargestellt, in den das Einheitszeichen der zu messenden elektrischen Größe eingeschrieben ist. Bei schreibenden Meßgeräten steht anstatt des Kreises ein Quadrat.

*Beispiel:* Ein Heizkörper von 44 $\Omega$ Widerstand wird an 220 V angeschlossen. Welcher Strom fließt im Heizdraht?

Lösung: $$I = \frac{U}{R} = \frac{220\ \text{V}}{44\ \Omega} = 5\ \text{A}.$$

Nachstehend einige Spannungs- und Stromwerte von Stromquellen, Verteileranlagen und Verbrauchern.

*Spannungen:*

| | |
|---|---|
| Thermoelemente . . . . . . . . . . . . . . . . . | 10 bis 20 mV |
| Element einer Taschenlampenbatterie . . . . . . . | 1,5 V |
| Licht- und Kraftnetz . . . . . . . . . . . . . . | 220/380 V |
| Generatoren im Großkraftwerk Klingenberg, Berlin | 6 kV |
| Fahrdrahtspannung der Straßen- und Vorortbahnen | 500 bis 800 V |
| Fahrdrahtspannung der bayerischen Eisenbahnen . | 15 kV |
| Höchste bisher angewandte Kabelspannung . . . . | 220 kV |
| Höchste Freileitungsspannung in Deutschland . . . | 220 kV |

*Ströme:*

| | |
|---|---|
| im Mikrophon . . . . . . . . . . . . . . . . . | 10 bis 20 mA |
| in Glühlampen . . . . . . . . . . . . . . . . . | 0,1 bis 10 A |
| bei Lichtbogenschweißung . . . . . . . . . . . . | 10 bis 500 A |
| in Lichtbogenöfen . . . . . . . . . . . . . . . | bis 200000 A |

**Begriffserklärungen:**

*Starkstromanlagen* sind elektrische Anlagen, bei welchen Ströme benützt werden oder auftreten, die unter Umständen für Personen oder Sachen gefährlich sind (Kraftwerke, Abspannwerke, Hausinstallationen).

*Fernmeldeanlagen,* früher auch als Schwachstromanlagen bezeichnet, sind elektrische Anlagen, welche im allgemeinen für Personen und Sachen ungefährlich sind (Fernsprecher, Fernschreiber, Signalanlagen).

*Kleinspannungen* sind Spannungen bis und mit 50 V.

*Niederspannungsanlagen* sind nach verschiedenen VDE-Vorschriften[1]) Starkstromanlagen, bei welchen die Betriebsspannung 250 V gegen Erde nicht überschreitet.

*Hochspannungsanlagen* sind Starkstromanlagen mit über 1000 V Betriebsspannung.

## Stromarten

### Gleichstrom

Bei diesem ist Richtung und Größe der Spannung immer gleich. Eine solche Gleichspannung hat somit in einem Stromkreis von konstantem

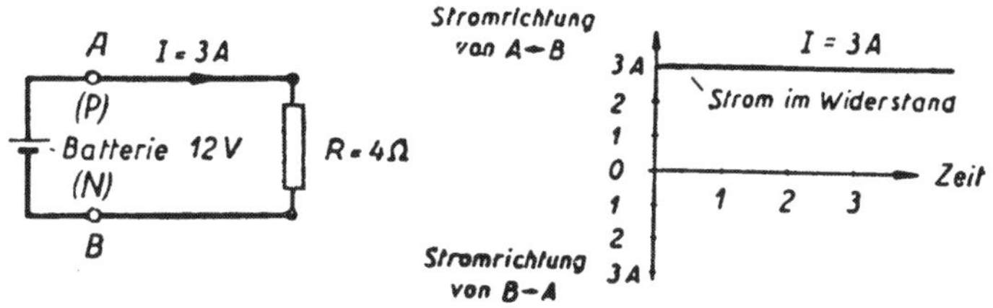


Abb. 5. Gleichstrom

Widerstand einen hinsichtlich Richtung und Größe stets gleichen Strom, einen Gleichstrom zur Folge.

Die graphische Darstellung (Abb. 5) zeigt, daß der Gleichstrom hinsichtlich Richtung in jedem Zeitpunkt unverändert ist.

*Gleichstromquellen:* Galvanische Elemente, Sammler, Gleichstromgeneratoren, Gleichrichter.

*Zeichen für Gleichstrom:* —

Gleichstrom findet Anwendung in der Fernmeldetechnik, für elektrochemische Zwecke, zum elektrischen Schweißen, bei Straßen- und Stadt-Schnellbahnen. Für Licht- und Kraftverteilernetze ist hingegen Gleichstrom nicht mehr viel im Gebrauch.

### Wechselstrom

Bei diesem ändern sich Richtung und Größe der Spannung periodisch.

Die in Abb. 6 dargestellte Kurve (Sinus-Linie) zeigt, wie z. B. in der am Wechselstromnetz angeschlossenen Lampe der Strom seine Richtung

[1] VDE-Vorschriften sind die vom *Verband Deutscher Elektrotechniker* ausgearbeiteten Vorschriften, Regeln und Leitsätze. Sie sind als Einzeldrucke zu beziehen: für die Westzonen vom VDE-Verlag, Wuppertal-Barmen, Wegnerstr. 13/15. Für die Ostzone als Vorschriftenwerk Deutscher Elektrotechniker von der „Kammer der Technik", Berlin NW 7, Unter den Linden 12.

und Stärke ändert. In der Lampe fließt ein Wechselstrom. Unter *Frequenz* des Wechselstromes versteht man die Zahl der Perioden je Sekunde.

*Wechselstromerzeuger:* Wechselstrom-Generatoren, Umspanner (Transformatoren).

*Zeichen für Wechselstrom:* ~

Kraftwerke für die allgemeine Elektrizitätsversorgung erzeugen drei Wechselströme ,die miteinander zu sog. Drehstrom verkettet sind

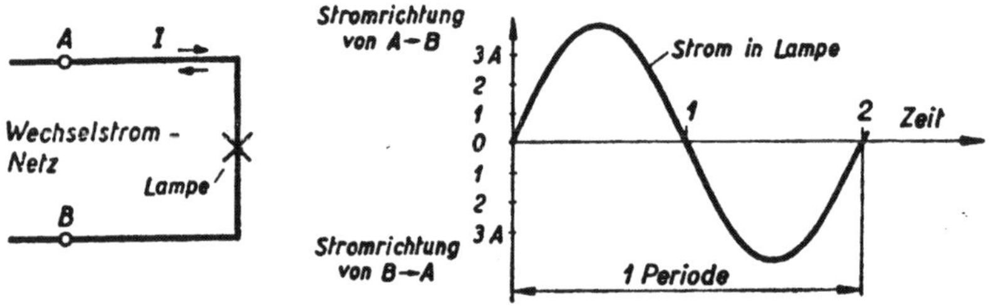


Abb. 6. Wechselstrom

(s. S. 120). Die Verteilung elektrischer Energie für Licht und Kraft erfolgt fast ausschließlich mit Drehstrom. Drehstrom und Wechselstrom lassen sich leicht auf andere Spannungen umspannen oder transformieren.

## Berechnung des Widerstandes

Der Widerstand eines Leiters wächst mit dessen *Länge* und nimmt mit größer werdendem *Querschnitt* ab. Er ist außerdem noch vom *Leiterwerkstoff* abhängig.

Von den praktisch verwendeten Werkstoffen kennt man den *spezifischen Widerstand* $\varrho$ (sprich: rho). Das ist der Widerstand eines Leiters von 1 m Länge, 1 mm² Querschnitt bei 20° C. Er beträgt z. B. für Kupfer 0,0179 $\Omega$; d. h. ein Kupferdraht von 1 m Länge und 1 mm² Querschnitt hat bei 20° C einen Widerstand von 0,0179 $\Omega$.

Je kleiner der spezifische Widerstand eines Werkstoffes, um so größer ist somit seine Fähigkeit, den Strom zu leiten. Der Wert $\frac{1}{\varrho}$ wird als *Leitfähigkeit* $\varkappa$ (sprich: kappa) bezeichnet und beträgt für Kupfer $\varkappa = \frac{1}{\varrho} = \frac{1}{0{,}0179} = 56.$

*Spezifische Widerstände* und *Leitfähigkeiten* bei 20° C

| Werkstoff | Spez. Widerstand $\varrho$ | Leitfähigkeit $\varkappa$ | Zulässige Temp. in ° C |
|---|---|---|---|
| Kupfer . . . . . . . | 0,0179 | 56 | |
| Aluminium . . . . . | 0,0285 | 35 | |
| Eisendraht . . . . . | 0,14 | 7,15 | |
| Manganin . . . . . . | 0,42 | 2,4 | |
| Nickelin . . . . . . | 0,4 | 2,5 | 400 |
| Rheotan . . . . . . | 0,47 | 2,13 | 400 |
| Konstantan . . . . . | 0,49 | 2.05 | 400 |
| Chromnickel . . . . . | 1,1 | 0,91 | 500—900 |
| Kohle . . . . . . . | 10...100 | 0,1...0,01 | |
| Schwefelsäure 20%ig . | 16500 | 0,000061 | |

Die Leitfähigkeit des Aluminiums ist also etwa $^1/_2$, diejenige des Eisens ung. $^1/_8$ und die des Nickelins ung. $^1/_{25}$ der Leitfähigkeit von Kupfer.

Der Widerstand eines Leiters berechnet sich aus der Beziehung:

$$\text{Widerstand} = \frac{\text{spez. Widerstand} \cdot \text{Länge}}{\text{Querschnitt}} = \frac{\text{Länge}}{\text{Leitfähigkeit} \cdot \text{Querschnitt}}$$

$$\boxed{R = \frac{\varrho \cdot l}{q}} \quad \text{oder} \quad \boxed{R = \frac{l}{\varkappa \cdot q}}$$

$l$ = Länge des Leiters in m
$q$ = Querschnittsfläche des Leiters in mm²
$\varrho$ = spezifischer Widerstand
$\varkappa$ = Leitfähigkeit

*Zu beachten:* Die so berechnete Ohmzahl gilt nur, wenn der Widerstand eine Temperatur von 20° C hat, denn es zeigt sich, daß der Widerstand noch von der Temperatur abhängig ist.

*Drahtdurchmesser und Querschnitte*

| $d$ in mm | $q$ in mm² | $d$ in mm | $q$ in mm² | $d$ in mm | $q$ in mm² |
|---|---|---|---|---|---|
| 0,2 | 0,031 | 1,784 | **2,5** | 4,0 | 12,57 |
| 0,4 | 0,126 | 1,8 | 2,54 | 4,2 | 13,85 |
| 0,6 | 0,283 | 2,0 | 3,14 | 4,514 | **16,0** |
| 0,8 | 0,503 | 2,2 | 3,80 | 4,6 | 16,62 |
| 0,977 | **0,75** | 2,257 | **4,0** | 5,0 | 19,63 |
| 1,13 | **1,00** | 2,6 | 5,31 | 5,642 | **25,0** |
| 1,2 | 1,13 | 2,764 | **6,0** | 6.0 | 28,27 |
| 1,382 | **1,5** | 3,0 | 7,07 | 6,675 | **35,0** |
| 1,4 | 1,54 | 3,57 | **10,0** | 7.0 | 38,48 |
| 1,6 | 2,01 | 3,6 | 10,18 | 7,971 | **50,0** |

Die nach den „Vorschriften nebst Ausführungsregeln für die Errichtung von Starkstromanlagen mit Betriebsspannungen unter 1000 V", VDE 0100, genormten Querschnitte sind in obiger Tafel **fett** gedruckt.

Für die Querschnittsberechnung aus dem Durchmesser $d$ gilt auch folgende Beziehung:

$$q = \frac{\pi^{*)}}{4} d^2 = \frac{3{,}14}{4} d^2 = 0{,}785 \cdot d^2 . \quad {}^{*)} \text{ (sprich: pi)}$$

*1. Beispiel:* Die Drahtlänge einer Kupferspule beträgt 220 m, der Draht hat 1,2 mm Durchmesser. Wie groß ist ihr Widerstand?

Lösung: $$R = \frac{\varrho \cdot l}{q} = \frac{0{,}0179 \cdot 220}{1{,}13} = 3{,}49\ \Omega \text{ bei } 20^0\,\mathrm{C}$$

oder

$$R = \frac{l}{\varkappa \cdot q} = \frac{220}{56 \cdot 1{,}13} = 3{,}49\ \Omega .$$

*2. Beispiel:* Ein Heizkörperwiderstand von 30 $\Omega$ soll aus vorhandenem Rheotandraht von 1 mm Durchmesser hergestellt werden. Wieviel Meter Draht sind erforderlich?

Lösung: $$l = \frac{R \cdot q}{\varrho} = \frac{30 \cdot 0{,}785}{0{,}47} = 50\,\mathrm{m} .$$

*3. Beispiel:* Eine zweipolige Cu-Freileitung von 8 km einfacher Länge darf einen Widerstand von 20 $\Omega$ haben. Mit welchem Querschnitt bzw. Drahtdurchmesser ist die Leitung auszuführen?

Lösung: $$q = \frac{l}{\varkappa \cdot R} = \frac{16\,000}{56 \cdot 20} = 14{,}3\,\mathrm{mm}^2 .$$

Gewählt wird der genormte Querschnitt von 16 mm² mit einem Durchmesser von 4,51 mm.

Wenn die Stromleitung mit möglichst geringem Widerstand zu erfolgen hat, wie z. B. in elektrischen Maschinen, Verteilungsanlagen, dann wird Kupfer, das einen kleinen spezifischen Widerstand hat, verwendet. Vorschaltwiderstände, Wärmegeräte usw. erfordern meistens in kleinem Raum einen Widerstand von größerer Ohmzahl und werden daher aus Nickelin, Konstantan, Rheotan oder Chromnickellegierungen ausgeführt.

*4. Beispiel:* Die zweipolige 8 km lange Cu-Freileitung in Beispiel 3 soll für gleichen Widerstand aus Aluminium ausgeführt werden. Welcher Querschnitt ist erforderlich?

Lösung: $$q = \frac{l}{\varkappa \cdot R} = \frac{16\,000}{35 \cdot 20} = 22{,}9\,\mathrm{mm}^2 .$$

Gewählt der genormte Querschnitt von 25 mm².

*Regelbare Widerstände* braucht man, um in einem Stromkreis den Strom zu regeln. Als Ausführungen kommen in Betracht:

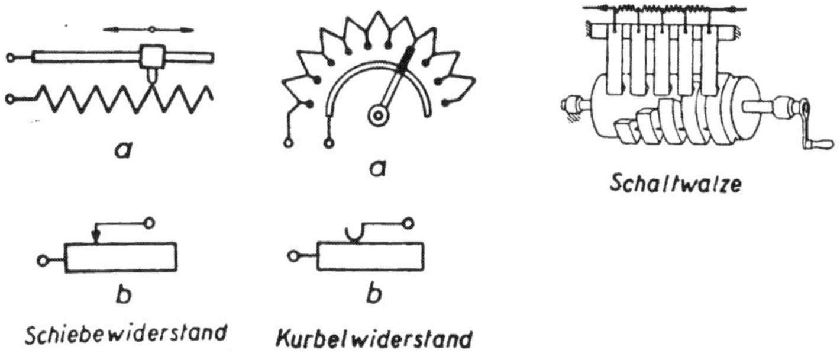


Abb. 7. Regelbare Widerstände
a) grundsätzliche Darstellung b) genormtes Schaltzeichen

*Isolatoren* leiten den Strom praktisch nicht, d. h. ihre Leitfähigkeit ist annähernd Null. Praktische Anwendung haben folgende Isoliermaterialien: Glas, Marmor, Porzellan, Schiefer, Fiber, Ölholz, Baumwolle, Seide, Papier, Preßspan, Mikanit.

## Abhängigkeit des Widerstandes von seiner Temperatur

Der Widerstand eines Leiter ist in einem gewissen Grade auch von seiner Temperatur abhängig. Bei Metallen und Metall-Legierungen wird in der Regel mit steigender Temperatur der Widerstand größer. Die mit $\varrho$ oder $\varkappa$ der Tafel auf S. 7 berechneten Widerstandswerte gelten daher nur bei 20° C.

Der *Temperaturkoeffizient* $\alpha$ (sprich: alfa) gibt an, um wieviel Ohm ein Widerstand von $1\,\Omega$ zunimmt, wenn seine Temperatur um 1° C steigt. Eine Temperaturzunahme $t_Z$ hat somit für den Widerstand $R$ die folgende Widerstandszunahme $R_Z$ zur Folge:

$$R_Z = \alpha \cdot t_Z \cdot R$$

*Temperaturkoeffizienten*

| Material | $\alpha$ | Material | $\alpha$ |
|---|---|---|---|
| Kupfer | 0,004 | Nickelin | 0,00028 |
| Aluminium | 0,004 | Chromnickel | 0,0001 |
| Eisendraht | 0,0048 | Konstantan | 0,00001 |
| Manganin | 0,00002 | Kohle | — 0,0002 bis — 0,004 |

Für die Legierung Konstantan ist $\alpha$ sehr klein; Widerstände aus diesem Werkstoff sind daher auch bei veränderlicher Temperatur praktisch konstant. Bei den übrigen Werkstoffen ist jedoch die Widerstandsänderung infolge der Temperaturzunahme zu berücksichtigen. Bei Kohle und Flüssigkeiten wird mit zunehmender Temperatur der Widerstand kleiner; ihr Temperaturkoeffizient ist negativ.

*1. Beispiel:* Der Draht einer Magnetspule aus Kupfer hat eine Länge von 200 m und $d = 0{,}8$ mm. Im Betrieb erwärmt sich die Spule auf 65° C. Wie groß ist dann ihr Widerstand?

Lösung: Es ist zunächst der Widerstand bei 20° C zu berechnen.

$$\text{Widerstand bei } 20^\circ\text{ C} \quad R = \frac{\varrho \cdot l}{q} = \frac{0{,}0179 \cdot 200}{0{,}5} = 7{,}15\ \Omega$$

$$\text{Widerstandszunahme} = 0{,}004 \cdot 7{,}15 \cdot (65 - 15) = \underline{1{,}43\ \Omega}$$

$$\text{somit Widerstand bei } 65^\circ\text{ C} \quad R = 8{,}58\ \Omega$$

Wicklungen von Maschinen erwärmen sich im Betrieb. Die durch Messung ermittelte Widerstandszunahme wird benutzt, um daraus die Erwärmung der Wicklung zu bestimmen. Nach den VDE-Bestimmungen sind dazu folgende Formeln anzuwenden für:

$$\text{Kupfer: } \frac{R_w}{R_k} = \frac{235 + t_w}{235 + t_k}, \qquad \text{Aluminium: } \frac{R_w}{R_k} = \frac{245 + t_w}{245 + t_k}.$$

Darin bedeuten:

$R_w$ Widerstand bei der Temperatur $t_w$

$R_k$ Widerstand bei der Temperatur $t_k$

*2. Beispiel:* Bei einer Temperatur von 16° C hat eine Wicklung aus Aluminium einen Widerstand von 21 $\Omega$. Wie groß ist ihr Widerstand bei 40° C?

Lösung: Bei der Temperatur $t_k = 16^\circ$ C beträgt der Widerstand $R_k = 21\ \Omega$. Dann ist bei $t_w = 40^\circ$ C der Widerstand:

$$R_w = \frac{245 + t_w}{245 + t_k} R_k = \frac{245 + 40}{245 + 16} \cdot 21 = \frac{285}{261} \cdot 21 = 22{,}9\ \Omega.$$

Unter *Erwärmung* versteht man die Temperaturdifferenz zwischen Wicklungstemperatur und Raumtemperatur. Die zulässigen Grenzerwärmungen sind durch Vorschriften festgelegt.

Elektrische *Widerstands-Fernthermometer* beruhen in ihrer Wirkung auf der Widerstandsänderung eines an der Meßstelle angeordneten Widerstandes.

## Der Spannungsverbrauch

Abb. 8 zeigt einen Teil eines Stromkreises, in welchem an ein Netz von 120 V über die Leitungen A—B und C—D eine Lampe angeschlossen ist.

Wird der Schalter geschlossen, so ergibt sich ein Strom von

$$I = \frac{120}{2 + 36 + 2} = 3\ \text{A}.$$

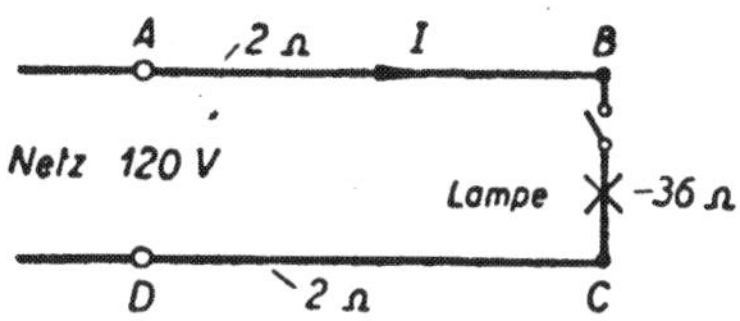


Abb. 8. Spannungsverbrauch, Spannungsverlust

Von der Netzspannung wird dabei in jedem der einzelnen Widerstände (Leitungs- und Lampen-Widerstand) ein Teil verbraucht, um den Strom von 3 A hindurchzutreiben.

Dieser *Spannungsverbrauch* in einem Widerstand $R$, durch den der Strom $I$ fließt, ergibt sich ebenfalls nach dem Gesetz von Ohm in der Form

Spannungsverbrauch = Widerstand · Strom oder $\boxed{U = R \cdot I}$

Es wird somit der Spannungsverbrauch

| | | |
|---|---|---|
| im Abschnitt A—B, d. h. in der Zuleitung | $U = 2 \cdot 3 =$ | 6 V |
| „ „ B—C, „ „ „ Lampe | $U = 36 \cdot 3 =$ | 108 V |
| „ „ C—D, „ „ „ Rückleitung | $U = 2 \cdot 3 =$ | 6 V |
| gesamter Spannungsverbrauch | $U_G =$ | 120 V |

In den Leitungen werden zusammen 12 V verbraucht. Von der Netzspannung verbleiben somit noch als Lampenspannung

$$U_L = 120\ \text{V} - 12\ \text{V} = 108\ \text{V Lampenspannung.}$$

Statt der Netzspannung von 120 V sind also nur 108 V für die Lichterzeugung nutzbar. Die in der Leitung verbrauchten 12 V sind somit für die Lampe verloren und werden als *Spannungsverlust* bezeichnet. Um diesen Spannungsverlust klein zu halten, ist die Leitung mit kleinem Widerstand bzw. großem Querschnitt auszuführen.

Wird der Schalter geöffnet, so fließt in den Leitungen kein Strom (sog. Leerlauf). Man mißt dann zwischen A—D und B—C die gleiche Spannung, nämlich 120 V.

In Lampenzuleitungen darf beim größten Strom der Spannungsverlust höchstens 3% der als konstant angenommenen Netzspannung betragen, da sonst die Helligkeitsabnahme der Lampen merkbar wird. Für Motorleitungen ist 5% Spannungsverlust zulässig. Über die Berechnung von Leitungen s. S. 162.

*1. Beispiel:* An welche Spannung ist ein Widerstand von 11 $\Omega$ anzuschließen, damit darin ein Strom von 20 A fließt?

Lösung: Es braucht eine Spannung $U = R \cdot I = 11 \cdot 20 = 220$ V. Der Widerstand ist also an 220 V anzuschließen.

*2. Beispiel:* Eine Gleichstrombogenlampe für 8 A braucht 50 V. Zum Anschluß an ein 110 V-Netz wird die überschüssige Spannung in einem Vorschaltwiderstand verbraucht (Abb. 9). Mit wieviel Ohm ist dieser auszuführen?

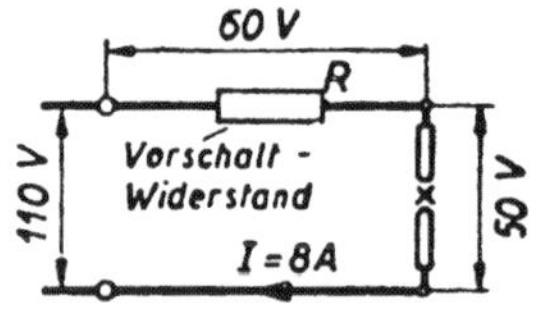


Abb. 9 Vorschaltwiderstand

Lösung:

Im Vorschaltwiderstand bei 8 A zu verbrauchende Spannung:

$$U = 110 - 50 = 60 \text{ V} = R \cdot 8 \text{ A}$$

Nach dem Ohmschen Gesetz ist:

$$R = \frac{U}{I} = \frac{60}{8} = 7{,}5\ \Omega.$$

*3. Beispiel:* Ein Motor ist über eine 300 m lange 2polige Kupferleitung von $d = 3{,}57$ mm an ein Netz von 460 V angeschlossen (Abb. 10).

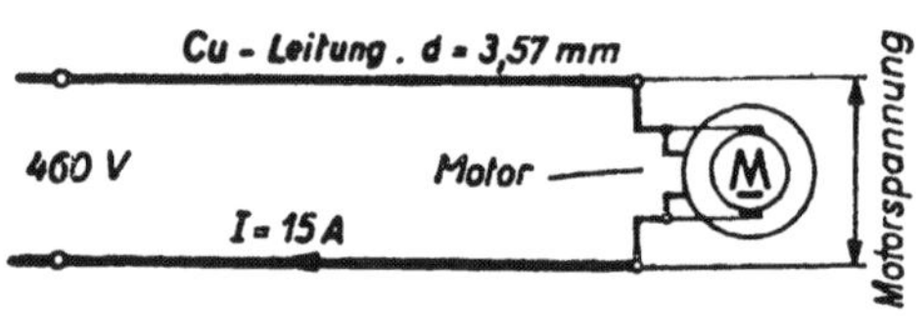


Abb. 10. Spannungsverlust in der Motorzuleitung

Wie groß ist der prozentuale Spannungsverlust in der Leitung und welches ist die Motorspannung bei 15 A Motorstrom?

Lösung:

Leitungswiderstand $R = \frac{l}{\varkappa \cdot q} = \frac{600}{56 \cdot 10} = 1{,}07\ \Omega$

Spannungsverbrauch in der Leitung $I \cdot R = 15 \cdot 1{,}07 = 16{,}1$ V

prozentualer Spannungsverlust $p_U = \frac{16{,}1 \cdot 100}{460} = 3{,}5\,\%$

nutzbare Motorspannung $U_M = 460 - 16{,}1 = 443{,}9$ V

## Schaltung von Widerständen

**Reihen- oder Hintereinander-Schaltung**

In nebenstehender Abb. 11 sind die Einzelwiderstände $R_1$, $R_2$, $R_3$ in Reihe oder hintereinander geschaltet. Durch alle Widerstände fließt der gleiche Strom $I$.

*Der Gesamtwiderstand ist gleich der Summe der Einzelwiderstände.*

$$R = R_1 + R_2 + R_3$$

*1. Beispiel:* An ein 220 V-Netz werden die 4 Widerstände $R_1 = 5\ \Omega$, $R_2 = 3\ \Omega$, $R_3 = 4\ \Omega$, $R_4 = 8\ \Omega$ in Reihe angeschlossen. Wie groß ist der Gesamtwiderstand $R_{Ges}$ und welcher Strom $I$ fließt durch die 4 Widerstände?

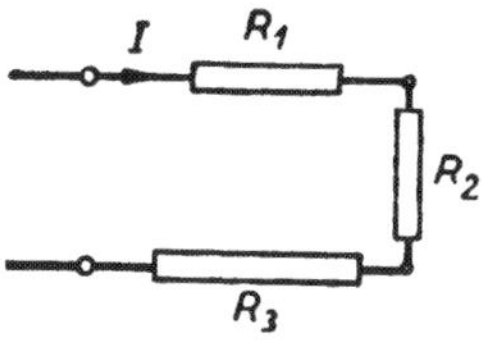


Abb. 11.
Reihenschaltung

Lösung:

Gesamtwiderstand $R_{Ges} = 5 + 3 + 4 + 8 = 20\ \Omega$

Strom in den 4 Widerständen $I = \frac{U}{R} = \frac{220}{20} = 11\ \text{A}$.

**Parallel- oder Nebeneinander-Schaltung**

Wie aus Abb. 12 ersichtlich, sind einerseits alle Anfänge und anderseits alle Enden der Widerstände $R_1$, $R_2$, $R_3$ zusammengenommen. Die Stromwege verzweigen sich an den Punkten $A$ und $B$. Die Widerstände sind nebeneinander oder parallel geschaltet.

In jedem Einzelwiderstand wird die gleiche Spannung verbraucht, z. B. $U = 120$ V. Es ist somit

$$I_1 = \frac{U}{R_1} \quad \text{z. B. } R_1 = 5\ \Omega \quad I_1 = \frac{120}{5} = 24\ \text{A},$$

$$I_2 = \frac{U}{R_2} \quad \text{,,} \quad R_2 = 7{,}5\ \Omega \quad I_2 = \frac{120}{7{,}5} = 16\ \text{A},$$

$$I_3 = \frac{U}{R_3} \quad \text{,,} \quad R_3 = 6\ \Omega \quad I_3 = \frac{120}{6} = 20\ \text{A}.$$

Der Netzstrom $I$ ist gleich der Summe der Ströme $I_1$, $I_2$, $I_3$, d. h.

$$I = 24 + 16 + 20 = 60\ \text{A}.$$

Die parallel geschalteten Widerstände $R_1$, $R_2$, $R_3$ entsprechen somit einem Gesamtwiderstand $R$ mit der Stromaufnahme $I = 60$ A. Somit

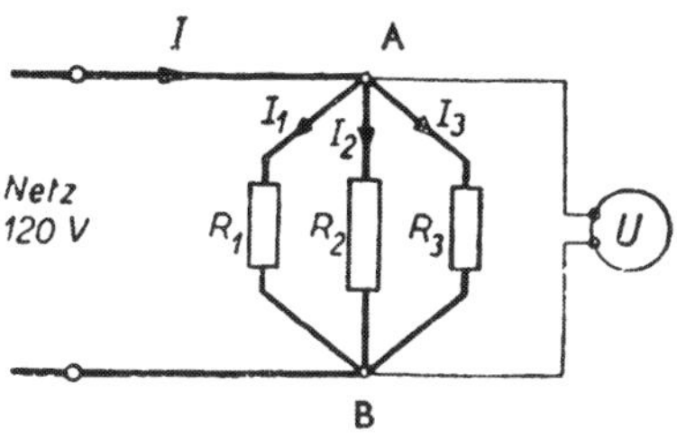


Abb. 12. Parallelschaltung

$$\text{Gesamtwiderstand } R_{Ges} = \frac{U}{I} = \frac{120}{60} = 2\ \Omega.$$

Die Berechnung des Gesamtwiderstandes $R_{Ges}$ kann auch nach folgender Formel erfolgen:

$$R_{Ges} = \frac{1}{\frac{1}{R_1} + \frac{1}{R_2} + \frac{1}{R_3}}$$

Mit den Zahlenwerten in obiger Rechnung ergibt sich

$$R_{Ges} = \frac{1}{\frac{1}{5} + \frac{1}{7,5} + \frac{1}{6}} = \frac{1}{0,2 + 0,133 + 0,166} = 2\,\Omega.$$

Da in einem Verteilungsnetz Lampen, Wärmegeräte, Motoren usw. alle für die gleiche Spannung, z. B. 220 V, ausgeführt sind, erfolgt deren An-

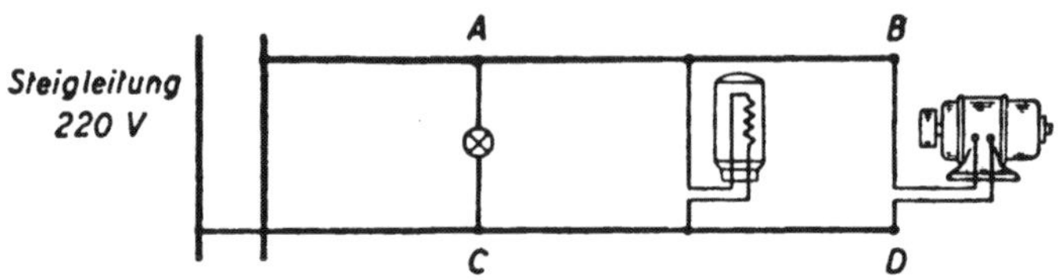


Abb. 13. Schaltung der Verbraucher im Netz

schluß, wie Abb. 13 zeigt, in Parallelschaltung. Der Zuleitungswiderstand A—B und C—D ist im Vergleich zum Widerstand der angeschlossenen Verbraucher klein; es ist daher praktisch so, wie wenn deren Anfänge und Enden je zusammengefaßt wären.

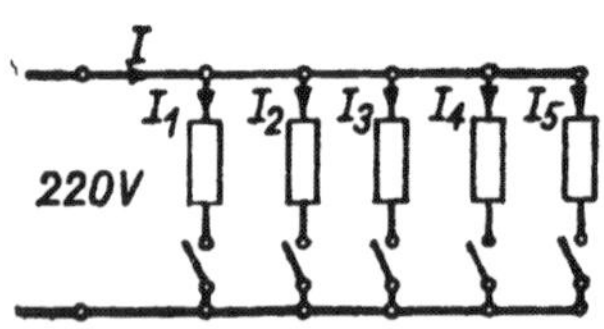


Abb. 14. Parallelschaltung

Die parallel geschalteten Widerstände können auch, wie dies in folgendem Beispiel angenommen, alle gleichen Widerstand haben.

*2. Beispiel:* Der Heizeinsatz eines Glühofens besteht aus 5 Drahtspiralen je 80 $\Omega$ in Parallelschaltung (Abb. 14). Gesucht gesamte Stromaufnahme bei 220 V und Gesamtwiderstand.

Lösung:

$$I_1 = I_2 = I_3 = I_4 = I_5 = \frac{220}{80} = 2{,}75 \text{ A}$$

$$\text{Gesamtstrom } I = 5 \cdot 2{,}75 = 13{,}75 \text{ A}$$

$$\text{Gesamtwiderstand } R_{Ges} = \frac{220}{13{,}75} = 16\,\Omega = \frac{1}{5} \text{ von } 80\,\Omega.$$

*Bei Parallelschaltung von z. B. 5 gleichen Widerständen ist somit der Gesamtwiderstand nur $^1/_5$ eines Einzelwiderstandes.*

Abb. 15 stellt eine sog. *gemischte Schaltung* dar. Die beiden Lampen sind unter sich parallel und der Vorschaltwiderstand ist dazu in Reihe geschaltet.

*3. Beispiel:* Wie groß ist in untenstehender Schaltung der Vorschaltwiderstand für Anschluß der beiden 7-V-Lampen an eine 10-V-Batterie auszuführen?

Lampe 1: $I_1 = 2$ A
Lampe 2: $I_2 = 1{,}5$ A

Lösung: Gesamtstrom im Vorschaltwiderstand $I = 2 + 1{,}5 = 3{,}5$ A. Bei diesem Strom sind im Vorschaltwiderstand 10—7 = 3 V zu verbrauchen. Es ist somit

Vorschaltwiderstand $R = \frac{3}{3{,}5} = 0{,}86\ \Omega$.

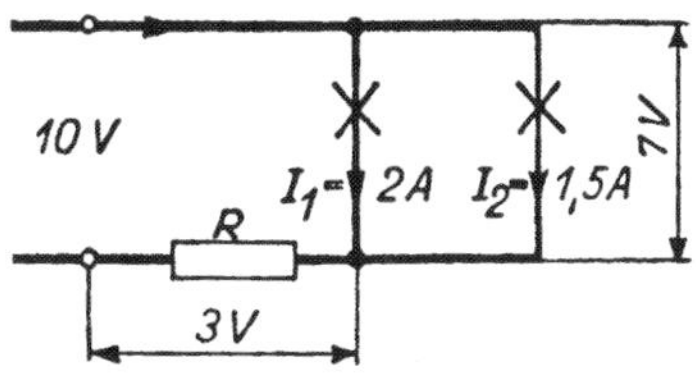


Abb. 15. Gemischte Schaltung

Gesamtwiderstand obiger Schaltung: Ersatzwiderstand der parallel geschalteten Lampen $R_L = \frac{7}{2 + 1{,}5} = 2\ \Omega$.

Dazu ist der in Reihe geschaltete Vorschaltwiderstand zu addieren. Somit Gesamtwiderstand $R_{Ges} = 2 + 0{,}86 = 2{,}86\ \Omega$.

$$\text{Gesamtstrom } I = \frac{10}{2{,}86} = 3{,}5 \text{ A}.$$

**Strom-Verzweigung von 2 Widerständen**

In nachstehender Schaltung (Abb. 16) verzweigt sich der Strom $I$ auf die beiden Widerstände $R_1$ und $R_2$. Es ist $I_1 \cdot R_1 = I_2 \cdot R_2$.

Für die beiden Zweigströme gelten folgende Beziehungen:

$$\boxed{I = I_1 + I_2} \qquad \boxed{\frac{I_1}{I_2} = \frac{R_2}{R_1}}$$

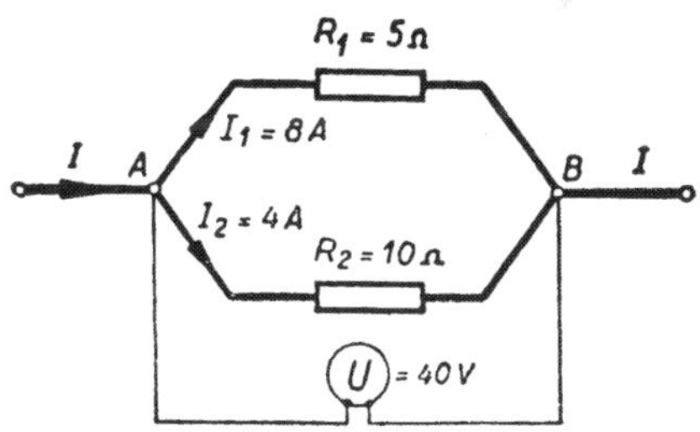


Abb. 16. Strom-Verzweigung

Die Zweigströme verhalten sich umgekehrt wie die Widerstände der Stromverzweigung. Im größeren Widerstand fließt also der kleinere Strom, im kleineren Widerstand der größere Strom.

Nimmt man zwischen den Verzweigungspunkten A und B einen Spannungsverbrauch von 40 V an, so ist:

$$I_1 = \frac{40}{5} = 8 \text{ A} \qquad I_2 = \frac{40}{10} = 4 \text{ A}$$

$$\underline{I = 8 + 4 = 12 \text{ A}} \qquad \underline{\frac{I_1}{I_2} = \frac{8}{4} = \frac{10\ \Omega}{5\ \Omega}.}$$

**Überbrücken oder Kurzschließen eines Widerstandes**

Parallel zu dem im Zuge einer Leitung liegenden Widerstand von 1 $\Omega$ wird eine Verbindung von 0,01 $\Omega$ angeschlossen (Abb. 17). Welche Stromverteilung ergibt sich bei gleichbleibendem Gesamtstrom von $I = 50$ A ?

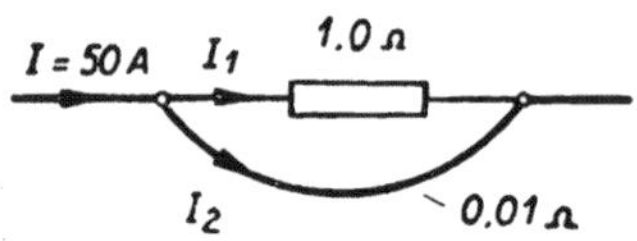

Abb. 17.
Kurzschließen eines Widerstandes

Nach obigem ist

$$\frac{I_1}{I_2} = \frac{R_2}{R_1} = \frac{0{,}01\,\Omega}{1\,\Omega} = \frac{1}{100},$$

$I_1$ und $I_2$ stehen also im Verhältnis von 1 zu 100. Im Widerstand von 1 $\Omega$ geht somit 100mal weniger Strom hindurch als in der Verbindung von 0,01 $\Omega$. Der Widerstand von 1 $\Omega$ führt also fast keinen Strom mehr. Er ist durch den viel kleineren Widerstand von 0,01 $\Omega$ überbrückt oder kurzgeschlossen worden.

## Schaltung von Spannungs- und Strommessern

Aus Abb. 18 ist ersichtlich, wie diese Meßgeräte anzuschließen sind. Der Strommesser ist so in die Leitung zu schalten, daß der zu messende Strom durch das Meßgerät fließt. Der Spannungsmesser ist an jene zwei Punkte anzuschließen, zwischen denen die Spannung zu messen ist. Der an den Klemmen 1—2 (Abb. 18) angeschlossene Spannungsmesser mißt

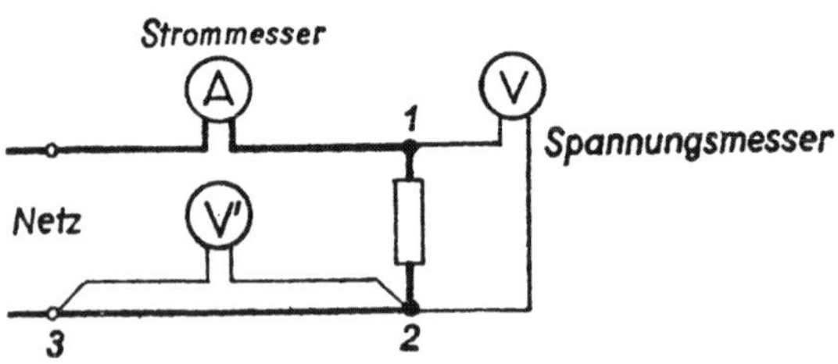

Abb. 18. Schaltung von Spannungs- und Strommesser

somit den Spannungsverbrauch $U$ im Widerstand $R$. Zwischen den Punkten 2—3 ist ebenfalls eine Spannung meßbar, nämlich der Spannungsverbrauch $U'$ im Leitungsstück von 2 bis 3.

**Erweiterung des Meßbereichs eines Strommessers**

Gleichstrom-Drehspulmeßgeräte haben ein Meßsystem, das nur für ganz kleine Ströme (bis ca. 0,1 A) bemessen ist. Wenn also ein solches

Meßgerät, wie in Abb. 19 dargestellt, direkt in die Leitung geschaltet wird, so können damit nur Ströme von obigem Wert gemessen werden.

Zur Messung eines größeren Stromes wird parallel zum Meßsystem ein sog. Nebenwiderstand, auch Shunt genannt (sprich: schönt, engl. = Nebengleis) geschaltet (Abb. 20). Das Meßsystem ist z. B. für einen Strom von 0,1 A bemessen; das Meßgerät hat dann den vollen Ausschlag, wenn durch das Meßsystem 0,1 A fließen. Für einen Meßbereich von z. B. 10 A ist der Nebenwiderstand, wie Abb. 20 zeigt, so zu bemessen, daß darin die restlichen 9,9 A fließen. Der volle Ausschlag entspricht jetzt einem Strom in der Zuleitung von 10 A.

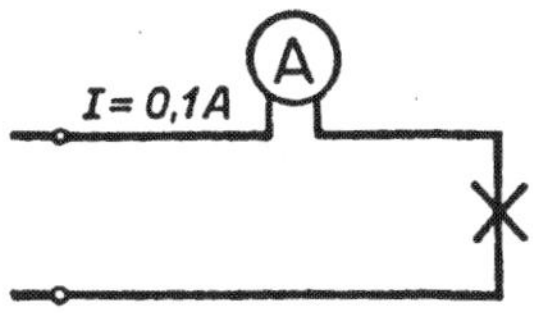


Abb. 19. Strommesser ohne Nebenwiderstand

Ist $R_I$ = Widerstand vom Meßgerät

$R_N$ = Widerstand vom Nebenwiderstand

so besteht die Beziehung:

$$\frac{R_N}{R_I} = \frac{0{,}1\ \text{A}}{9{,}9\ \text{A}} \text{ und } R_N = \frac{1}{99} \cdot R_I .$$

Mittels eines Nebenwiderstandes läßt sich der Meßbereich auf beliebige Werte erweitern.

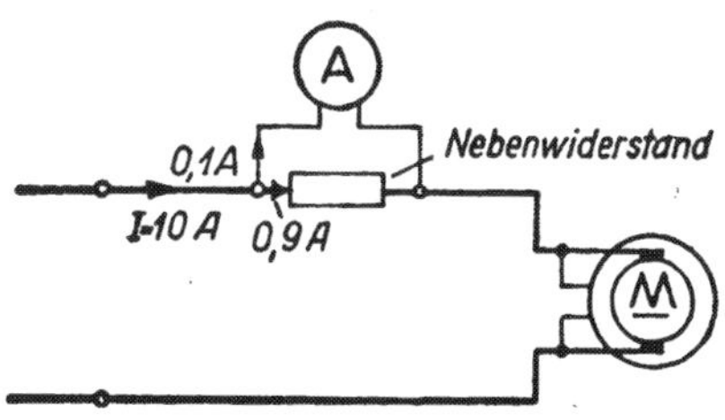


Abb. 20. Strommesser mit Nebenwiderstand

## Erweiterung des Meßbereichs eines Spannungsmessers

Ein Spannungsmesser ist z. B. zur Messung einer Spannung von 150 V ausgeführt. Bei Anschluß an diese Spannung hat es den vollen Ausschlag und durch das Meßsystem fließen z. B. 0,1 A (Abb. 21). Das Meßgerät hat also einen Widerstand von

$$R_I = \frac{150}{0{,}1} = 1500\ \Omega .$$

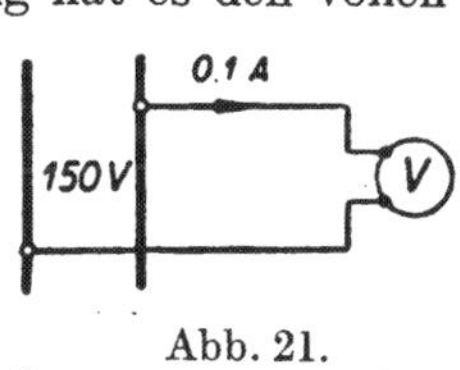


Abb. 21. Spannungsmesser ohne Vorschaltwiderstand

Um den Meßbereich dieses Spannungsmessers auf 450 V zu erweitern, ist wie aus Abb. 22 ersichtlich ein *Vorschaltwiderstand* dazu in Reihe zu schalten. Dieser ist derart zu bemessen, daß auch bei 450 V nur ein Strom von 0,1 A fließt. Meßgerät und Vorschaltwiderstand müssen also zusammen einen Widerstand von

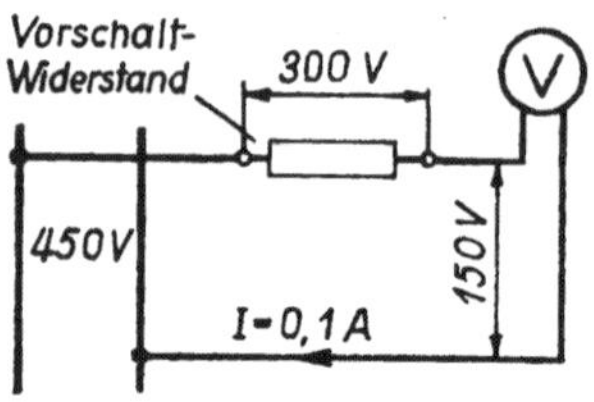

Abb. 22. Spannungsmesser mit Vorschaltwiderstand

$$R = \frac{450}{0{,}1} = 4500\ \Omega \text{ haben.}$$

Der Vorschaltwiderstand $R_v$ wird also

$$R_v = 4500 - 1500 = 3000\ \Omega.$$

Mittels solcher Vorschaltwiderstände läßt sich der Meßbereich eines Spannungsmessers beliebig erweitern.

## Elektromotorische Kraft einer Stromquelle

Wird an die Klemmen einer Stromquelle ein Widerstand $R$ angeschlossen, so fließt in dem Stromkreis, gebildet aus Stromquelle und Widerstand (s. Abb. 23a) ein Strom $I$. Man sagt, daß die Stromquelle durch den Widerstand $R$ belastet werde. Je kleiner der Widerstand $R$, um so größer ist $I$ bzw. die Belastung. Wird der Stromkreis mittels des Schalters S geöffnet, so fließt kein Strom. Die Stromquelle ist nun un-

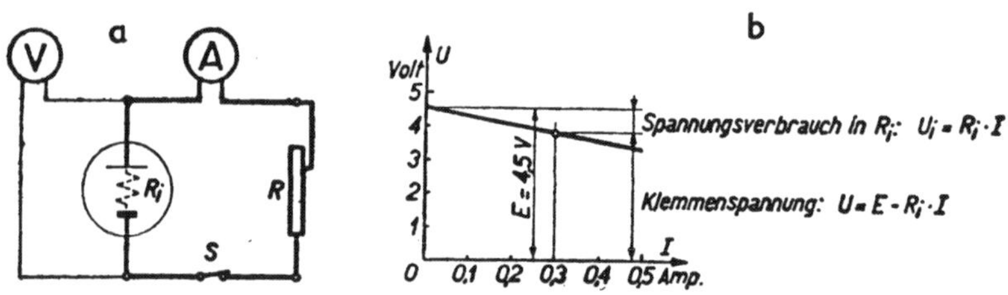

Abb. 23. Elektromotorische Kraft

belastet oder im sog. Leerlauf. In diesem Zustand ist die Klemmenspannung $U$ am größten; mit wachsendem Strom $I$ wird $U$ kleiner. Dieses Verhalten, d. h. $U$ in Abhängigkeit von $I$, ist in Abb. 23b dargestellt.

Die Abnahme der Klemmenspannung ist darauf zurückzuführen, daß die Stromquelle einen inneren Widerstand $R_i$ aufweist. Bei Stromdurchgang wird darin die Spannung $U_i = R_i \cdot I$ verbraucht. Beim Element ist der Innenwiderstand durch den Stromweg im Elektrolyten bestimmt; bei Maschinen, Umspannern bildet die Wicklung den Innenwiderstand. Die innere Spannung der Stromquelle, die sog. Elektromotorische Kraft $E$, ist konstant; sie ist durch die Art der Stromquelle bestimmt. Für den geschlossenen Stromkreis ist $E$ die gesamte auf den Strom $I$ einwirkende Spannung; sie wird deshalb als die treibende elektrische Kraft bzw.

elektromotorische Kraft (abgekürzt: EMK) bezeichnet. $E$ wird teils im Innenwiderstand $R_i$, teils im Belastungswiderstand $R$ verbraucht. Infolge des Spannungsverbrauches $U_i$ im Innenwiderstand $R_i$ ist die an den Klemmen noch verbleibende Spannung $U$ kleiner als $E$.

Es ist

$$\text{Klemmenspannung} = \text{EMK} - \text{Spannungsverbrauch in } R_i$$

oder

$$\boxed{U = E - R_i \cdot I}$$

Bei Leerlauf, d. h. bei geöffnetem Schalter S, fließt kein Strom; das Produkt $R_i \cdot I$ ist gleich Null und somit $U = E$. Bei unbelasteter Stromquelle mißt man also an den Klemmen die elektromotorische Kraft $E$.

Wird an eine Stromquelle ein Widerstand $R$ angeschlossen, so ist der sich ergebende Strom

$$I = \frac{E}{(R_i + R)}$$

Weil $E$ die für den gesamten Stromkreis wirksame Spannung, so ist auch der Gesamtwiderstand $(R_i + R)$ bei der Berechnung von $I$ einzusetzen. Bei Generatoren, Umspannern, Sammlern ist in der Regel $R_i$ vernachlässigbar klein gegenüber dem zulässigen Belastungswiderstand. Bei galvanischen Elementen trifft dies meistens nicht zu.

Werden die Klemmen einer Stromquelle direkt untereinander verbunden bzw. kurzgeschlossen, so ist der sich ergebende Kurzschlußstrom $I_K$ durch den Innenwiderstand bestimmt. Es ist

$$I_K = \frac{E}{R_i}$$

*1. Beispiel:* Eine 3zellige Taschenlampenbatterie hat eine EMK von $E = 4{,}5$ V; das zugehörige Lämpchen hat auf dem Sockel folgende Daten: 3,8 V, 0,3 A. Infolge des Spannungsverbrauchs im Innenwiderstand der Batterie muß somit die Nennspannung des Lämpchens stets kleiner sein als die EMK. Welchen Innenwiderstand hat die Batterie, wenn bei Anschluß des Lämpchens die Klemmenspannung der Batterie auf 3,8 V sinkt, d. h. der Lampenspannung entspricht?

Lösung: Bei $I = 0{,}3$ A beträgt der Spannungsverbrauch im Innenwiderstand:

$$U_i = 4{,}5 - 3{,}8 = 0{,}7 \text{ V}.$$

Somit ist:

$$R_i = \frac{U_i}{I} = \frac{0{,}7}{0{,}3} = 2{,}33\ \Omega.$$

*2. Beispiel:* Welcher Strom ergibt sich, wenn die im vorigen Beispiel angenommene Taschenlampenbatterie kurzgeschlossen wird?

Lösung: $$I_K = \frac{E}{R_i} = \frac{4{,}5}{2{,}33} = 1{,}93\ \text{A}.$$

Dies entspricht etwa dem 6fachen zulässigen Belastungs- bzw. Nennstrom der Taschenlampenbatterie.

## Messung eines Widerstandes

**Mit Spannungs- und Strommesser**

Nach untenstehender Schaltung (Abb. 24) wird durch den zu messenden Widerstand $R$ ein Strom geleitet und der Spannungsverbrauch $U$ sowie der Strom $I$ im Widerstand gemessen.

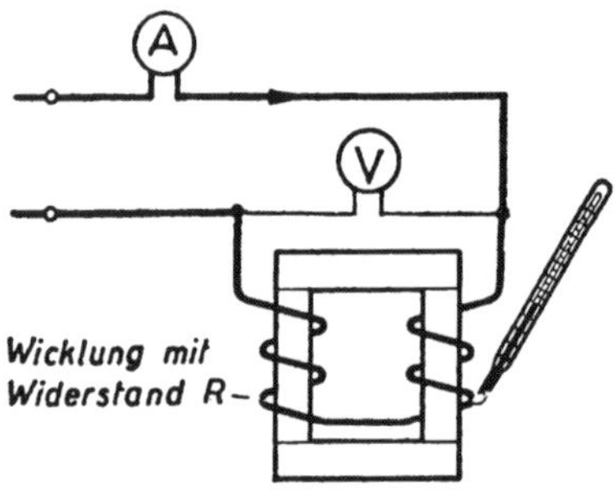

Abb. 24. Widerstandsmessung

Es ist dann
$$R = \frac{U}{I}$$

Gemessen: $I = 8{,}2$ A; $U = 41$ V
Temperatur der Spule $= 22^0$ C

$$R = \frac{41}{8{,}2} = 5\ \Omega \text{ bei } 22^0\ \text{C}.$$

Da der Widerstand von Temperatur abhängig, ist diese auch zu messen.

**Mit der Widerstands-Meßbrücke**

Diese Widerstandsermittlung hat den Vorteil, daß keine Strom- und Spannungsmessung erforderlich ist.

Die Schaltung der Meßbrücke kann mit nebenstehender Widerstandsschaltung (Abb. 25) verglichen werden.

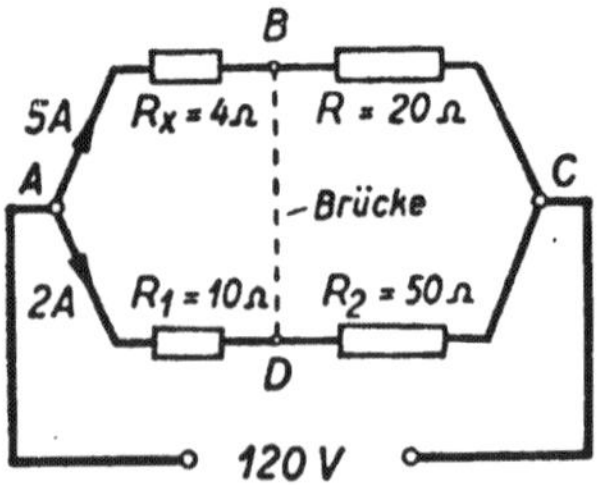

Abb. 25. Brückenschaltung

Im Zweig A—B—C ist $I = \frac{120}{4 + 20} = 5$ A.

„ „ A—D—C „ $I = \frac{120}{10 + 50} = 2$ A.

Spannungsverbrauch von A bis B:
$$U_{A-B} = 4 \cdot 5 = 20\ \text{V}.$$

Spannungsverbrauch von A bis D:
$$U_{A-D} = 2 \cdot 10 = 20\ \text{V}.$$

Punkt B und D sind also in bezug auf A oder C auf gleicher Spannung.

In der Verbindung B—D, der sog. Brücke, würde somit kein Strom fießen und es ist

$$R_x \cdot 5 = R_1 \cdot 2 \qquad \text{oder} \qquad \frac{R_x}{R} = \frac{R_1}{R_2}$$
$$R \cdot 5 = R_2 \cdot 2$$

*Schaltung der Meßbrücke* (s. Abb. 26). Die Verbindung A—D—C ist ein Widerstandsdraht (z. B. Nickelin) von bestimmter Länge und gleichmäßigem Durchmesser, auf einer Unterlage ausgespannt. Auf dem Draht verschiebbar ist ein Schleifkontakt. In die Brücke B—D ist ein Galvanometer G geschaltet. Ist der zu messende Widerstand $R_x$ und der bekannte Widerstand $R$ angeschlossen, so wird Schalter S geschlossen und der Schleifkontakt derart verschoben, bis das Galvanometer keinen Ausschlag mehr zeigt. In der Brücke B—D fließt dann kein Strom und es gilt, wie in obigem Vergleich, die Beziehung:

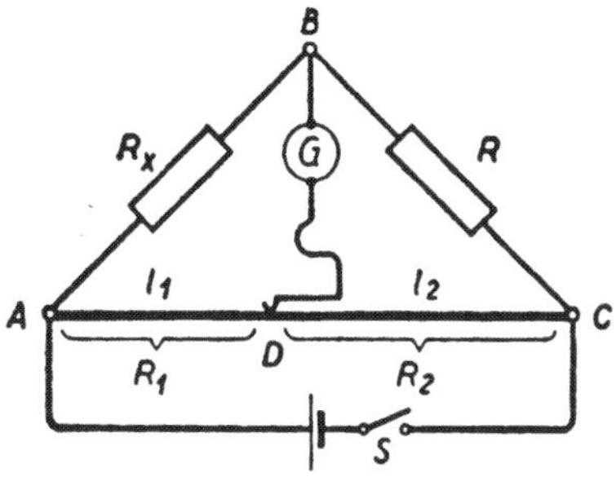


Abb. 26. Meßbrücke

$$\frac{R_x}{R} = \frac{R_1}{R_2}$$

woraus $R_x = \frac{R_1}{R_2} \cdot R = \frac{\frac{\varrho \cdot l_1}{q}}{\frac{\varrho \cdot l_2}{q}} \cdot R,$

somit $R_x = \frac{l_1}{l_2} \cdot R$

Der zu messende Widerstand $R_x$ ergibt sich also aus der Ablesung der Längen $l_1$ und $l_2$. Bei der praktischen Ausführung der Meßbrücke ist direkt der Wert $\frac{l_1}{l_2}$ ablesbar, und zwecks einfacher Rechnung wird $R = 0{,}1\ \Omega,\ 1{,}0\ \Omega,\ 10\ \Omega,\ 100\ \Omega$ usw. gewählt.

### Mit Ohmmeter

Dieses Meßgerät zeigt direkt die Ohmzahl an. Im Prinzip handelt es sich, wie aus Abb. 27a ersichtlich, um eine Spannungsmesserschaltung. Als Spannungsquelle dient eine, in der Regel im Meßgerät eingebaute, Trockenbatterie von ungefähr 4,5 V. Zur Ausführung einer Messung sind die beiden Prüfspitzen an die Anschlüsse des zu messenden Widerstandes $R_x$ zu halten (Abb. 27b).

Werden die beiden Prüfspitzen zur direkten Berührung gebracht (Abb. 27a), so entspricht dies einem Widerstand $R_x$ vom Wert Null. In diesem Fall ist das Instrument direkt an die Batterie angeschlossen und hat einen, der Batteriespannung entsprechenden Ausschlag. Wird nun an die Prüfspitzen ein Widerstand $R_x$ von z. B. 50 $\Omega$ angeschlossen (Abb. 27b), so fließt durch das Instrument ein kleinerer Strom, als dies vorher der Fall war für $R_x$ gleich Null Ohm. Somit ist nun der Zeigerausschlag kleiner, und zwar um so mehr, je größer $R_x$. Wird $R_x$ unendlich ($\infty$) groß, was der Fall ist bei geöffnetem Stromkreis (Abb. 27c), so fließt kein Strom, und der Zeiger schlägt nicht aus.

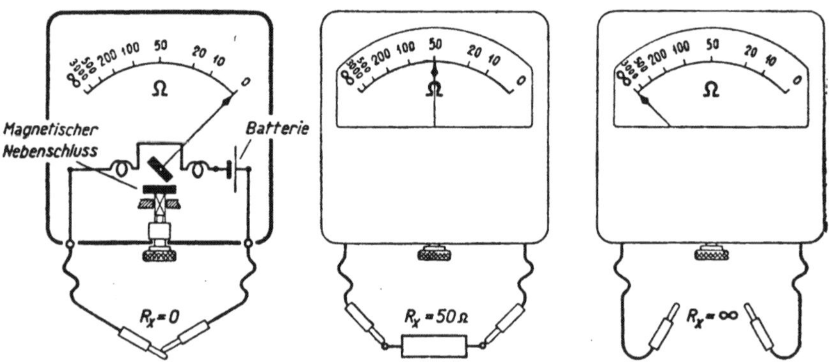


Abb. 27. Schaltung eines Ohmmeters

Je größer $R_x$, um so kleiner ist somit der Zeigerausschlag. Wählt man die Verhältnisse so, daß für $R_x$ = Null sich stets der volle Zeigerausschlag ergibt, so ist es möglich, die Skala direkt in Ohm zu eichen, d. h. in Abhängigkeit des Widerstandswertes von $R_x$. Da die Batteriespannung allmählich abnimmt, ist vor der Messung das Instrument jeweils auf vollen Ausschlag, d. h. auf den Endwert $R_x$ = Null einzustellen. Zu diesem Zweck sind die Prüfspitzen zur direkten Berührung zu bringen (Abb. 27a) und hierauf ist der auf das Meßwerk einwirkende magnetische Nebenschluß entsprechend einzustellen.

## Isolationswiderstand von Anlagen und Maschinen

Alle Isolierstoffe sind keine absoluten Nichtleiter oder Isolatoren. Hinsichtlich Stromleitung ist die gesamte Isolation eines Gerätes, einer Maschine oder einer Anlage durch den sog. *Isolationswiderstand* gekennzeichnet. Gemäß den schon erwähnten „*Errichtungsvorschriften*", *VDE 0100*, § *5* gilt hierüber:

Der Isolationswiderstand jedes Teiles einer Hausinstallation zwischen zwei im Leitungszug aufeinanderfolgenden Sicherungen oder hinter den letzten Sicherungen soll gegen Erde gemessen mindestens folgende Werte aufweisen:

In allen Anlagen mit Betriebsspannungen bis zu

110 V gegen Erde 110000 $\Omega$
220 V „ „ 220000 $\Omega$

oder allgemein: der Isolationswert soll betragen 1000mal den Wert der Betriebsspannung.

Für die angeschlossenen Verbraucher (Motoren, Wärmegeräte, Sammler usw.) sind in den einzelnen für sie geltenden Vorschriften Isolationsprüfungen angegeben.

Die Messung des Isolationswiderstandes hat nach Möglichkeit mit der Betriebsspannung, mindestens aber mit 100 V zu erfolgen. Bei Messungen mit Gleichstrom gegen Erde soll, wenn möglich, der negative Pol der Stromquelle an die zu prüfende Leitung gelegt werden. Meistens verwendet man dazu den *Isolationsmesser mit Kurbelinduktor.* Dessen *Schaltung* zeigt Abb. 28. Mit dem Gleichstromkurbelinduktor kann eine Spannung von 110 oder 220 V erzeugt werden. Die genaue Größe der Spannung wird am Meßgerät abgelesen, das durch Drücken der Prüftaste als Spannungsmesser angeschlossen wird. Ist die richtige Spannung erreicht, so wird die Prüftaste geöffnet und der Kurbelinduktor mit gleicher Geschwindigkeit weitergedreht. Das Meßgerät ist jetzt als Strommesser geschaltet und vom Isolationsstrom durchflossen. Je größer dieser, um so kleiner ist der Isolationswiderstand. Da die Prüfspannung immer dieselbe bleibt, ist aber statt des Stromwerts am Instrument direkt der Isolationswiderstand in Megohm ablesbar. Um bei den Messungen eine Hand frei zu haben, sind neuartige Isolationsprüfgeräte geschaffen worden, bei denen die Spannung durch drei eingebaute Taschenlampenbatterien geliefert wird. Durch eine sinnreiche Vorrichtung (Zerhacker, Umspanner und Gleichrichter) wird eine wellenfreie Gleichspannung von 500 V erzeugt. Es ist zur Betätigung nur nötig, einen Bedienungsknopf zu drücken.

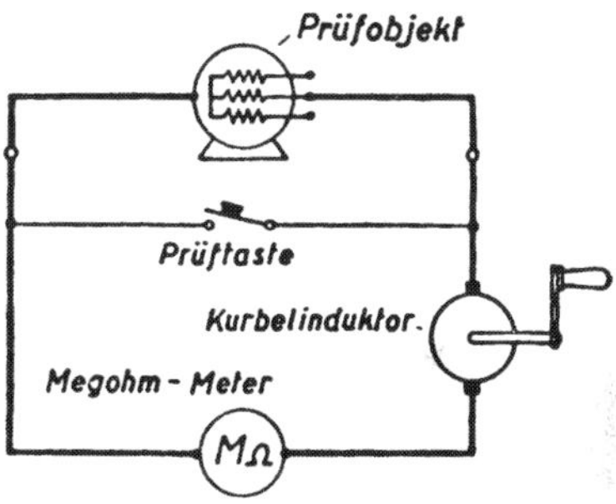

Abb. 28. Isolationsmesser

### Isolationsmessung an einer Anlage

Zuerst wird der Isolationswiderstand der ganzen Anlage gemessen. Der negative Pol des Kurbelinduktors ist an die zu messende Leitung zu legen. Während der Messung bleiben die Glühlampen eingeschraubt, alle übrigen Verbraucher sind abzutrennen (Abb. 29). Ist der gefundene Wert kleiner als den Vorschriften entsprechend, so ist der Isolationswiderstand der einzelnen Leitungen zu messen. Hierzu sind alle Lampen heraus-

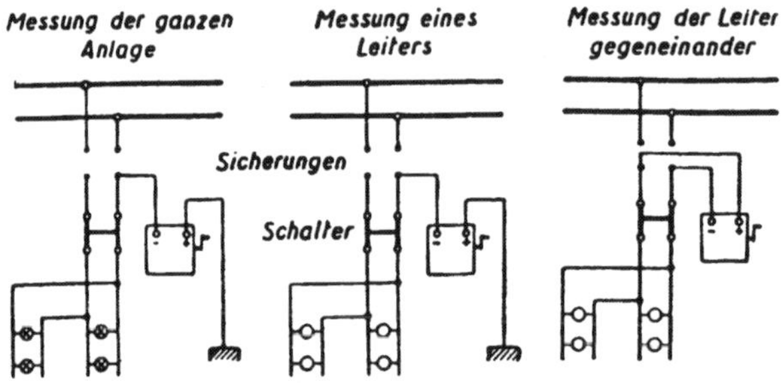


Abb. 29. Messung des Isolationswiderstandes

zuschrauben. Es empfiehlt sich außerdem, den Isolationswiderstand der einzelnen Leitungen gegeneinander zu bestimmen.

Die Wicklungen von Maschinen und Transformatoren sind vor Inbetriebnahme vielfach auszutrocknen, da der Isolationswiderstand durch Feuchtigkeitsaufnahme (Transport, Montage usw.) verringert wird.

## Kurzschluß, Erdschluß

### Kurzschluß

Kommen Leitungen verschiedener Pole infolge Isolationsfehlers, Leiterbruchs oder Überbrückung durch Fremdkörper zu direkter Berührung, so entsteht ein sog. Kurzschluß. Der Kurzschlußstromkreis hat im allgemeinen einen so kleinen Widerstand, daß der Strom darin auf ein Mehrfaches der Betriebsstromstärke anwächst. Die Folge ist eine rasche Zunahme der Erwärmung der davon betroffenen Leitungen, Maschinen und Umspanner. Im besonderen in Hausinstallationen kann dadurch Feuersgefahr entstehen. Leitungen und Geräte usw. sind daher durch Sicherungen oder Überstromschalter zu schützen, d. h. bei unzulässigem Überstrom selbsttätig abzuschalten. Die Stärke

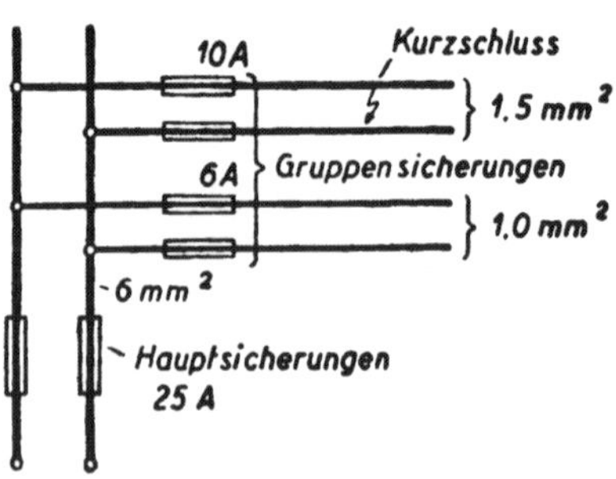


Abb. 30. Kurzschluß, Sicherungen

der Sicherung bzw. ihr Nennstrom richtet sich nach dem Querschnitt der zu schützenden Leitung (s. Abb. 30). Man unterscheidet *Hausanschlußsicherungen* (beim Leitungseintritt in das Gebäude) und *Gruppensicherungen* (an Abzweigungen).

Eine *Schmelzsicherung* besteht aus *Sicherungselement* und *Schmelzeinsatz* (Patrone). Bei den heute fast ausschließlich verwandten Schraubsicherungen (Diazed-Sicherungen) gehört dazu noch die Paßschraube und der Stöpselkopf.

Aus Abb. 31 ist die Ausführung des Schmelzeinsatzes einer Schraubsicherung ersichtlich. Um ein ungefährliches Abschmelzen des Schmelzkörpers zu erreichen, ist der Schmelzraum mit Quarzsand gefüllt. Beim Unterbrechen wird der Unterbrechungsmelder durch die Feder weggeschleudert. Das Plättchen des Unterbrechungsmelders ist verschiedenfarbig, je nach Nennstrom der Sicherung. Ebenso ist der Durchmesser des Fußkontaktes nach der Größe des Nennstroms abgestuft.

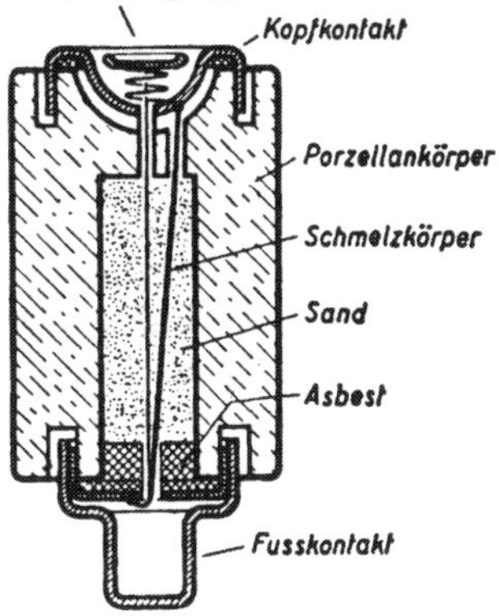


Abb. 31.
Schnitt durch Schmelzeinsatz

Ein Schmelzeinsatz für z. B. 25 A Nennstrom muß nach den „Vorschriften, Regeln und Normen für die Konstruktion und Prüfung von Installationsmaterial bis 750 V Nennspannung“, VDE 0610, § 52, folgenden Bedingungen genügen:

| | | | | |
|---|---|---|---|---|
| den 1,4fachen Nennstrom | wenigstens | 1 Stunde | aushalten |
| „ 1,75 „ | „ innerhalb | 1 „ | unterbrechen |

Ein Überbrücken der Sicherungen ist verboten.

### Erdschluß

Dieser entsteht, wenn ein Pol einer Anlage infolge Isolationsfehlers, Leiterbruchs oder durch einen leitenden Fremdkörper mit Erde in leitende Verbindung kommt (Abb. 32). Ist der übrige Teil der Anlage von Erde gut isoliert, so fließt über die Erdschlußstelle kein Strom.

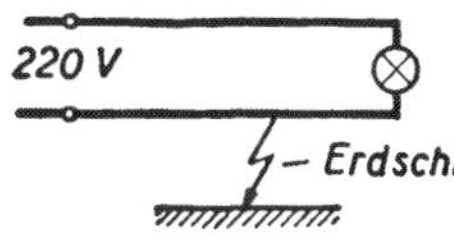


Abb. 32. Erdschluß

Wie aus Abb. 33 ersichtlich, hat jedoch ein Erdschluß die doppelte Beanspruchung der Isolation des nicht vom Erdschluß betroffenen Leiters zur Folge.

Dadurch wird die Isolation des noch gesunden Leiters gefährdet. Der Erdschluß muß daher baldigst behoben werden.

Ist ein Pol betriebsmäßig geerdet (z. B. bei Straßen- und Vorortbahnen die Schienen), so ergibt sich bei Erdschluß des andern Pols ein Kurzschluß.

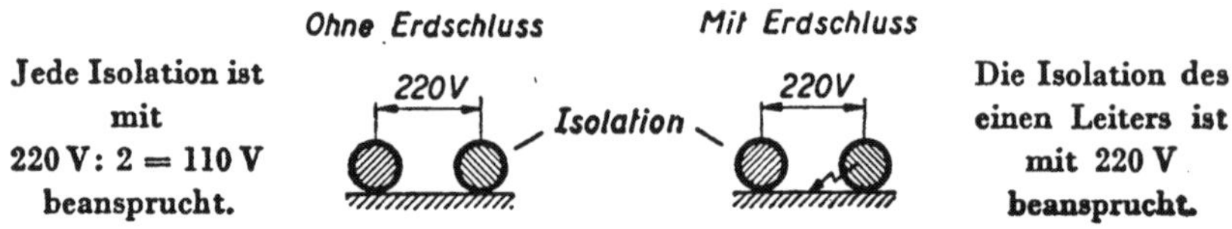


Abb. 33. Beanspruchung der Isolation mit und ohne Erdschluß

## Schaltung von Stromquellen

### Reihenschaltung

Es ist der negative Pol mit dem positiven Pol der nächstfolgenden Stromquelle zu verbinden (Abb. 34). Dadurch ergibt sich eine Spannungszunahme. Diese Schaltung wird hauptsächlich bei galvanischen Elementen und Sammlern angewendet, da diese je Zelle nur 1,5 bzw. 2 V erzeugen. Es ist:

*Gesamtspannung gleich der Summe der Spannungen der einzelnen Stromquellen.*

*Beispiel:* Eine Sammlerbatterie mit einer Spannung von 2 V je Zelle soll 110 V Spannung haben. Wieviel Zellen sind in Reihe hintereinanderzuschalten ?

Lösung: $\text{Zellenzahl} = \frac{110}{2} = 55.$

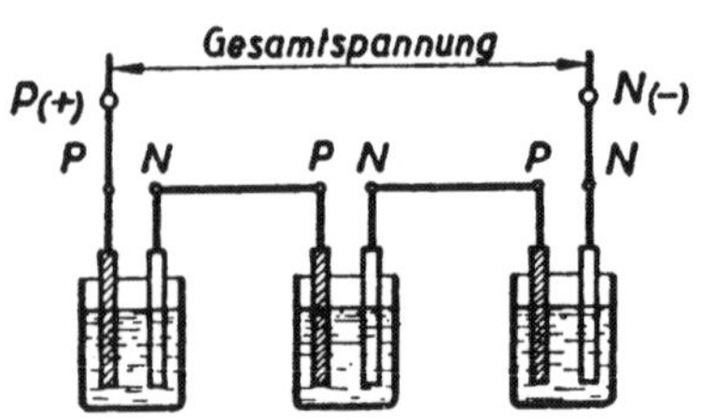


Abb. 34.
Reihenschaltung von Stromquellen

Maschinen können für hohe Spannungen ausgeführt werden, so daß damit eine Reihenschaltung im allgemeinen nicht in Betracht kommt.

### Parallelschaltung

Bei dieser sind gleiche Pole unter sich verbunden. Eine Spannungssteigerung ergibt sich nicht. Es ist:

*Gesamter zulässiger Belastungsstrom gleich der Summe der Ströme der einzelnen Stromquellen.*

Es ist dies die normale Schaltungsart elektrischer Maschinen und Umspanner in Kraft- und Abspannwerken. Abb. 35 zeigt die Schaltung einer Anlage mit zwei Gleichstrom-Generatoren. Die Parallelschaltung erfolgt über die Sammelschienen.

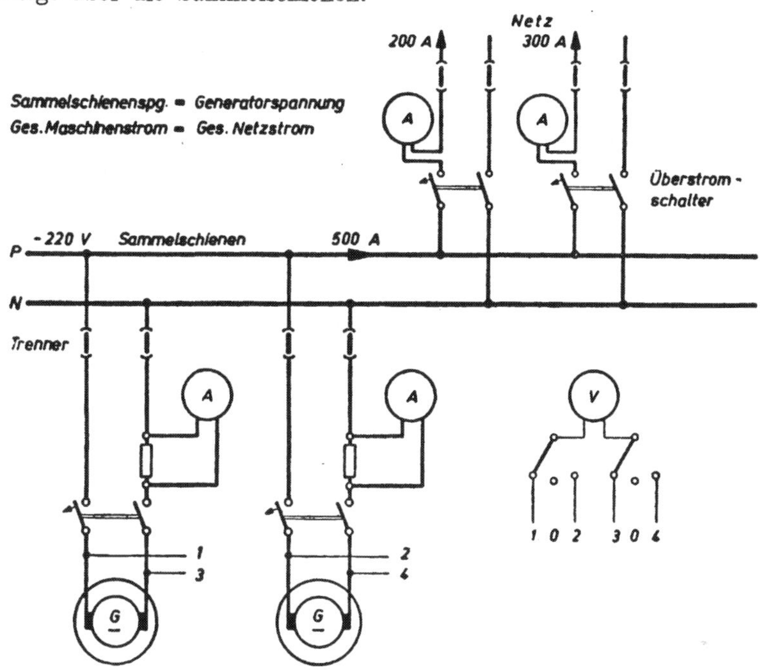


Abb. 35. Parallelschaltung von Stromquellen

Die parallelgeschalteten Maschinen brauchen hinsichtlich Belastungsfähigkeit nicht gleich groß zu sein, hingegen müssen sie alle gleiche Spannung haben.

## Mechanische Arbeit und Leistung

### Arbeit

Wirkt eine Kraft $P$ längs eines Weges $s$, z. B. beim Ziehen eines Zuges oder beim Heben einer Last (Abb. 36), so wird mechanische Arbeit verrichtet, deren Berechnung gegeben ist durch das folgende Produkt:

$$\text{Arbeit} = \text{Kraft} \cdot \text{Weg} \quad \text{oder} \quad \boxed{A = P \cdot s}$$

Die Arbeit, z. B. zum Heben einer Last, ist also um so größer, je größer die Hubhöhe und die Hubkraft. In obiger Beziehung ist die Kraft $P$ in Kilogramm und der Weg $s$ in Meter einzusetzen.

**Einheit der Arbeit = 1 Kilogrammeter . . . 1 kgm.**

*1. Beispiel:* Ein Kran hebt 5000 kg 12 m hoch. Gesucht Hubarbeit.

Lösung: Hubarbeit $P = 5000\,\text{kg} \cdot 12\,\text{m} = 60000\,\text{kgm}$.

Abb. 36. Kraft, Arbeit

**Leistung**

Bei der Verrichtung einer Arbeit kommt es auch darauf an, welche Zeit hierzu erforderlich ist. Die Maschine, welche für eine gewisse Arbeit die kürzere Zeit benötigt, hat die größere Leistungsfähigkeit; ihre Leistung ist größer.

*Die auf die Einheit der Zeit bezogene Arbeit wird als Leistung bezeichnet.*

Es ist somit

$$\text{Leistung} = \frac{\text{Arbeit}}{\text{Zeit}} \quad \text{oder} \quad \boxed{N = \frac{A}{t}}$$

Die Einheit der Leistung ergibt sich, wenn die Einheit der Arbeit in einer Sekunde verrichtet wird. Somit

$$\textbf{Einheit der Leistung} = \mathbf{1\,kgm\ je\ 1\,s} \;\ldots\; \mathbf{1\,\frac{kgm}{s}}.$$

Größere Leistungseinheit: $\mathbf{1\,PS = 75\,\frac{kgm}{s}}$.

*2. Beispiel:* Ein Kran hebt 7500 kg in 100 s 10 m hoch. Welcher Leistung am Kranhaken entspricht dies?

Lösung:

$$N = \frac{A}{t} = \frac{7500\,\text{kg} \cdot 10\,\text{m}}{100\,\text{s}} = 750\,\frac{\text{kgm}}{\text{s}}$$

oder $N = \frac{750}{75} = 10\,\text{PS}$.

*3. Beispiel:* Welche Leistung hat ein Gefälle (Abb. 37), in welchem je Sekunde $Q$ Liter Wasser $h$ Meter herunterströmen?

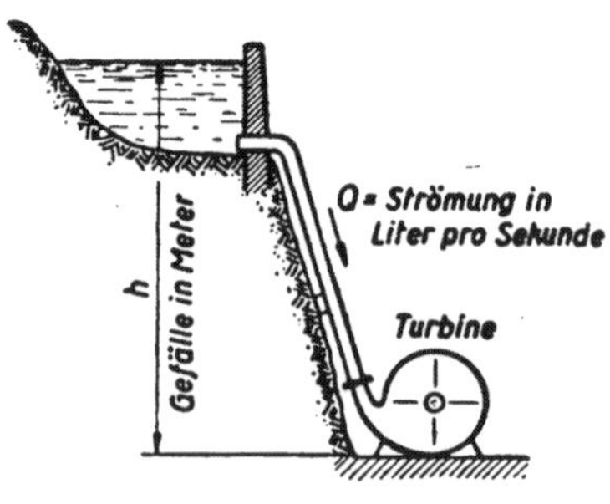


Abb. 37. Gefälle

Lösung:

$$N = \frac{A}{t} = \frac{\mathrm{Q\,(kg)\cdot h\,(m)}}{\mathrm{1\,s}} = \underline{Q \cdot h\, \frac{\mathrm{kgm}}{\mathrm{s}}}.$$

Die Leistung eines Gefälles ergibt sich somit aus dem Produkt aus Strömung mal Druck oder Gefälle.

*Schwarzwaldwerk Häusern:*

$$Q = 21\ \mathrm{m^3/s} \qquad h = 170\ \mathrm{m}$$

$$N = 21000 \cdot 170 = 3550000 \frac{\mathrm{kgm}}{\mathrm{s}}$$

$$N = \frac{3550000}{75} = 47500\ \mathrm{PS}\ \text{je Turbinensatz.}$$

## Elektrische Leistung von Gleichstrom

Die elektrische Leistung wird, ähnlich wie bei einem Wassergefälle, durch das Produkt aus Druck mal Strom berechnet. Es ist also

Elektrische Leistung = Spannung · Strom oder $\boxed{N = U \cdot I}$

**Einheit der elektrischen Leistung = 1 Watt . . . 1 W.**

Diese Leistung ergibt sich z. B., wenn die Spannung von 1 V einen Strom von 1 A zur Folge hat. Somit

1 Watt = 1 Volt · 1 Ampere

Größere Einheit der Leistung:

**1 Kilowatt = 1 kW = 1000 W.**

*1. Beispiel:* Ein elektrischer Ofen für 220 V hat 5 A Stromaufnahme. Welches ist seine Leistungsaufnahme?

Lösung: $N = U \cdot I = 220 \cdot 5 = 1100\ \mathrm{W}$ oder 1,1 kW.

*2. Beispiel:* Ein Gleichstrommotor von 500 V hat 3,5 kW Leistungsaufnahme. Welcher Strom fließt in den Zuleitungen?

Lösung: $I = \frac{N}{U} = \frac{3500}{500} = 7\ \mathrm{A}.$

*3. Beispiel:* Eine 40-Watt-Lampe hat 0,18 A Stromaufnahme. Für welche Betriebsspannung ist die Lampe?

Lösung: $U = \frac{N}{I} = \frac{40}{0{,}18} = 220\ \mathrm{V}.$

*Zusammenhang zwischen mechanischer und elektrischer Leistung:*

$$\boxed{1\,\text{kW} = 1{,}36\,\text{PS}} \qquad \boxed{1\,\text{PS} = 0{,}735\,\text{kW}}$$

*Beispiele:* Ein Motor leistet 5 PS. Dies entspricht $5 \cdot 0{,}735 = 3{,}68$ kW.
Ein Motor leistet 2,5 kW. In PS ergibt dies $2{,}5 \cdot 1{,}36 = 3{,}4$ PS.

Gemäß internationaler Vereinbarung soll die elektrische und mechanische Leistung nur noch in kW angegeben werden. Für Motoren ist die Leistungsangabe in PS noch häufig.

Zur Berechnung des Leistungsverbrauchs in einem Widerstand $R$, der vom Strom $I$ durchflossen ist, ist folgende Beziehung gebräuchlich:

$$N = I^2 \cdot R$$

*4. Beispiel:* In einem Heizwiderstand von $R = 22\,\Omega$ fließen $I = 10$ A. Berechne den Leistungsverbrauch.

Lösung: $N = I^2 \cdot R = 10^2 \cdot 22 = 2200$ W.

## Wirkungsgrad

In *Generatoren* wird die mechanische Leistung der Antriebsmaschine (Turbine, Dampfmaschine, Dieselmotor usw.) in elektrische Leistung umgesetzt.

In *Motoren* wird elektrische Leistung aufgenommen und in mechanische Leistung, die an der Welle abgegeben wird, umgesetzt (Abb. 38).

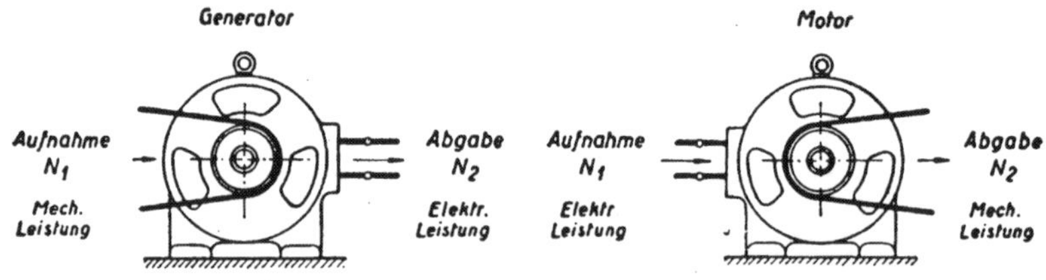


Abb. 38. Leistungsaufnahme, Leistungsabgabe

Bei dieser Umsetzung der Leistung ist also zu unterscheiden

$$\textit{Leistungsaufnahme} = N_1 \qquad \textit{Leistungsabgabe} = N_2 .$$

Von der aufgenommenen Leistung geht bei der Umsetzung ein Teil in der Maschine verloren. Infolge der *Verluste* ist also die Abgabe stets kleiner als die Aufnahme.

*Verluste in elektrischen Maschinen:*

Reibungsverluste (Läuferreibung in den Lagern und in der Luft)
Wicklungsverluste (Erwärmung der stromdurchflossenen Wicklungen)
Eisenverluste (Magnetisierung)

Da die Wicklungen fast aller Maschinen aus Kupfer bestehen, werden die Wicklungsverluste auch als Kupferverluste bezeichnet.

Je geringer die Abgabe im Vergleich zur Aufnahme, um so schlechter ist die Wirkung der Umsetzung von Energie. Es wird dies zum Ausdruck gebracht durch das Verhältnis

$$\text{Wirkungsgrad} = \frac{\text{abgegebene Leistung}}{\text{aufgenommene Leistung}} \quad \text{oder} \quad \boxed{\eta = \frac{N_2}{N_1}}$$

Der Wirkungsgrad wird mit dem Buchstaben $\eta$ (sprich: eta) bezeichnet. Vielfach wird $\eta$ in Prozent angegeben. Aus obiger Beziehung ergibt sich

$$\underline{\text{Aufnahme } N_1 = \frac{N_2}{\eta}} \qquad \underline{\text{Abgabe } N_2 = N_1 \cdot \eta}$$

*1. Beispiel:* Ein Generator für 200 kW Abgabe hat 340 PS Leistungsaufnahme. Welches ist sein Wirkungsgrad?

Lösung: $N_2$ und $N_1$ sind in gleicher Einheit, nämlich in kW einzusetzen.

$$\eta = \frac{N_2}{N_1} = \frac{200}{340 \cdot 0{,}735} = 0{,}8$$

$$\eta = 80\%.$$

*2. Beispiel:* Ein Generator wird durch eine 100-PS-Turbine angetrieben. Gesucht Leistungsabgabe des Generators in kW, wenn sein Wirkungsgrad 82% beträgt.

Lösung: $N_1 = 100$ PS oder $100 \cdot 0{,}735 = 73{,}5$ kW

$N_2 = N_1 \cdot \eta = 73{,}5 \cdot 0{,}82 = 60{,}3$ kW Generatorleistung.

*3. Beispiel:* Ein 440-V-Gleichstrommotor mit $\eta = 0{,}88$ gibt 25 PS ab. Gesucht seine Leistungs- und Stromaufnahme.

Lösung: $N_1$ und $N_2$ sind in gleichen Einheiten (kW) einzusetzen.

$$N_1 = \frac{N_2}{\eta} = \frac{25 \cdot 0{,}735}{0{,}88} = 20{,}9 \text{ kW}.$$

$$I = \frac{20900}{440} = 47{,}5 \text{ A}.$$

## Elektrische Arbeit

Je größer z. B. die Leistungsabgabe eines Pumpenmotors und je länger dessen Betriebszeit, um so größer ist die geförderte Menge Wasser bzw. die verrichtete Arbeit. Es ist somit allgemein

$$\text{Arbeit} = \text{Leistung} \cdot \text{Zeit} \quad \text{oder} \quad \boxed{A = N \cdot t}$$

In obigem Fall liefert also das Elektrizitätswerk für den Motor eine gewisse elektrische Arbeit. Nach dieser richtet sich der Betrag, den der Energieabnehmer dafür zu bezahlen hat. Für die Berechnung der elektrischen Arbeit ergibt sich also

$$\text{elektrische Arbeit} = \text{elektrische Leistung} \cdot \text{Zeit}.$$

Für praktische Zwecke hat man als

**Einheit der elektrischen Arbeit = 1 Kilowattstunde ... 1 kWh.**

Es ist somit

| **elektrische Arbeit in kWh = Leistung in kW · Zeit in Stunden** |
|---|

Die Verrechnung der vom Werk gelieferten elektrischen Arbeit erfolgt auf Grund der bezogenen Kilowattstunden.

*1. Beispiel:* Ein 1200-Watt-Ofen ist $4^1/_2$ Std. eingeschaltet. Gesucht sein Verbrauch in kWh und die Kosten, wenn eine kWh zu 20 Pfg. verrechnet wird.

Lösung: $A = 1{,}2 \cdot 4{,}5 = 5{,}4$ kWh Kosten: $5{,}4 \cdot 20 = 108$ Pfg.

*2. Beispiel:* Ein 1,8-PS-Pumpenmotor mit $\eta = 77\%$ ist täglich 7 Std. mit Vollast in Betrieb. Gesucht Kosten in 30 Tagen, wenn eine kWh zu 10 Pfg. verrechnet wird.

Lösung: $N_1 = \frac{N_2}{\eta} = \frac{1{,}8 \cdot 0{,}735}{0{,}77} = 1{,}72$ kW Leistungsaufnahme.

$A = 1{,}72 \cdot 7 \cdot 30 = 361$ kWh Kosten: $361 \cdot 10 = 3610$ Pfg. $= 36{,}10$ Mk.

### Zähler

Die Ermittlung der elektrischen Arbeit zwecks Verrechnung erfolgt durch Messung mit dem *Zähler.* Dessen prinzipielle Ausführung ist aus Abb. 39 ersichtlich. Ein Drehsystem ist derart vom Strom $I$ und der Spannung $U$ beeinflußt, daß seine Drehgeschwindigkeit proportional $I \cdot U$ bzw. proportional der Leistung $N$ ist. Die von einem Zählwerk gemessenen Umdrehungen sind somit proportional $N \cdot t$, d. h. proportional der elektrischen Arbeit. Die Zählwerkübersetzung ist so ausgeführt, daß statt Umdrehungen gerade kWh abgelesen werden können.

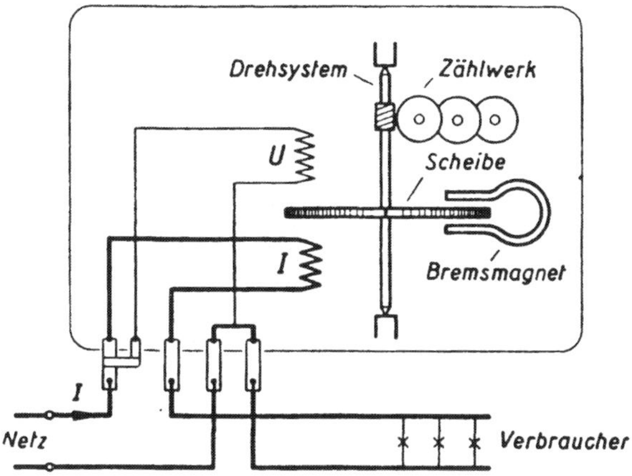


Abb. 39. Kilowattstunden-Zähler

## Tarife

Die Tarife, nach denen die Verrechnung der von den Elektrizitätswerken an die Verbraucher gelieferten elektrischen Arbeit vorgenommen wird, sind in Deutschland sehr vielgestaltig. Jede Tarifform muß davon ausgehen, daß sich die Kosten, die das Elektrizitätswerk zur Erzeugung einer Kilowattstunde aufwenden muß, aus zwei Teilen zusammensetzen. Der eine ergibt sich aus der Verzinsung und Abschreibung der in den Kraftwerks-, Schalt-, Abspannwerks- und Leitungsanlagen bis zur Zählertafel des Abnehmers festgelegten Beträgen, den sog. *festen Kosten*. Der zweite Teil sind die wirklichen *Betriebskosten*, die durch Verbrauch von Kohle, Wasser, Öl usw. bei der Erzeugung einer kWh entstehen.

Eine der wichtigsten Unterlagen für die Aufstellung von Tarifen sind die *Belastungskurven*, wie sie für einen Winter- und einen Sommertag eines großstädtischen Elektrizitätswerkes in Abb. 40 wiedergegeben sind. Sowohl während der 24 Tagesstunden als auch jahreszeitlich für die verschiedenen Monate ergeben sich sehr erhebliche Verschiebungen der Belastungen. Charakteristisch für die Winterkurve sind die in den Abendstunden auftretende außerordentlich hohe Spitze und die tiefen Täler während der Nacht. Dabei wird diese Spitze nur während 4...6 Wochen im Jahr benötigt. Die ganze übrige Zeit im Jahr stehen die Spitzenmaschinen still. Das in ihnen festgelegte Kapital muß aber weiter verzinst und abgeschrieben werden.

Um die Täler auszufüllen und die Spitze abzutragen, werden *Pumpspeicherwerke* errichtet. In Abb. 41 ist ein Querschnitt durch die Blei-

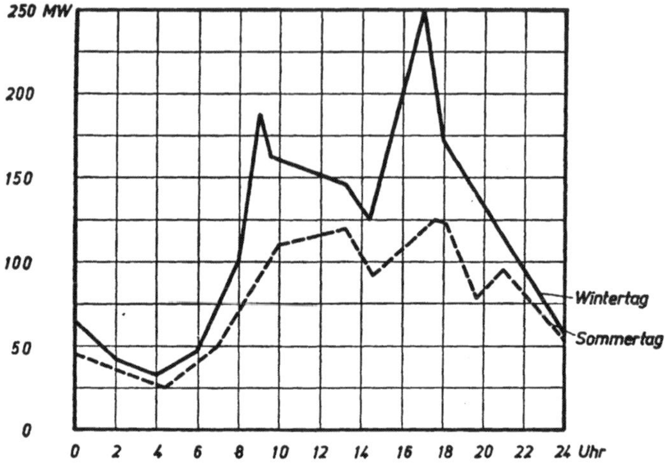


Abb. 40. Belastungskurve eines großstädtischen Elektrizitätswerkes

lochtalsperre im Saaletal gegeben. Im Kraftwerk unterhalb der Staumauer des großen Stausees, eines der größten in Europa, besteht jeder Maschinensatz aus einer elektrischen Synchronmaschine (S. 109), die mit einer Wasserturbine und einer Kreiselpumpe gekuppelt ist. Während

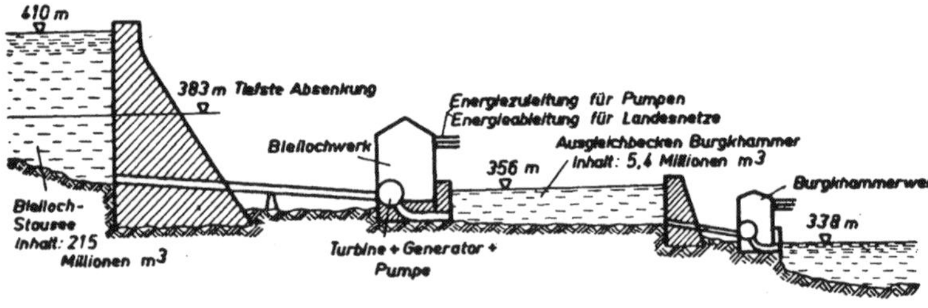


Abb. 41. Speicherwerk Bleiloch

der Nachtstunden läuft die elektrische Maschine als Synchronmotor und treibt die Pumpe an, die aus dem unteren Burgkhammerbecken das Wasser in den Stausee pumpt. Zur Zeit der Spitze treibt die Wasserturbine die elektrische Maschine als Synchrongenerator an und erzeugt elektrische Energie zur Deckung der Spitze. So findet eine hydraulische Speicherung der elektrischen Energie statt.

Da jeder Abnehmer durch die Größe seiner Anlage an den gesamten festen Kosten beteiligt ist, wird in den meisten Tarifen dieser Anteil durch eine zu zahlende *Grundgebühr* oder *Zählermiete* berücksichtigt. Die Festlegung dieser Gebühr ist sehr verschieden. Für Haushalte erfolgt sie häufig nach dem Anschlußwert der eingebauten Glühlampen, Koch- und Heizgeräte usw. oder nach der Größe der Zimmer der Wohnung. Bei gewerblichen Betrieben wird meist die Leistung der Motoren zugrunde gelegt. In ländlichen Bezirken wird die Größe der beackerten Fläche oder auch der Anschlußwert als Berechnungsgrundlage herangezogen.

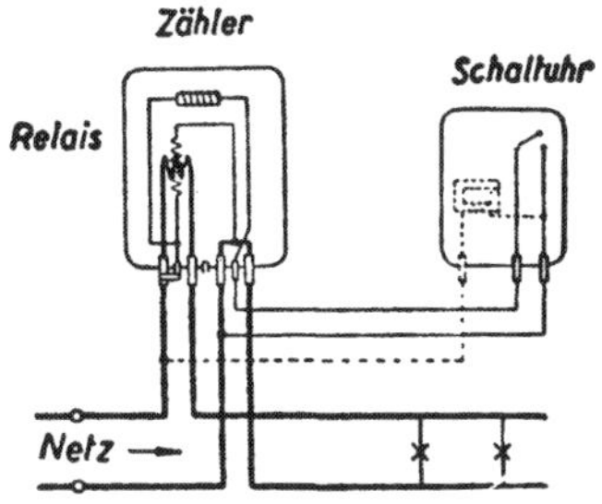

Abb. 42.
Doppeltarifzähler mit Schaltuhr

Die tatsächlich verbrauchte elektrische Arbeit wird nach Angabe der Zählerablesungen zum Preise von 6...12 Pfg./kWh verrechnet. In Wechsel- und Drehstromnetzen ist, wie später noch ausgeführt wird (S. 115), der sog. Leistungsfaktor eine weitere bei der Tarifgestaltung zu beachtende Größe.

Da es wirtschaftlich ist, auch während der Nachtstunden die Kraftwerksmaschinen möglichst belastet durchlaufen zu lassen, geben viele Elektrizitätswerke nachts den Strom für solche Verbrauchsgeräte, die eine gleichmäßige Belastung während 7 oder 8 Nachtstunden gewährleisten (Heißwasserspeicher, Reklamebeleuchtung, Futterdämpfer), zu sehr niedrigen Preisen, 3...4 Pfg./kWh, ab. Andrerseits wird für Entnahme während der Spitzenzeiten häufig ein erhöhter Strompreis festgelegt.

Für alle Anlagen, bei denen zu verschiedenen Zeiten verschiedene Kosten der kWh verrechnet werden, sind *Doppeltarifzähler* einzubauen.

Der Doppeltarifzähler hat zwei Zählwerke, welche von einer Schaltuhr elektromagnetisch gesteuert sind und zu den den verschiedenen Tarifen entsprechenden Zeiten in Eingriff gebracht werden (s. Abb. 42 und Abb. 43).

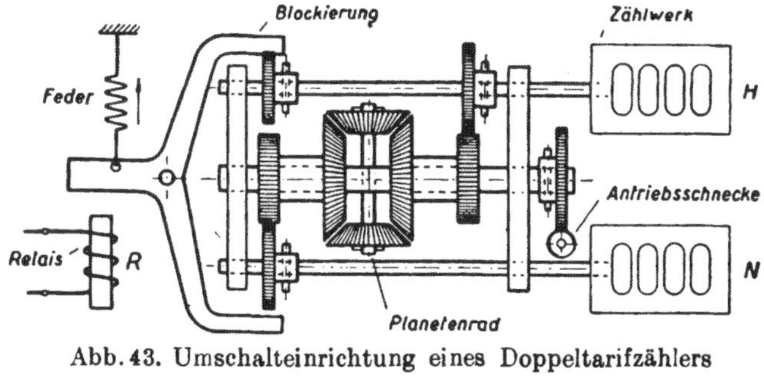

Abb. 43. Umschalteinrichtung eines Doppeltarifzählers

# Elektro-Wärme

## Allgemeines

Die elektrische Wärmeerzeugung beruht auf der Wärmewirkung des elektrischen Stromes. In den Wärmegeräten wird hierzu ein besonderer *Heizwiderstand* vorgesehen aus Werkstoff mit großem spezifischem Widerstand und hohem Schmelzpunkt, wie z. B. Chromnickel-Legierungen.

Grundeinheit für Messung der erzeugten Wärme ist *1 Kalorie = 1 cal.* In der Technik rechnet man jedoch in der Regel mit einer 1000mal größeren Einheit, der sog. Kilokalorie. *1 Kilokalorie = 1000 Kalorien.*

**Einheit der Wärmemenge = 1 Kilokalorie ... 1 kcal.**

Es ist das jene Wärmemenge, die nötig ist, um die Temperatur von 1 kg Wasser um 1° C zu erhöhen.

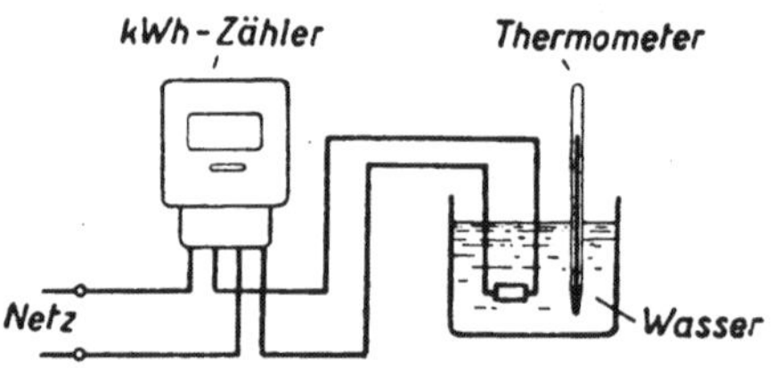


Abb. 44.
Zusammenhang zwischen kWh und kcal

*Beispiel:* 30 Liter Wasser sind von 12° C auf 85° C zu erwärmen. Welche Wärmemenge $Q$ ist hierzu erforderlich?

Lösung:

$Q = 30 \cdot (85-12) = 2190$ kcal.

Wird, wie Abb. 44 zeigt, die in einem Widerstand erzeugte Wärmemenge unmittelbar in das Wasser geleitet und dessen Temperaturzunahme sowie die zugeführte elektrische Arbeit gemessen, dann läßt sich zwischen der verbrauchten elektrischen Arbeit in kWh und der daraus erzeugten Wärmemenge folgender Zusammenhang ermitteln:

**1 kWh erzeugt 860 kcal.**

Die von einer elektrischen Arbeit $A$, gemessen in Kilowattstunden, erzeugte Wärmemenge $Q$ in kcal ist somit

$$\boxed{Q = 860 \cdot A}$$

## Kochgeräte

Bei Kochgeräten geht von der im Heizwiderstand erzeugten Wärmemenge $Q_1$ nur ein Teil $Q_2$ an das Kochgut über, und der Rest geht an Luft verloren (Abb. 45). Das Kochgerät hat somit einen gewissen

Wirkungsgrad $\eta$, gegeben durch die Beziehung:

$$\text{Wirkungsgrad des Kochgeräts } \eta = \frac{Q_2}{Q_1}$$

$Q_1$ = im Heizwiderstand erzeugte Wärmemenge in kcal.

$Q_2$ = an das Kochgut gehende Wärmemenge in kcal.

Die im Kochgerät durch den Strom zu erzeugende Wärmemenge $Q_1$ wird

$$Q_1 = \frac{Q_2}{\eta} = 860 \cdot A.$$

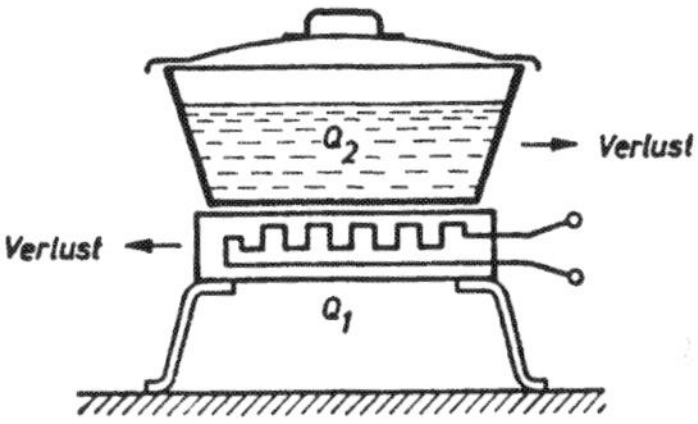

Abb. 45. Verluste am Kochgerät

Um im Kochgut die Wärmemenge $Q_2$ zu erhalten, ist somit eine elektrische Arbeit $A$, gemessen in Kilowattstunden, erforderlich

$$A = \frac{Q_2}{860 \cdot \eta}.$$

Die zur Erzeugung notwendige, dem Versorgungsnetz vom Kochgerät entnommene Leistung $N$ wird als Anschlußwert bezeichnet.

| Wirkungsgrad von | | |
|---|---|---|
| | Heißwasserspeicher . | ungefähr 93% |
| | Tauchsieder . . . . | ungefähr 95% |
| | Kochplatten . . . . | ungefähr 50% |
| | Schnellkocher . . . | ungefähr 75%. |

*1. Beispiel:* Der Inhalt eines 50-Liter-Heißwasserspeichers soll in der Zeit von 21.30 bis 6.00 Uhr von 10° C auf 85° C erwärmt werden. $\eta = 93\%$. Welcher Anschlußwert ist erforderlich?

Lösung:

$$\text{erforderliche elektrische Arbeit } A = \frac{Q_2}{860 \cdot \eta} = \frac{50 \cdot (85 - 10)}{860 \cdot 0{,}93} = 4{,}7 \text{ kWh}$$

$$N = \frac{A}{t} = \frac{4{,}7}{8{,}5} = 0{,}55 \text{ kW}.$$

*2. Beispiel:* Eine Kochplatte hat 1800 W Anschlußwert. Wie lange dauert es, bis darauf 1,5 Liter Wasser von 15° auf 90° C erwärmt sind? $\eta = 50\%$.

Lösung:

$$\text{Erforderliche elektrische Arbeit } A = \frac{Q_2}{860 \cdot \eta} = \frac{1{,}5 \cdot (90 - 15)}{860 \cdot 0{,}5} = 0{,}262 \text{ kWh}$$

$$\text{Zeit in Stunden} = \frac{\text{Verbrauch in kWh}}{\text{Anschlußwert in kW}}$$

$$t = \frac{A}{N} = \frac{0{,}262}{1{,}8} = 0{,}146 \text{ Stunden}.$$

*Kochplatten.* Der in eine Isoliermasse eingebettete Heizwiderstand gibt die Wärme an eine gußeiserne Platte ab. Das darauf gestellte Kochgefäß muß eine vollständig ebene Aufstellfläche haben und von gleichem Durchmesser wie die Platte sein, da sonst der Wirkungsgrad kleiner ist, als oben angegeben. Folgende Abb. 46 zeigt, wie durch verschiedene Stellungen des Regelschalters drei verschiedene Heizstufen eingeschaltet werden können. In der Abbildung sind die jeweils unter Spannung stehenden Heizwicklungen stärker gezeichnet.

Außer den gußeisernen Kochplatten sind auch noch solche mit offenen, in Rillen eines keramischen Isolierkörpers eingelegten Heiz-

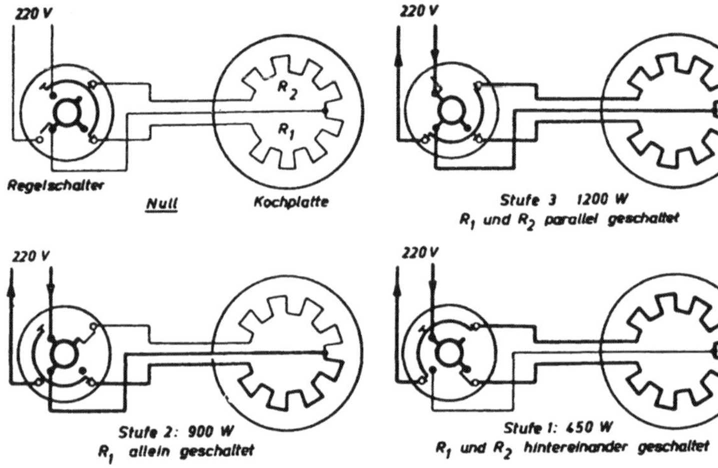


Abb. 46. Schaltung der Heizwiderstände in einer Kochplatte

spiralen in Gebrauch. Sie sind jedoch wenig haltbar, da sie bei Überkochen des Kochgutes leicht zerstört werden.

*Kochherde* enthalten mehrere Kochplatten verschiedener Leistung (z. B. je eine Platte mit einer Heizleistung von 1800 W bei 220 mm Durchmesser, 1200 W bei 180 mm Durchmesser und 1000 W bei 145 mm Durchmesser) mit Schalterregelung und sind meistens mit Bratröhre versehen (z. B. oben erwähnter Herd mit je 800 W Ober- und Unterhitze der Bratröhre).

*Schnellkocher* sind boden- und selten auch noch seitenbeheizte Kochgefäße mit Steckeranschluß. Beim *Tauchsieder* ist der Heizkörper wasserdicht eingeschlossen, und er kann daher unmittelbar in die Flüssigkeit getaucht werden.

In *elektrischen Großküchen* für Kantinen, Krankenhäuser, Hotels usw. sind außer einem Großkochherd noch eine Anzahl Einzelkochgeräte, wie Kippkessel, Bratpfannen, Backöfen, Grills und Wärmeschränke, aufgestellt.

Für die *elektrische Kleinküche* ist einschließlich Heißwasserbereitung mit folgendem durchschnittlichem Verbrauch zu rechnen:

| | | | | | | |
|---|---|---|---|---|---|---|
| Haushaltung mit | 3 | 4 | 5 | 6 | 7 | Personen |
| Verbrauch ungefähr | 3,6 | 4,1 | 4,6 | 5,2 | 6,1 | kWh je Tag[1]) |

Durch Versuche hat man festgestellt, daß sich für die elektrische Küche, verglichen mit den folgenden Brennstoffen, keine höheren Ausgaben ergeben, wenn

3 kWh nicht mehr kosten als 1 m³ Gas
1,2 „ „ „ „ „ 1 kg Kohle.

Um die Wirtschaftlichkeit der elektrischen Küche zu gewährleisten, liefern die Elektrizitätswerke für Wärmezwecke die Energie zum Preis von 6 bis 8 Pfg. je kWh und im Nachttarif für Heißwasserspeicher für 3 bis 4 Pfg.

Vorteile der elektrischen Küche: sauber, einfach und bequem in der Bedienung und Regelung; hygienisch, da keine Verbrennungsprodukte erzeugt werden, gefahrlos.

## Heißwasserspeicher

Heißwasserspeicher dienen zur Bereitstellung größerer Warmwassermengen für den Bedarf in Küche, Bad usw. Abb. 47 zeigt die Konstruktion eines Wandspeichers. In dem Wasserbehälter befindet sich ein *Heizeinsatz*, der, in einem Schutzrohr isoliert, den Heizwiderstand enthält. Hat das Wasser 85° C erreicht, so wird durch den *Temperaturregler* der Strom selbsttätig unterbrochen. Eine höhere Grenztemperatur verursacht, besonders bei Überlauf- und Entleerungsspeichern, eine stärkere Verkalkung. Ferner ergibt sich bei der Entnahme aus dem Speicher eine zu starke Dampfentwicklung, wenn die Wassertemperatur

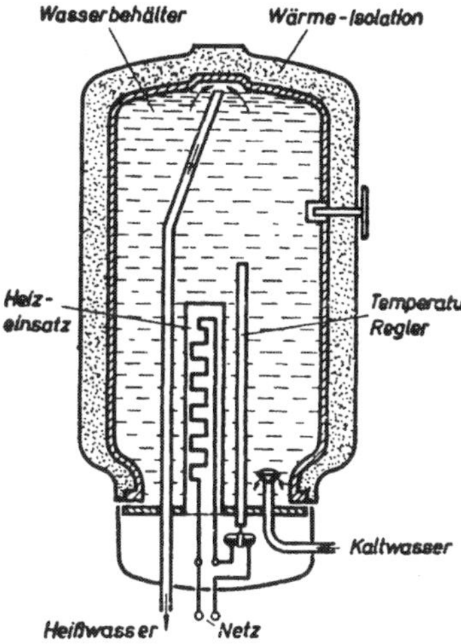

Abb. 47. Überlauf-Wandspeicher

[1]) ohne den Bedarf für Bäder

mehr als ungefähr 85° C beträgt. Die *Wärme-Isolation* soll so bemessen sein, daß die Wassertemperatur, sofern keine Entnahme stattfindet, innerhalb 24 Stunden höchstens um 20° C sinkt. Unterhalb 75° C bewirkt der Temperaturregler Wiedereinschaltung des Stromes. Die Wasserentnahme erfolgt durch Öffnen des unten befindlichen Kaltwassereinlaufs, wodurch das Heißwasser in die oben mündende Ableitung überläuft. Man verwendet Überlauf-, Entleerungs- und Hochdruck-Heißwasserspeicher.

Bei einer Grenztemperatur von 85° C kann die *Speichergröße* durchschnittlich wie folgt angenommen werden:

| | | | |
|---|---|---|---|
| Küche und Haushalt für | 2...4 Personen | 20...30 | Liter Inhalt |
| „ „ „ „ | 5...7 „ | 30...50 | „ „ |
| einmaliges Bad | | 75 | „ „ |

*Wandspeicher* werden für folgende Verhältnisse ausgeführt:

| Inhalt in Litern | 30 | 50 | 80 | 100 | 120 | 150 |
|---|---|---|---|---|---|---|
| Anschlußwert in kW bei 8 Stunden Anheizzeit | 0,4 | 0,6 | 1,0 | 1,2 | 1,5 | 1,8 |

Für noch größeren Inhalt kommen *Steh- oder Liegespeicher* in Betracht.

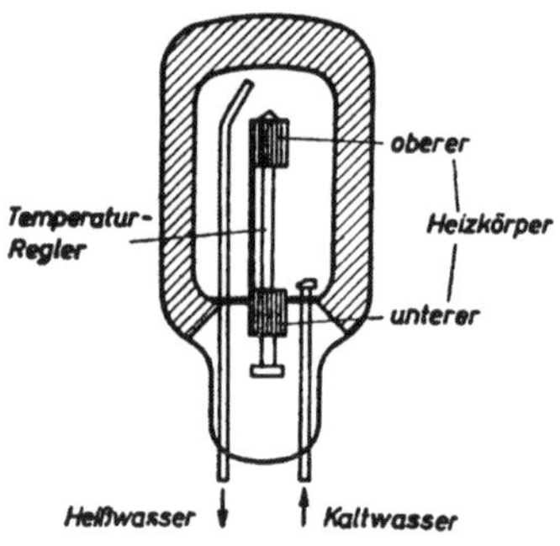


Abb. 48.
Heißwasser-Kleinspeicher

Im allgemeinen werden die Heißwasserspeicher mit billigem Nachtstrom aufgeheizt; deren Inhalt muß dann dem täglichen Bedarf an Warmwasser genügen. Die Zu- und Abschaltung erfolgt im allgemeinen durch die gleiche Schaltuhr, die den Doppeltarifzähler steuert. Speicher müssen allpolig abschaltbar sein.

In neuerer Zeit sind Kleinspeicher für Küche, Arzt oder Friseur mit nur 3 oder 8 Liter Inhalt geschaffen worden. Diese enthalten, wie Abb. 48 zeigt, zwei Heizkörper, einen unten, einen oben. Beim Aufheizen erhitzt der obere Heizkörper etwa 3 Liter bis auf 85°. Erfolgt keine Entnahme, so schaltet der eingebaute Temperaturregler auf den unteren Heizkörper um, wodurch der übrige Inhalt auf 85° erhitzt wird. Bei Entnahme von heißem Wasser schaltet der Regler wieder auf den oberen Heizkörper um, der in etwa 10 Minuten wieder 3 Liter erhitzt. Diese Klein-Durchlaufspeicher haben sich sehr gut bewährt. Ihre Anschlußwerte sind 500 . . . 1000 W.

*Elektrokessel* dienen der Dampferzeugung. Das Wasser wird als Heizwiderstand benutzt, d. h. der elektrische Strom wird unmittelbar durch das Wasser geleitet. Anschluß nur an Wechselstrom; ausgeführt für

Elektrodenspannungen bis 16 kV. In Deutschland werden Elektrokessel nur in ganz seltenen Fällen wegen ihres hohen Energieverbrauchs aufgestellt. In kohlenarmen Ländern mit bedeutenden Wasserkräften, die verhältnismäßig niedrige Strompreise ermöglichen, gewinnen sie mehr und mehr an Bedeutung. So waren in der Schweiz in Betrieb:

| | | |
|---|---|---|
| Anzahl der Elektrokessel in der Schweiz, Ende 1945 | ung. | 780 |
| Anschlußwert dieser Kessel | ung. | 550000 kW |
| Energiebedarf dieser Kessel im Jahre 1945 | ung. | $1500 \cdot 10^6$ kWh |
| Dadurch erzielte Kohlenersparnis im Jahre 1945 | ung. | 300000 Tonnen. |

### Elektrische Raumheizung

Das gleiche, das soeben für die Elektrokessel gesagt wurde, gilt in noch höherem Maße für die elektrische Raumheizung. Nur bei ganz niedrigen Tarifen ist, wie die folgende Berechnung zeigt, elektrische Raumheizung möglich. Das läßt sich, wie schon erwähnt, in Ländern mit reicher Wasserkraft und hohen Kohlenpreisen, wie die Schweiz, Schweden, Finnland, mit Erfolg durchführen.

Die Vorteile dieser Heizung sind: bequeme Bedienung, große Sauberkeit und einfache Regelung entsprechend dem Wärmebedarf.

1 kg Gaskoks entwickelt bei der Verbrennung ungefähr 7000 kcal. Bei einem Feuerungswirkungsgrad von 60% sind davon $7000 \cdot 0{,}6 = 4200$ kcal nutzbar. Der Wirkungsgrad der elektrischen Heizung beträgt ungefähr 95%. Von einer kWh werden also $860 \cdot 0{,}95 = 817$ kcal ausgenützt. Um die gleiche Wärmewirkung wie von 1 kg Kohle zu erhalten, sind somit für Raumheizung $4200 : 817 = 5{,}1$ kWh erforderlich.

Für gleiche Kosten müssen also 5 kWh zum Preis von 1 kg Koks geliefert werden; d. h. eine kWh darf nur auf ungefähr 1 Pfg. zu stehen kommen, normale Kohlenpreise vorausgesetzt.

*Transportable elektrische Öfen*, wie Schnellheizer, Strahler, sind auch in Deutschland in normalen wirtschaftlichen Zeiten für Übergangsheizung im Gebrauch.

## Das elektrische Schweißen

### Widerstandsschweißen

Durch die Schweißstelle wird ein Strom geleitet; diese bietet am meisten Widerstand und erwärmt sich daher bedeutend mehr als der übrige Querschnitt. Damit die nötige Schweißtemperatur erreicht wird, ist eine sehr große Stromdichte erforderlich; es ergeben sich daher große Ströme von einigen tausend Ampere bei einer Spannung von nur

2...8 Volt. Man verwendet Wechselstrom, da dieser von der Netzspannung in einfachster Weise mittels Schweißumspanners auf obige Strom- bzw. Spannungsverhältnisse verändert werden kann.

**Stauch-Stumpfschweißen**

Anordnung und Schaltung ist aus Abb. 49 ersichtlich. Die stumpf zusammenzuschweißenden Stücke sind in wassergekühlten Elektrodenbacken aus Hartkupfer eingespannt und werden während der Einschaltdauer gegeneinander gedrückt. Nach Eintritt der Schweißtemperatur werden beide Teile durch kräftigen Stauchdruck verschweißt. Dieser wird von Hand, elektrisch oder hydraulisch hervorgerufen. An der Schweißstelle entsteht eine wulstartige Verdickung. Die zu verbindenden Stücke müssen an der Schweißstelle möglichst gleichen Querschnitt haben, da sonst der größere sich ungenügend erwärmt und der kleinere Querschnitt verbrennt.

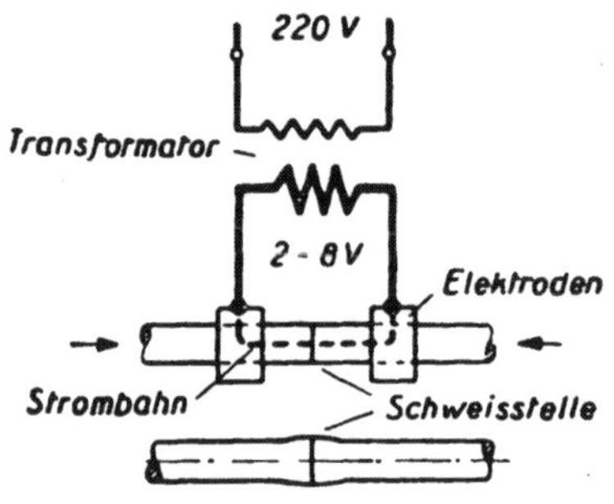

Abb. 49. Stauch-Stumpfschweißen

Auch Kupfer, Aluminium, Messing und andere Legierungen können stumpf zusammengeschweißt werden. Es erfordert dies jedoch sehr kurze Schweißdauer (ungefähr $^1/_{50}$ Sekunde) und hohen Schweißstrom. Das Ein- und Ausschalten des Stromes erfolgt selbsttätig. Nach dem gleichen Verfahren werden auch dünne Drähte, bis zu 0,15 mm Durchmesser, miteinander verbunden.

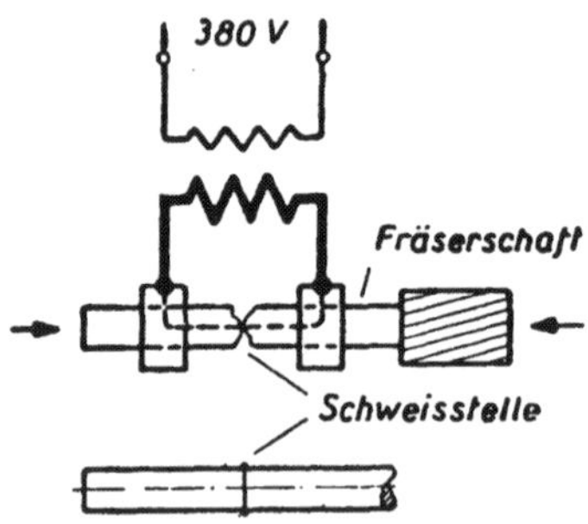

Abb. 50.
Abschmelz-Stumpfschweißen

**Abschmelz-Stumpfschweißen**

Die beiden Schweiß-Enden werden einander bei eingeschaltetem Stromkreis genähert und zur leichten Berührung gebracht, wobei die vorstehenden Partien unter heftigem Funkensprühen abschmelzen und parallele Stoßflächen entstehen. Sobald die ganze Schweißstelle Schweißtemperatur erreicht hat, wird der Strom ausgeschaltet und durch kurzen kräftigen Druck die Enden zusammengeschweißt. Es entsteht dabei ein dünner Stauchgrat, der verhältnismäßig leicht zu entfernen ist (Abb. 50). Auch unebene Flächen, z. B. Bruchstellen, können so geschweißt werden.

**Punktschweißen**

Nach diesem Verfahren werden Bleche durch punktförmige Schweißstellen miteinander verbunden. Der zwischen den stabförmigen Elektroden (Abb. 51) fließende Strom erhitzt die Schweißstelle, worauf durch Druck die Schweißung beendet wird. Die Elektroden sind zu kühlen.

Auch Aluminium, Kupfer, Nickel, Zink, Messing usw. lassen sich punktschweißen. Voraussetzung ist hohe Stromstärke (15000 ... 30000 A), kurze Schweißzeit (ungefähr $^1/_{50}$ Sekunde) und hoher Schweißdruck (ungefähr 150 ... 250 kg). Die Einhaltung der Schweißzeit erfolgt selbsttätig.

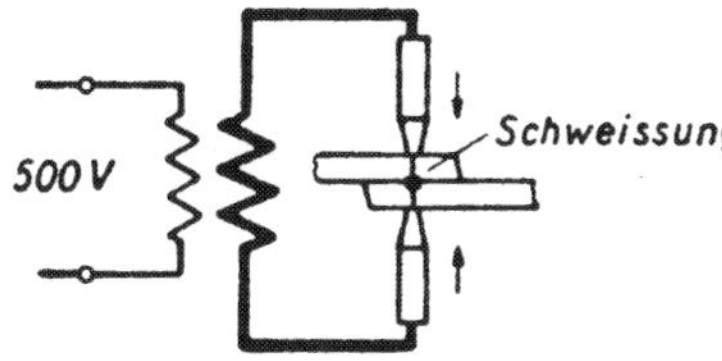


Abb. 51. Punktschweißen

**Rollen- oder Nahtschweißen**

Die zu verschweißenden Bleche werden zwischen rollenförmigen, sich drehenden Elektroden hindurchgeführt (Abb. 52).

Es sind die gleichen Metalle bzw. Legierungen wie bei Punktschweißung schweißbar. Für dünne Stahlbleche bleibt der Strom dauernd eingeschaltet. Bei dickerem Blech und bei Aluminium, Kupfer usw. wird der Strom mittels besonderen Unterbrechers nur periodisch eingeschaltet, so daß sich die Schweißstellen aneinanderreihen. Bei Stahlblech genügt es, eine Rolle anzutreiben, die andere wird mitgenommen. Bei Aluminium usw. sind beide Rollen anzutreiben.

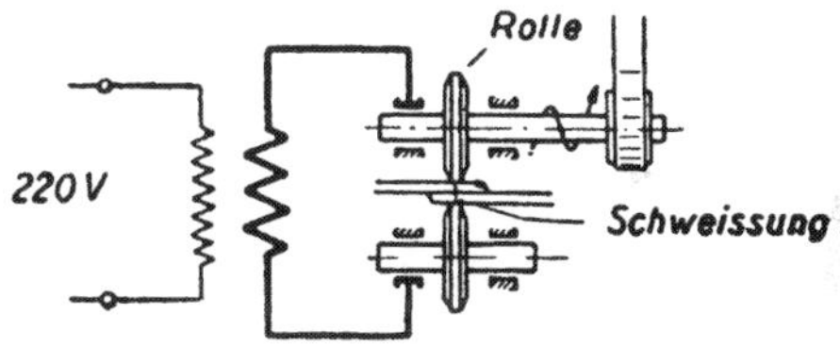


Abb. 52. Nahtschweißen

## Lichtbogenschweißen

Bei diesem Verfahren wird an der Schweißstelle ein Lichtbogen erzeugt, in dessen hoher Temperatur (ungefähr 3500° C) das Metall abschmilzt und sich verbindet (Schmelzschweißen).

Wie aus Abb. 53 ersichtlich, ist dabei das Werkstück die eine, ein Metallstab die andere Elektrode. Durch Einwirkung des Lichtbogens schmilzt vom Werkstück und in größerem Maß von der Elektrode ab. Diese liefert den zur Ausfüllung der Schweißnaht erforderlichen Werkstoff.

Die *Lichtbogenschweißung* kann mit *Gleich- oder Wechselstrom* ausgeführt werden. Erforderliche Spannung ungefähr 65 Volt; Stromstärke, je nach Elektrodendurchmesser, 15 ... 500 A.

Man verwendet *getauchte* und *ummantelte Elektroden*. Die Elektrodenumhüllung schmilzt während des Schweißens auch ab und verhindert eine Oxydation der Schweißstelle; ferner ermöglicht sie einen stabilen Lichtbogen, ein gleichmäßiges Abschmelzen sowie eine porenfreie Naht

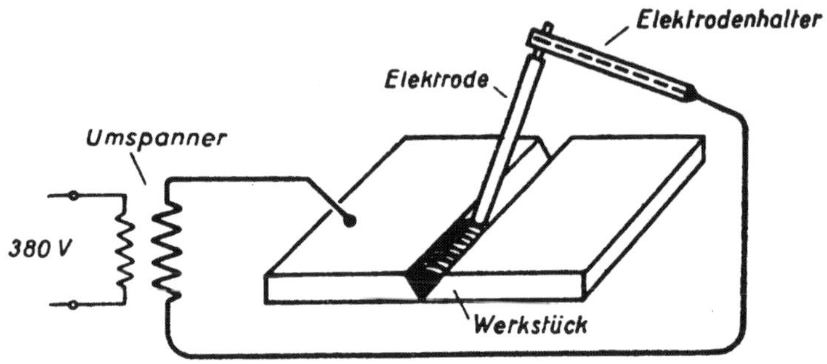


Abb. 53. Lichtbogenschweißen mit Metallelektrode

mit guten Festigkeitseigenschaften. Die von der Umhüllung herrührende Schlackendecke soll mit Spitzhammer leicht lösbar sein.

Auch Nichteisenmetalle, wie Aluminium, Al-Legierungen, Kupfer, Messing, können nach obigem Verfahren geschweißt werden.

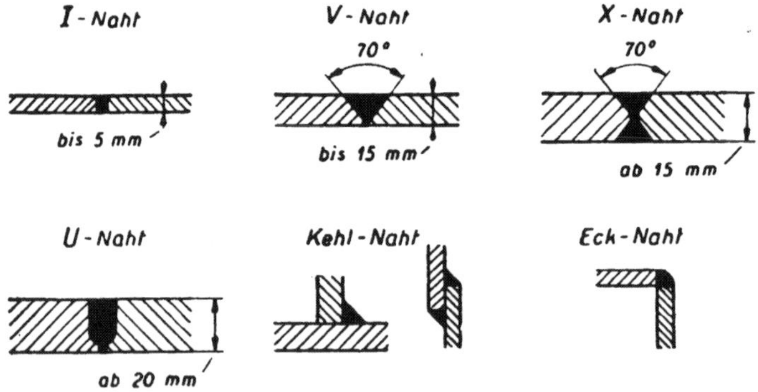


Abb. 54. Schweißnähte

Die Lichtbogenschweißung findet im gesamten Maschinen-, Hoch- und Schiffbau mannigfaltigste Anwendung. Bei sachgemäßer Schweißung sind die Schweißnähte der Festigkeit des übrigen Werkstoffs entsprechend. Aus Abb. 54 sind einige gebräuchliche *Nahtquerschnitte* ersichtlich.

*Ungefährer Elektroden-, Energie- und Zeitbedarf pro 1 Meter Schweißnaht*

| Blechdicke in mm . . | | 1 | 2 | 4 | 6 | 8 | 10 | 15 |
|---|---|---|---|---|---|---|---|---|
| Elektroden-Bedarf | Durchm. | 1,5 | 2 | 3,25 | 4 | 3 4 | 3 4 | 3 4 5 |
| | Stück | 3,0 | 6 | 4 | 5 | 4 6 | 4 12 | 4 8 5 |
| Energiebedarf in kWh | | 0,1 | 0,16 | 0,45 | 0,9 | 1,6 | 2,2 | 4,7 |
| Schweißzeit in Min. . | | 5 | 8 | 9 | 15 | 28 | 38 | 75 |
| Stromstärke ca. A . . | | 25 | 50 | 100 | 120 | 100...140 | 100...140 | 100...150 |

# Das elektrische Licht

Als Lichtquellen für die künstliche Beleuchtung kommen in Betracht: Glühlampen, Gasentladungslampen, Bogenlampen.

## Grundbegriffe der Lichttechnik

### Der Lichtstrom $\Phi$

In einer Glühlampe wird die zugeführte elektrische Energie zum Teil in Lichtenergie umgewandelt. Diese strömt in Form von Lichtstrahlen nach allen Richtungen in den Raum (Abb. 55).

*Der Lichtstrom $\Phi$ (sprich: phi) einer Lichtquelle ist die gesamte von ihr nach allen Richtungen ausgestrahlte Lichtleistung.*

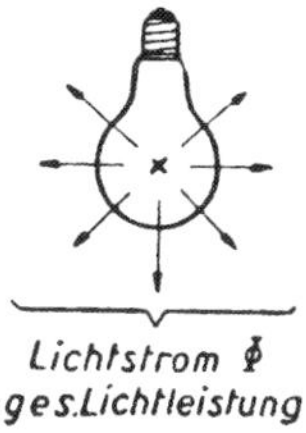

Abb. 55. Lichtstrom

### Die Lichtstärke $I$

*Die Lichtstärke $I$ ist die Dichte des Lichtstromes innerhalb einer gewissen Richtung in bezug auf die Lichtquelle.*

Für die in Abb. 56 angegebene Richtung ist somit die Lichtstärke $I$ proportional der Dichte des Lichtstromes innerhalb des eingezeichneten Kegels.

Bei einer Glühlampe ist im allgemeinen die Dichte des Lichtstromes bzw. die Lichtstärke in verschiedenen Richtungen nicht gleich groß.

Abb. 56. Lichtstärke

Wie Abb. 57 zeigt, kann mit einem Reflektor (Scheinwerfer) der gesamte Lichtstrom in einer Richtung gelenkt werden. Die Lichtstärke in der eingezeichneten Richtung wird dadurch vergrößert, der gesamte Lichtstrom oder die Lichtleistung der Lampe bleibt jedoch gleich.

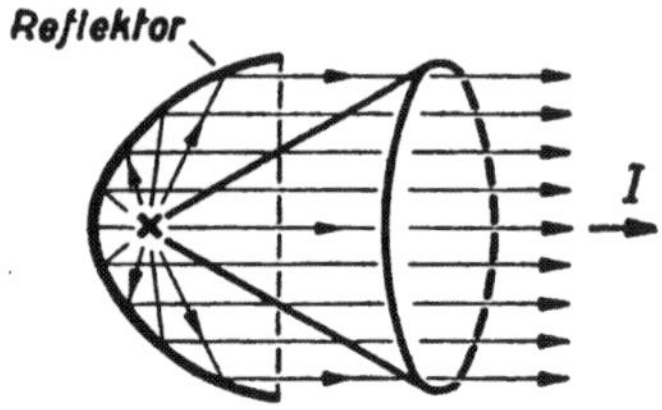


Abb. 57. Scheinwerfer

### Die Beleuchtungsstärke $E$

Fällt der Lichtstrom $\Phi$ auf eine Fläche $F$, so wird diese dadurch beleuchtet (Abb. 58).

*Die Beleuchtungsstärke $E$ ist gleich dem je 1 m² Fläche senkrecht auftreffenden Lichtstrom.*

Es ist somit

$$\text{Beleuchtungsstärke} = \frac{\text{Lichtstrom}}{\text{beleuchtete Fläche in m}^2} \qquad E = \frac{\Phi}{F}$$

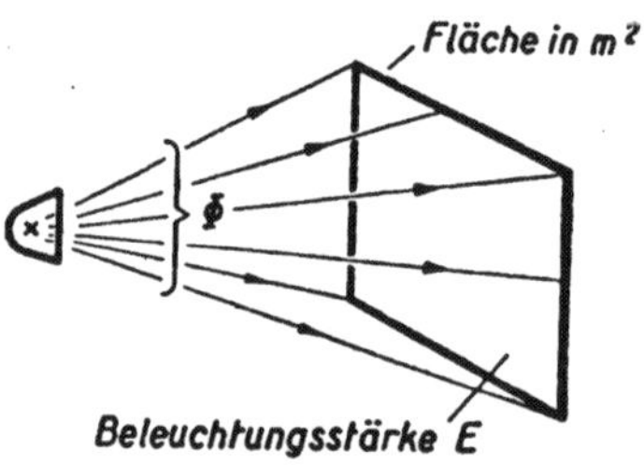


Abb. 58. Beleuchtungsstärke

### Die Leuchtdichte B

*Darunter versteht man die von einer leuchtenden Fläche je 1 cm² in senkrechter Richtung ausgestrahlte Lichtstärke.*

Es ist somit

$$\text{Leuchtdichte} = \frac{\text{Lichtstärke}}{\text{leuchtende Fläche in cm}^2} \qquad B = \frac{I}{F}$$

Die Leuchtdichte ist ein Maßstab für die Blendungswirkung einer Lichtquelle. Eine Kerzenflamme (Abb. 59) blendet nicht, weil ihre Leuchtdichte infolge der großen leuchtenden Fläche gering ist. Der Faden einer Glühlampe hat hingegen eine kleine leuchtende Oberfläche; die Leuchtdichte ist daher so groß, daß bei nichtmattiertem Kolben das Auge geblendet wird.

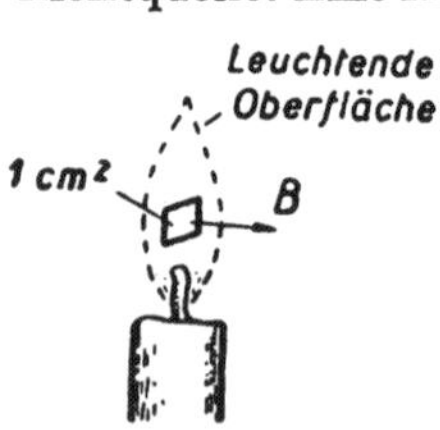


Abb. 59. Leuchtdichte

### Farbenzusammensetzung des Lichtes

Das künstliche Licht, wie auch das Tageslicht, setzt sich aus verschiedenen Farben zusammen. Bei Tageslicht sind es im wesentlichen die Farben Rot, Gelb, Grün, Blau und Violett. Fällt ein derart zusammengesetztes Licht auf eine farbige Fläche, so wird darauf nur das gleichfarbige reflektiert (Abb. 60). Die Fläche erscheint daher, wie untenstehende Abbildung zeigt, in der betreffenden Farbe, z. B. rot. Farbige Gegenstände erscheinen somit nur in ihrer richtigen Farbe, wenn diese in der Lichtquelle enthalten ist.

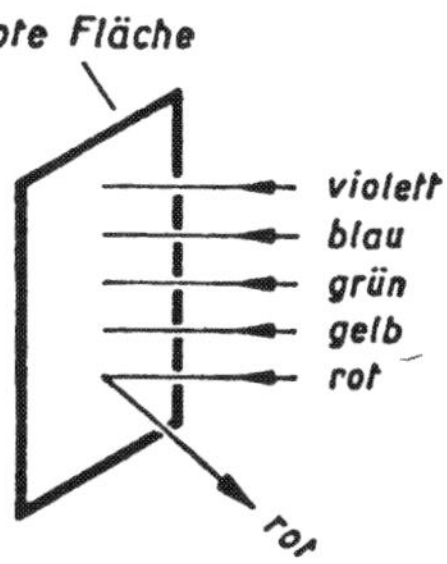


Abb. 60. Lichtreflexion auf farbiger Fläche

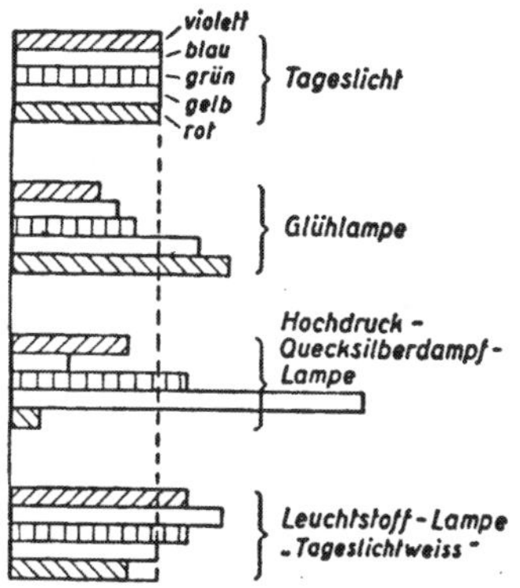


Abb. 61. Farbenzusammensetzung von Lichtquellen

Aus Abb. 61 ist die Farbenzusammensetzung verschiedener Lichtquellen ersichtlich: Typisch für Glühlampen ist der geringe Anteil an Blau sowie der Überschuß an Rot.

## Einheiten der Lichttechnik

Ausgangspunkt ist die Festlegung der Lichtstärke-Einheit; von dieser sind die übrigen Einheiten abgeleitet.

In Deutschland gilt noch:

**Einheit der Lichtstärke = 1 Hefner-Kerze . . . 1 HK.**

Diese Einheit wird dargestellt durch die in waagerechter Richtung ausgestrahlte Lichtstärke einer besonders konstruierten Lampe, der Hefner-Lampe.

Durch internationale Übereinkunft sollte ab 1. Januar 1940 gelten:

**Einheit der Lichtstärke = 1 Neue Kerze . . . 1 b.**

Die Darstellung dieser Einheit geschieht wie folgt:

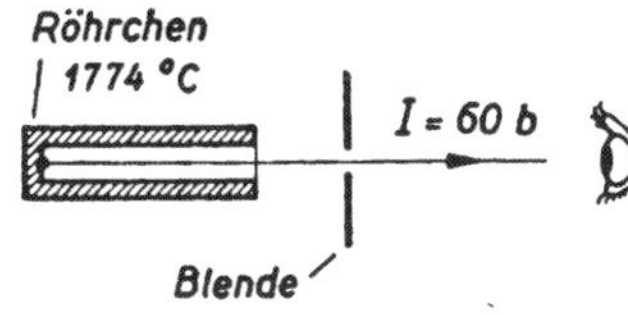


Abb. 62. Neue Kerze

Ein nicht reflektierender Körper, z. B. der in Abb. 62 dargestellte Hohlraumstrahler, wird auf die stets eindeutige Temperatur des erstarrenden Platins (1774° C) erhitzt. In der eingezeichneten Richtung hat man dann eine Lichtstärke $I = 60$ Neue Kerzen. Von diesem Maß ausgehend, werden für Meßzwecke geeichte Glühlampen hergestellt. Obige Einheit ist in Deutschland noch nicht allgemein eingeführt.

1 Neue Kerze = 1,1 Hefner-Kerzen

**Einheit des Lichtstromes = 1 Lumen . . . 1 lm.**

Denkt man sich im Zentrum einer Kugel (Abb. 63) vom Radius $r = 1$ m eine Lichtquelle mit der allseitigen Lichtstärke $I = 1$ b, dann ist der auf 1 m² Kugeloberfläche auftreffende Lichtstrom $\Phi = 1$ lm.

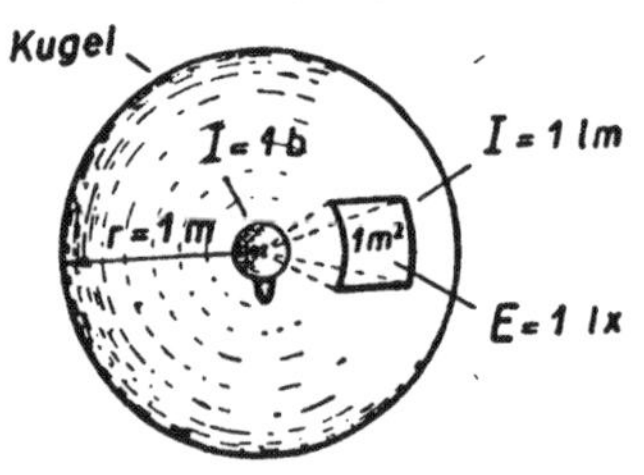


Abb. 63.

Da auf jeden m² der Oberfläche 1 lm auftrifft, ist der gesamte von einer Lichtquelle mit der allseitigen Lichtstärke *1b* ausgehende Lichtstrom = 12,56 lm. Bringt man an Stelle obiger Lichtquelle z. B. eine solche mit der Lichtstärke $I = 5$ b, so ist die Dichte des Lichtstromes 5mal größer. Es wird somit der gesamte von einer Lichtquelle mit der Lichtstärke $I$ ausgehende Lichtstrom $\Phi = \mathbf{12{,}56 \cdot I}$.

In Deutschland wird vorerst die Einheit des Lichtstroms bezogen auf eine Lichtquelle mit der allseitigen Lichtstärke von $I = 1$ HK und dementsprechend bezeichnet:

**1 Hefner-Lumen . . . 1 Hlm.**

**Einheit der Beleuchtungsstärke = 1 Lux . . . 1 lx.**

Diese ergibt sich, wenn der Lichtstrom von 1 lm auf 1 m² Fläche fällt; dies ist bei obiger Kugeloberfläche der Fall. *Luxmeter* sind Instrumente zur direkten Messung der Beleuchtungsstärke.

Wieder gilt für Deutschland die Einheit:

**1 Hefner-Lux . . . 1 Hlx.**

**Einheit der Leuchtdichte = 1 Stilb . . . 1 sb.**

Dieser Wert ergibt sich, wenn von einer ebenen Fläche von 1 cm² die Einheit der Lichtstärke in senkrechter Richtung zur Fläche ausgestrahlt wird.

Ungefähre Werte der Leuchtdichte:

| | | | |
|---|---|---|---|
| Glimmlampe . . . . . | 0,02 sb | Metalldrahtlampe . . | 700 sb |
| Kerze . . . . . . . . . | 0,6 sb | Bogenlampe . . . . | 17000 sb |
| Natriumdampflampe . | 4 sb | Sonne im Zenith . . | 150000 sb |
| Kohlenfadenlampe . . | 80 sb | Blauer Himmel . . . | 1 sb |

Leuchtkörper mit größerer Leuchtdichte als ungefähr 0,3 Stilb verursachen bei Innenraumbeleuchtung Blendung.

# Glühlampen

Bei Glühlampen wird durch die Wärmeentwicklung des elektrischen Stromes der Glühfaden auf eine so hohe Temperatur erhitzt, daß er Licht ausstrahlt. Der gezogene Glühdraht wird aus Metallen mit sehr hohem Schmelzpunkt wie z. B. Wolfram hergestellt (ungefähr 3500° C). Um ein Verbrennen des Glühfadens zu verhindern, wurde ursprünglich der Lampenkolben luftleer gemacht, wobei der Glühfaden langgestreckt war. Durch Füllung mit einem neutralen Gas (Argon) ergab sich eine Verbesserung, indem damit die Verdampfung des Glühfadens verzögert und die Glühtemperatur bis auf ungefähr 2400° C erhöht werden konnte.

Um die stärkere Wärmeableitung infolge der Gasfüllung gering zu halten, wurde der Draht zu einer enggewickelten Schraubenlinie, einer sog. *Wendel* aufgewickelt. Die Doppelwendelausführung ergibt eine

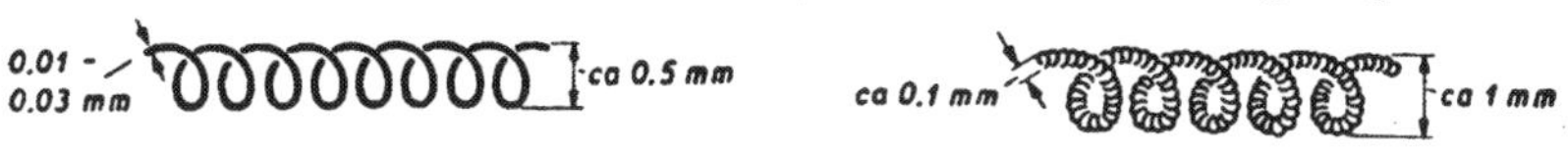


**Einfach-Wendel** **Doppel-Wendel**

Abb. 64. Glühfaden

weitere Konzentration der Wärme (Abb. 64). Für Glühlampen zur Befeuerung von Leuchttürmen werden Dreifachwendel ausgeführt.

Krypton-Gas behindert die Verdampfung noch mehr und es kann dadurch die Fadentemperatur weiter erhöht werden (ungefähr 2650° C). Dies ergibt ein weißeres Licht und etwas größere Lichtausbeute.

## Lichtverteilung einer Glühlampe

Die Lichtstärke einer Glühlampe ist im allgemeinen nach verschiedenen Richtungen des Raumes nicht gleich groß. Es ergibt sich dadurch eine ungleichmäßige Lichtverteilung, wie dies aus der Lichtverteilungskurve (Abb. 65) ersichtlich ist. Jeder Radius vom Mittelpunkt bis zum Schnitt der Kurve gibt in seiner Richtung die von der Lampe ausgestrahlte Lichtstärke an.

Die Kurve in Abb. 65 entspricht der Lichtverteilung, wie sie in einer senkrechten Ebene durch die Lampenachse gemessen wird. Da die Anordnung des Leuchtdrahtes in bezug auf die Lampenachse nicht symmetrisch ist, ergeben die Messungen in andern Ebenen nicht ganz die gleichen Kurven. Um nun von einer Lampe die Lichtstärke anzugeben, bildet man den Mittelwert aller Lichtstärken in sämtlichen Richtungen und erhält so *die mittlere räumliche Lichtstärke* $= I_0$. Das ist die Lichtstärke, welche die Lampe haben würde, wenn sie bei gleichem Gesamtlichtstrom das Licht nach allen Richtungen gleich stark ausstrahlen würde. Angaben von der Lichtstärke einer Lampe beziehen sich auf diesen Wert.

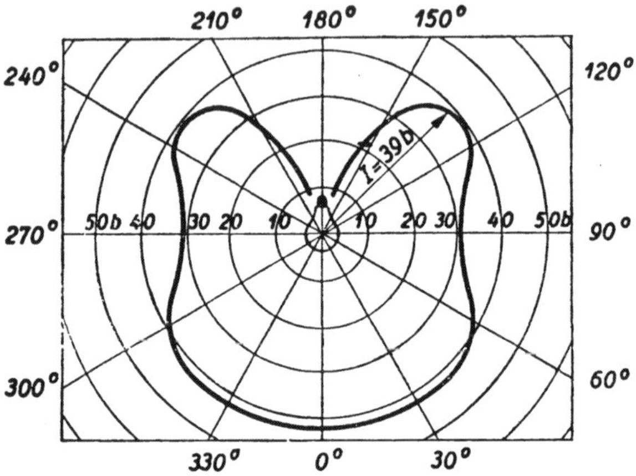


Abb. 65. Lichtverteilungskurve

**Beurteilung einer Glühlampe**

Für den praktischen Wert einer Glühlampe ist ihre *Lichtausbeute* und ihre *Lebensdauer* maßgebend.

*Die Lichtausbeute entspricht dem je 1 Watt Leistungsaufnahme von der Lampe erzeugten Lichtstrom, gemessen in Lumen.*

Es ist also

$$\text{Lichtausbeute} = \frac{\text{Lichtstrom in Lumen}}{\text{Leistungsaufnahme in Watt}} = \frac{\text{lm}}{\text{W}} \left(\text{bzw.} \frac{\text{Hlm}}{\text{W}}\right)$$

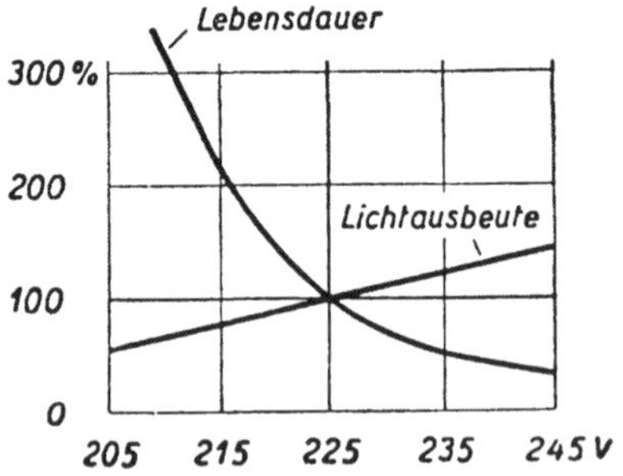


Abb. 66. Lebensdauer, Lichtausbeute

Je größer dieser Wert, um so besser ist somit die Umsetzung der elektrischen Energie in Licht (siehe hierüber nachfolgende Lampentabelle).

*Die Lebensdauer einer Lampe ist ihre Brennzeit in Stunden bis zum Durchbrennen.*

Die mittlere Lebensdauer der Lampen muß bei Nennspannung mindestens 1000 Stunden betragen. Lichtausbeute und Lebensdauer sind, wie Abb. 66 zeigt, von der Spannung abhängig. Bei der Nennspannung von 225 V ist die Lichtausbeute und Lebensdauer zu 100% eingesetzt.

Um der Abhängigkeit von der Spannung Rechnung zu tragen, werden für Normalspannungsnetze Lampen für 220, 225 und 230 V ausgeführt. Zur Vereinfachung der Fabrikation und Lagerhaltung sollen nun die Lampen nur noch für die mittlere Spannung von 225 V hergestellt werden, erhalten aber die Aufstempelung 220—230 V. In den meisten Netzen liegt die Spannungsschwankung innerhalb dieser Grenzen.

### Abstufung der Lampen

In Deutschland werden die Glühlampen nach der aufgenommenen Leistung in Watt abgestuft. Nach internationaler Übereinkunft sollte ab 1942 die Abstufung nach dem Lichtstrom in Dekalumen (1 Dlm = 10 lm) erfolgen. In Deutschland ist diese Festlegung noch nicht eingeführt. Leistungsaufnahme und Spannung werden auf dem Lampensockel angegeben; z. B. 40 W, 220 . . . 235 V.

*Tabelle über Lichtstrom und Lichtausbeute der Osram-Glühlampen (Hauptreihe)*

| Leistungs-aufnahme W | Spannung V | Lichtstrom etwa Hlm bei 225 V | Lichtausbeute $\frac{\text{Hlm}}{\text{W}}$ |
|---|---|---|---|
| 15 | 110 . . . 235 | 140 | 9,3 |
| 25 | | 260 | 10,4 |
| 40 | | 480 | 12 |
| 60 | | 860 | 14,3 |
| 100 | | 1 600 | 16 |
| 200 | 110 . . . 225 | 3 450 | 17,2 |
| 300 | | 5 650 | 18,8 |
| 500 | | 10 100 | 20,2 |
| 1000 | | 22 500 | 22,5 |
| 2000 | | 47 000 | 23,5 |

Für 110-Volt-Lampen ist die Lichtausbeute ungefähr 8% höher.

Aus obiger Tabelle ist ersichtlich, daß für die größeren Lampen die Lichtausbeute höher ist. Eine Beleuchtungsanlage mit wenigen, jedoch größeren Lampen ist somit wirtschaftlicher, als eine solche mit mehreren kleinen Lampen.

### Tageslicht-Glühlampen

Durch das bläuliche Glas des Kolbens wird der Überschuß an Rot gedämpft, und damit der Anteil an Blau im Vergleich zu den übrigen Farben erhöht. Man erhält so eine tageslichtähnliche Beleuchtung. Gegenüber gewöhnlichen Lampen ist die Lichtausbeute ungefähr 45% geringer. Anwendungsgebiete: Verkaufsräume für Stoffe, Webereien usw.

# Leuchten

Die elektrische Glühlampe allein ist für Beleuchtungszwecke ungeeignet, da sie blendet und ihre Lichtverteilung im allgemeinen nicht zweckmäßig ist. Mittels der Leuchte bezweckt man die Blendung zu vermeiden, den Lichtstrom in bestimmter Richtung zu lenken sowie die Lampe zu schützen.

Verschiedene Arten des Lichtdurchganges und der Reflexion sind aus den Abb. 67 und 68 ersichtlich. Als *lichtstreuende Werkstoffe* eignen

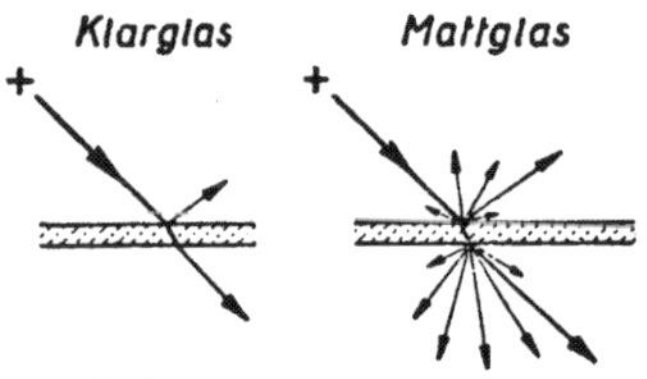


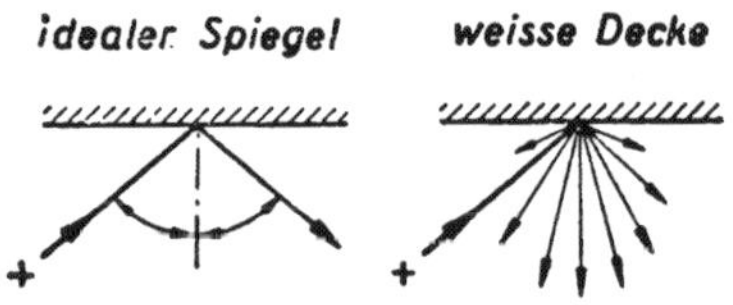


| | Klarglas | Mattglas | idealer Spiegel | weisse Decke |
|---|---|---|---|---|
| **Streuung:** | **keine** | **schwach** | **keine** | **stark** |
| **Reflexion:** | 6···8% | 6···16% | **gerichtet** | **gestreut** |
| **Verlust:** | 2···4% | 4···10% | ung. 12% | ung. 50% |

Abb. 67. Lichtdurchlaß

Abb. 68. Reflexion des Lichtes

sich: Mattglas, Opalüberfangglas, Opalglas, Pergament, Seide, Alabaster. Als *Reflektormaterial* verwendet man: verspiegeltes Glas, poliertes Metall, emailliertes Blech, anodisch oxydiertes Aluminium.

Lichtdurchlaß und Reflexion sind mit Verlusten verbunden, indem ein Teil des Lichtes absorbiert wird. Verschmutzung der Leuchten ergibt erhöhte Lichtverluste. Die Leuchten sind daher öfters zu reinigen und Decken und Wände eines Raumes sind hell und sauber zu halten.

Bei allen Leuchten ist, mit Rücksicht auf die Blendung, der Lampengröße eine obere Grenze gesetzt. Kennzeichnend für die Art der Leuchte ist ihre Lichtausstrahlung. In nachstehenden Abbildungen ist für die betreffende Leuchtenart eine typische Ausführung dargestellt; es sind jedoch auch andere Formen üblich.

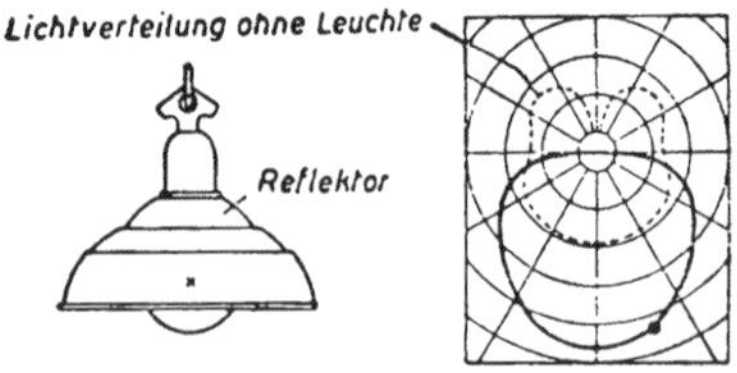


Abb. 69. Direkt strahlende Leuchte

**Direkt strahlend**

Durch den Reflektor wird der gesamte Lichtstrom auf die zu beleuchtende Fläche gelenkt (Abb. 69). Reflektierende Wände und Decken sind nicht erforderlich. Angewendet für hohe Hallen, Werkstätten und Außenbeleuchtung, wobei je nach Zweck der Reflektor als Breit- oder

Tiefstrahler wirkt. Es ergeben sich starke Schatten; um letztere aufzuhellen, soll jede Stelle von zwei Seiten her beleuchtet sein. Besonders auch für die Arbeitsplatzbeleuchtung geeignet.

**Halbdirekt strahlend**

Der größte Teil des Lichtstromes wird nach unten gelenkt, der übrige Teil erhellt die obere Raumhälfte (Abb. 70). Die Schatten sind weniger tief als bei direkt strahlenden Leuchtern. Angewendet in Räumen mit dunklern Decken und Wänden, wie z. B. Werkstätten, Warenhäuser, Korridore usw.

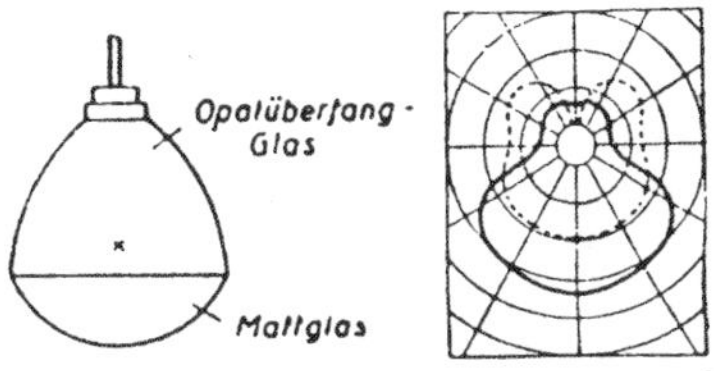

Abb. 70
Halbdirekt strahlende Leuchte

**Frei oder gleichförmig strahlend**

Die Leuchte soll die Leuchtdichte vermindern; die Lichtverteilung der Glühlampe wird kaum verändert (Abb. 71). Diese Leuchte ergibt gleichmäßige Raumaufhellung bei milden Schatten; helle Wände und Decken sind Voraussetzung. Angewendet in Wohnräumen, Büros usw. Leuchte auch in Würfel-, Kegel- oder Zylinderform ausgeführt.

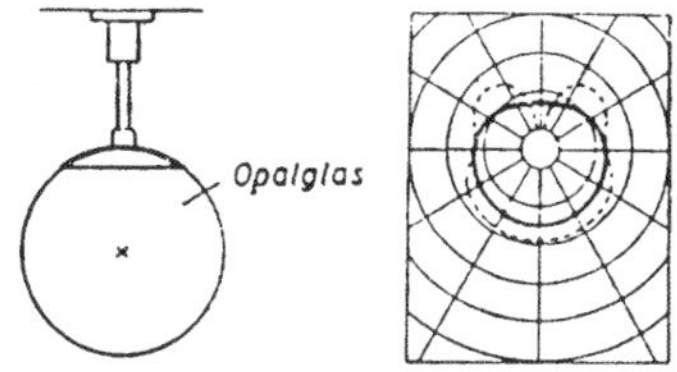

Abb. 71. Frei oder gleichförmig strahlende Leuchte

**Halbindirekt strahlend**

Der größte Teil des Lichtstromes wird nach oben gelenkt und an der Decke und den Wänden reflektiert (Abb. 72). Diese sollen hell und sauber sein. Es ergeben sich schwache Schatten; die senkrechten Wände sind gut aufgehellt. Geeignet für Büros, Zeichensäle, Verkaufsräume, Wohnungen usw. Leuchte auch als Schale oder Kelch ausgeführt.

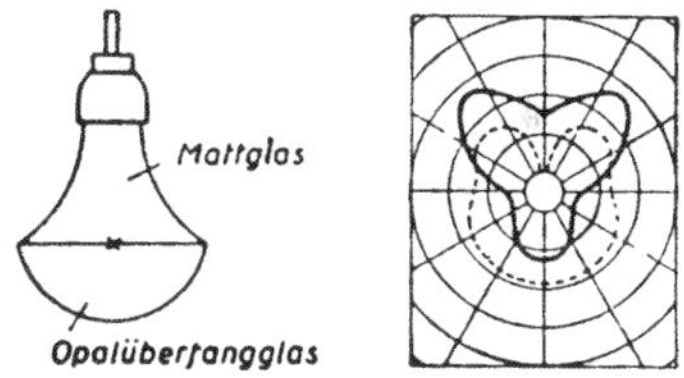

Abb. 72.
Halbindirekt strahlende Leuchte

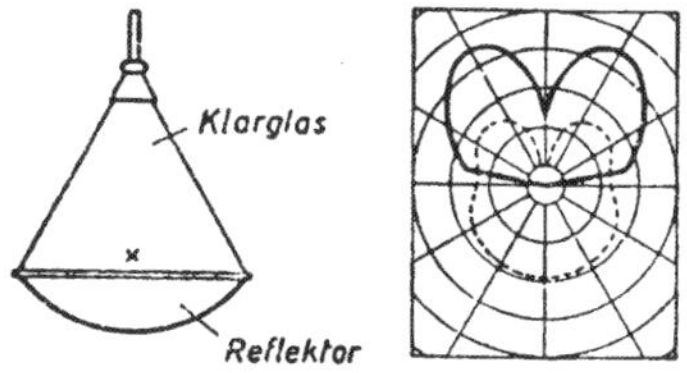

Abb. 73.
Indirekt strahlende Leuchte

**Indirekt strahlend**

Durch den Reflektor wird alles Licht nach oben geworfen (Abb. 73) und gelangt nach Reflexion an Decke und Wänden vollkommen zerstreut in den Raum. Es ergeben sich weiche Schatten. Decken und Wände müssen sehr hell und sauber sein. Angewendet zur Beleuchtung von Hotelhallen, Sälen, Kinos, Schaufenstern. Vielfach sind die Leuchten in Hohlkehlen längs den Wänden unsichtbar angeordnet.

## Ermittlung des Lichtbedarfs für einen Raum

Eine Beleuchtungsanlage soll *zweckmäßig, wirtschaftlich* und in Anpassung an den Raum ausgeführt sein. Zu deren Bestimmung kann wie folgt vorgegangen werden:

### 1. Festlegung der geeigneten Leuchte

Die Art der Leuchte richtet sich nach dem Verwendungszweck des Raumes. Handelt es sich um einen Arbeitsraum, so ist zu entscheiden, ob nur *Allgemeinbeleuchtung* oder *Arbeitsplatzbeleuchtung* mit zusätzlicher Allgemeinbeleuchtung in Betracht kommt.

### 2. Annahme der Beleuchtungsstärke *E*

Es sollen die in folgender Tabelle angegebenen Erfahrungswerte eingehalten werden.

*Beleuchtungsstärke für Arbeitsstätten und Schulräume*

| Art der Arbeit | Reine Allgemeinbeleuchtung | Arbeitsplatzbeleuchtung und Allgemeinbeleuchtung | |
|---|---|---|---|
| | | an Arbeitsstelle | im übrigen Raum |
| grobe | 20...40 lx | 50...100 lx | 20 lx |
| mittelfeine | 40...80 lx | 100...300 lx | 30 lx |
| feine | 75...150 lx | 300...1000 lx | 40 lx |
| sehr feine | 150...300 lx | 1000...5000 lx | 50 lx |

Beispiele:

| | |
|---|---|
| grobe Arbeiten: | Schmieden, Gießen, Gußputzen |
| mittelfeine Arbeiten: | Formen, Grobmontage, Drehen, Stanzen |
| feine Arbeiten: | Drucken, Zeichnen, Feinmontage, Büroarbeit, Maschinensatz |
| sehr feine Arbeiten: | Gravieren, feinmechanische Arbeiten, Weben, Nähen dunkler Stoffe. |

Der auf die zu beleuchtenden Fläche fallende Lichtstrom, der sog. Nutzlichtstrom $\Phi_N$, beträgt

$$\boxed{\Phi_N = E \cdot F}$$

worin

$F$ = zu beleuchtende Fläche in $m^2$
$E$ = Beleuchtungsstärke, aus obiger Tabelle zu entnehmen.

### 3. Bestimmung des von den Lampen zu erzeugenden Lichtstromes $\Phi$

Von dem in den Lampen erzeugten Lichstrom $\Phi$ geht infolge Absorption (Verschlucken) in der Leuchte, an der Decke und den Wänden ein Teil verloren. Das Verhältnis des auf die zu beleuchtende Fläche fallenden Nutzlichtstromes $\Phi_N$ zum erzeugten Lichtstrom der Lampen nennt man den *Wirkungsgrad* $\eta_B$ *der Beleuchtung*

$$\eta = \frac{\Phi_N}{\Phi} \quad \text{woraus} \quad \boxed{\Phi = \frac{\Phi_N}{\eta}}$$

Der Wirkungsgrad ist von der Art der Leuchte und dem Zustand der Decken und Wände abhängig.

*Wirkungsgrad bei Beleuchtung von Innenräumen*

| Art des Raumes | Leuchte | Wirkungsgrad |
|---|---|---|
| Decke hell<br>Wände mittelhell | frei strahlend<br>halbindirekt strahlend<br>indirekt strahlend | 26...45%<br>27...46%<br>20...35% |
| Decke mittelhell<br>Wände dunkel | direkt strahlend<br>halbdirekt strahlend<br>frei strahlend | 35...50%<br>25...45%<br>20...35% |

### 4. Ermittlung der Anzahl und Anordnung der Lampen

Aus Gründen der Wirtschaftlichkeit soll die Lampenzahl $z$ möglichst klein angenommen werden, immerhin aber so groß, daß sich das Licht gleichmäßig über die zu beleuchtende Fläche verteilt. Auch an den ungünstigsten Stellen soll die geringste Beleuchtungsstärke vorhanden sein. Für die Lampenzahl ist aber auch die Raumeinteilung, Anordnung der Arbeitsplätze und Fenster maßgebend. Ist die Lampenzahl $z$ angenommen, so wird

$$\text{Lichtstrom je Lampe: } \Phi_L = \frac{\Phi}{z}.$$

Die erforderliche Wattzahl je Lampe ist aus Tabelle Seite 51 zu entnehmen.

*Beispiel:* Ein Büro von 7,0 m Länge und 5,5 m Breite soll eine Allgemeinbeleuchtung erhalten (helle Decke, mittelhelle Wände). Gesucht: Beleuchtungsart, Lampenzahl, Lampengröße?

Lösung: Da Decken und Wände noch gut reflektierend und für Büroarbeit milde Schatten günstig sind, wird eine halbindirekt strahlende Leuchte gewählt. Nach obiger Tabelle kann $\eta_B = 35\%$ angenommen werden.

Nach den Angaben Seite 54 ist für Büroarbeit als „feine Arbeit" nach der Tabelle eine Beleuchtungsstärke von 75 ... 150 lx erforderlich. Angenommen $E = 95$ lx. Somit

$$\Phi_N = 95 \cdot 7{,}0 \cdot 5{,}5 = 3650 \text{ lm} \qquad \Phi = \frac{3650}{0{,}35} = 10400 \text{ lm}.$$

Für eine gleichmäßige Lichtverteilung dürften $z = 4$ Lampen genügen. Somit Lichtstrom je Lampe $\Phi_L = 10400 : 4 = 2600$ lm.

Wie aus der Lampentabelle Seite 51 ersichtlich, hat die zunächst gelegene Lampengröße von 200 W einen Lichtstrom von 3450 Hlm. Mit 4 Lampen je 200 W ist die Beleuchtungsstärke anfänglich etwas größer als angenommen. Es ist aber zu berücksichtigen, daß infolge Verstaubung mit einer Abnahme der Beleuchtungsstärke um ungefähr 15% zu rechnen ist.

## Gasentladungslampen

Bei diesen Lichtquellen wird die beim Stromdurchgang durch ein verdünntes Gas oder durch Metalldampf entstehende Lichterzeugung praktisch ausgenützt. Es handelt sich dabei nicht um eine Lichterzeugung durch Wärme, wie z. B. bei der Glühlampe. Gasentladungslampen finden vielfache Anwendung, besonders der hohen Lichtausbeute wegen.

### Edelgas-Leuchtröhren

Edelgas-Leuchtröhren werden besonders für Reklamezwecke verwendet. Sie bestehen aus längeren Glasröhren, an deren Enden Elektroden eingeschmolzen sind. Das Rohr wird luftleer gemacht und dann mit Edelgas gefüllt; Druck ungefähr $^3/_{100}$ kg/cm². Bei Leuchtröhren mit Quecksilberdampf erfolgt die Entladung zuerst in einem Grundgas (Argon oder Neon), worauf das Quecksilber verdampft. Die mittlere Lebensdauer der Edelgas-Leuchtröhren beträgt ungefähr 4000 ... 5000 Stunden.

Die *Lichtfarbe* ist von der Gasart und der Glasfarbe abhängig; so ergibt z. B.:

| | |
|---|---|
| Neon . . . . . . . . . . . . . . . . . . . . | rot |
| Neon mit Quecksilber . . . . . . . . . . . | blau |
| Neon mit Quecksilber in gelbem Glasrohr . . | grün |
| Helium . . . . . . . . . . . . . . . . . . . | weiß-rosa |
| Helium in gelbem Glasrohr . . . . . . . . . | gelb |

Die Betriebsspannung beträgt je nach Rohrlänge und Rohrdurchmesser 3000 . . . 8000 Volt; der Anschluß erfolgt daher über einen Umspanner. Zur Einleitung der Entladung ist die volle Spannung, die sog. *Zündspannung*, nötig; nachher ist die Spannung an den Elektroden auf die sog. *Brennspannung* herabzusetzen. Der Unterschied zwischen Zünd- und Brennspannung wird in einer vorgeschalteten Drosselspule verbraucht. Meistens ist jedoch der Umspanner so ausgeführt, daß bei Erreichen des Betriebsstromes seine Klemmenspannung auf die Brennspannung absinkt (Streu-Umspanner, Abb. 74).

*Betriebswerte für Neon-Leuchtröhren-Umspanner, hochspannungsseitig 6 kV*

| | Außen-Rohrdurchmesser in mm | | | |
|---|---|---|---|---|
| | 12 | 15 | 18 | 22 |
| Zulässige Rohrlänge . . . . . m | 5,5 | 6,8 | 8,0 | 10 |
| Brennspannung . . . ungefähr V | 4000 | 4300 | 4600 | 5000 |
| Betriebsstrom . . . . . . . . mA | 25 | 50 | 100 | 100 |
| Lichtausbeute . . . . . . lm/W | 6 | 7 | 8 | 8 |

Eine höhere Betriebsspannung als 8 kV wird nicht angewendet. Größere Anlagen werden daher in einzelne Abschnitte unterteilt; jeder Abschnitt hat einen besonderen Streu-Umspanner (Abb. 74 und 75). Die Einstellung der Brennspannung bzw. des richtigen Betriebsstromes erfolgt mit dem Streujoch durch Veränderung des Luftspaltes.

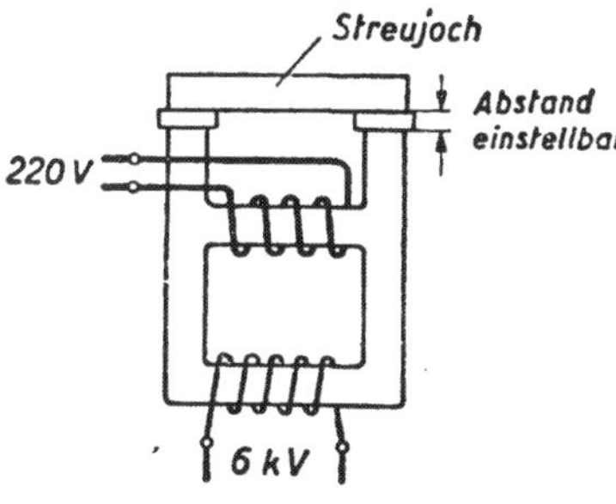

Abb. 74.
Streuumspanner für Leuchtröhren

Die ganze Anlage wird in der Regel in einem eisernen Kasten untergebracht. Gemäß den „Regeln für Leuchtröhrenanlagen und Leuchtröhrengeräten“, VDE 0128 muß bei größeren Anlagen eine zwangsläufige Abtrennung des Primärstromkreises beim Öffnen des Schutzkastens erfolgen. In der Anlage der Abb. 75 ist dazu ein Kontaktschloß vorgesehen.

Alle Metallteile der Anlage sind gemäß den „Leitsätzen für Schutzmaßnahmen in Starkstromanlagen mit Betriebsspannungen unter 1000 V", VDE 0140 an eine gemeinsame, zu erdende Schutzleitung anzuschließen. Der Querschnitt der Schutzleitung muß der Leitfähigkeit von 4 mm² Kupfer entsprechen.

Vermehrte Anwendung finden ferner *Fluoreszenz-*, bzw. *Leuchtstoff-Röhren*. Diese enthalten einige Tropfen Quecksilber und haben auf der

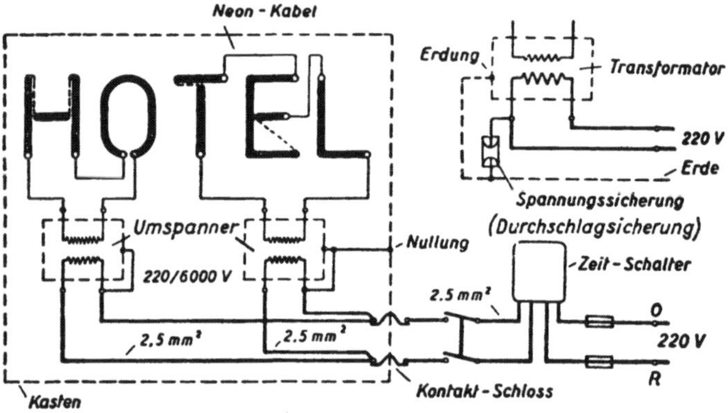


Abb. 75. Schaltung von Edelgas-Leuchtröhren

Rohrinnenwandung einen Belag aus Leuchtstoff, welcher durch Einwirkung des ultravioletten und blauen Anteils der Quecksilberdampfentladung zum Leuchten angeregt wird. In dieser Weise können sozusagen alle Farbtöne erreicht werden, und die Lichtausbeute ist zudem hoch. Sie haben eine Lichtausbeute von ungefähr 30 Hlm/W.

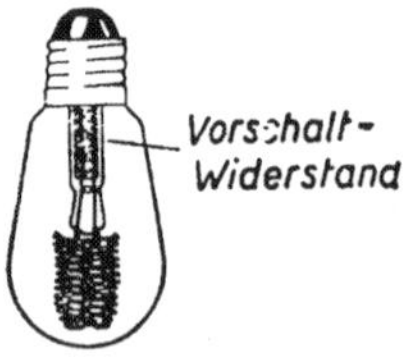


Abb. 76.
Glimmlampe

## Glimmlampen

Eine übliche Form für Anschluß an Lichtspannung ist in Abb. 76 dargestellt. Der Kolben enthält ein Gemisch von Neon und Helium. Die beiden Drahtelektroden sind mit kleinem gegenseitigem Abstand ineinandergewickelt. Im Sockel ist ein Vorschaltwiderstand eingebaut. Bei Anschluß an Gleichstrom erkennt man, daß nur an der negativen Elektrode das sog. *Glimmlicht* entsteht.

Lampen für 220 V haben in der Regel 3 W Leistungsaufnahme und erzeugen ungefähr 2 Lumen. Lebensdauer ungefähr 2000 Stunden. Für Signalzwecke und Anzeige werden auch Zwerglampen mit nur $^1/_{10}$ W ausgeführt; einige Anwendungsbeispiele sind aus Abb. 77 ersichtlich.

a) Anzeige des Schalters im Dunkeln.
b) Anzeige der Schalterstellung.
c) Anzeige ob der Verbraucher (Heizkörper) eingeschaltet ist.

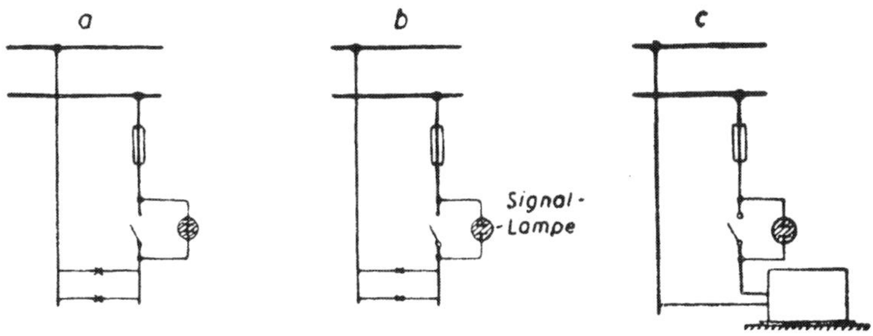


Abb. 77. Schaltung von Glimmlampen für Spezialzwecke

Im *Spannungsprüfer* nach Abb. 78 ist eine Glimmlampe besonderer Form eingebaut. Man kann damit feststellen, ob Leitungen unter Spannung stehen; bei Gleichstrom ist auch die Polarität zu erkennen.

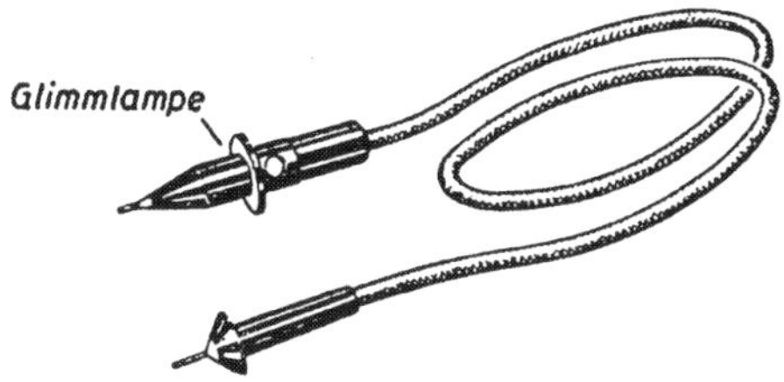


Abb. 78. Spannungsprüfer

**Natriumdampf-Lampe**

Schaltung und Aufbau ist aus Abb. 79 ersichtlich. Das Entladungsrohr enthält Neon als Grundgas und metallisches Natrium; das Außenrohr ist luftleer. Beim Einschalten entsteht zunächst zwischen besonderen Elektroden (in Abb. 79 nicht eingezeichnet) eine Glimmentladung im Neon. Dadurch wird die Neon-Entladung zwischen den Hauptelektroden eingeleitet. Es verdampft nun Natrium und nach einer Anlaufzeit von ungefähr 4 Minuten gibt die Lampe ihre volle Lichtleistung ab. Zwischen den Elektroden genügt dann eine Brennspannung von ungefähr 70 V; der Unterschied gegenüber der Netzspannung von 220 V ist durch die Drosselspule aufzunehmen. Zur Vermeidung von Rundfunkstörungen wird meist ein Kondensator

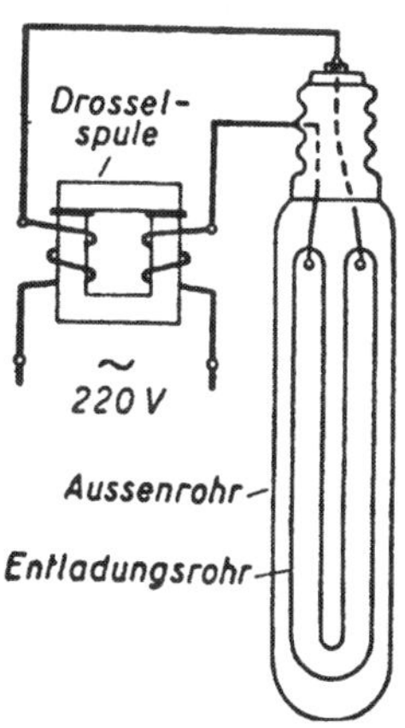


Abb. 79.
Natriumdampf-Lampe

von 0,1 $\mu F$ parallel zur Drosselspule geschaltet. Bei Anwendung als Mischlicht können statt der Drosselspule Glühlampen vorgeschaltet werden. Nach dem Abschalten ist die Lampe sofort wieder betriebsbereit.

Diese Lampe strahlt nur gelbes Licht aus; somit erscheinen darin nur gelbe Flächen farbenrichtig und hell, während die übrigen Farben ein dunkelgraues Aussehen haben. Eine *Anwendung* kommt daher nur in Betracht, wo eine Farbenerkennung nicht erforderlich ist, wie z. B. in Fabrikhöfen, Schuppen, Verschiebebahnhöfen, Autostraßen. Das einfarbige Licht erhöht die Sehschärfe und ergibt auch bei nebligem Wetter bessere Lichtverhältnisse als Glühlampenlicht. Rote Signale sind mit dem Leuchtstoff *Rhodamin* zu malen, da dieser unverändert rot erscheint.

Vorteilhaft ist die hohe *Lichtausbeute von ungefähr 50 Hlm/W* sowie die relativ geringe Lichtdichte von ungefähr 10 sb. Mittlere Lebensdauer 2500 Stunden.

In Deutschland werden zur Zeit keine Natriumdampf-Lampen mehr gebaut.

*Technische Daten von 220 V-Natriumdampf-Lampen*

| | | | | |
|---|---|---|---|---|
| Lichtstrom | Hlm | 3000 | 5000 | 11000* |
| Leistungsaufnahme inkl. Drosselspule | W | 63 | 94 | 163 |
| Lichtausbeute | Hlm/W | 47,5 | 53 | 67,5 |
| Betriebsstrom | A | 0,9 | 1,2 | 2,2 |
| cos $\varphi$ | | 0,32 | 0,35 | 0,34 |
| Totale Länge | mm | 265 | 335 | 520 |
| Durchmesser | mm | 60 | 65 | 65 |

* Type SO 1000, neue Bezeichnung SO 140.
Die Type SO 140 wird besonders für die Beleuchtung von Autostraßen verwendet.

## Hochdruck-Quecksilberdampf-Lampen

Aufbau und Schaltung einer solchen Lampe größerer Leistung ist aus Abb. 80 ersichtlich. Das Innenrohr aus Hartglas enthält Argongas und einige Tropfen metallisches Quecksilber. Das luftleere Außenrohr dient als Schutz sowie Wärmeisolierung. Beim Einschalten entsteht zunächst zwischen Hilfs- und benachbarter Hauptelektrode eine Glimmentladung im Argongas und damit wird die Zündung zwischen den Hauptelektroden eingeleitet. Durch die entstehende Wärme verdampft Quecksilber, worauf die Quecksilberdampfentladung beginnt. Nach ungefähr 5 Minuten gibt die Lampe die volle Lichtleistung ab.

Zwischen den Hauptelektroden ist zum Zünden eine Spannung von 220 V erforderlich, für den Betrieb genügen jedoch 130 V. Der Unterschied wird durch die Drosselspule aufgenommen. Im Betrieb erreicht die Lampe ungefähr 80° C Außentemperatur; der Druck in der Röhre steigt auf ungefähr 1 kg/cm². Gegenüber der Inbetriebnahme im kalten Zustand ist nun die erforderliche Zündspannung höher; kurz nach dem Abschalten genügen daher 220 V nicht mehr zum Zünden. Erst wenn nach einigen Minuten der Druck genügend gesunken ist, kann die Lampe wieder zünden.

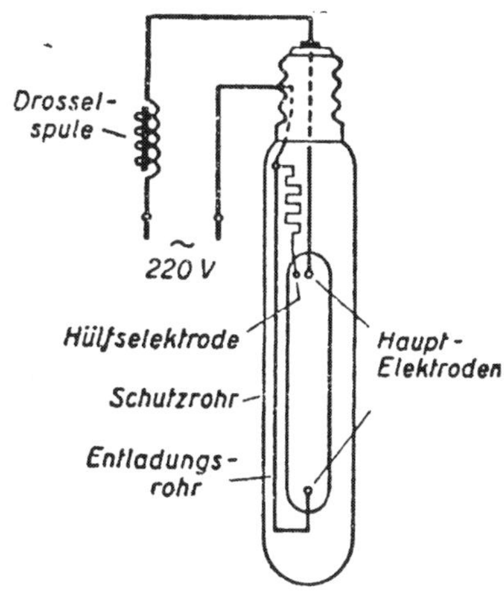


Abb. 80.
Hochdruck-Hg-Dampf-Lampe

Diese Lampe ergibt ein bläulich-weißes Licht; da es im wesentlichen aus Blau, Grün und Gelb zusammengesetzt ist, ist darin eine richtige Wiedergabe der übrigen Farben ausgeschlossen. Die *Lichtausbeute* ist hoch und beträgt ungefähr 36 H-Lumen je Watt. Mittlere *Lebensdauer* ungefähr 2000 Stunden. Mittlere Leuchtdichte ungefähr 200 Stilb.

*Lampen kleinerer Leistung* und zwar die beiden ersten Typen der Aufstellung von Hochdruck-Hg-Lampen auf der folgenden Seite werden nach Abb. 81 ausgeführt. Das Entladungsrohr aus Quarzglas ist wesentlich kleiner und in einem innenmattierten Glühlampenkolben angeordnet. Druck des Quecksilberdampfes ungefähr 8 kg/cm². Mittlere Leuchtdichte bei innenmattiertem Kolben ungefähr 40 Stilb.

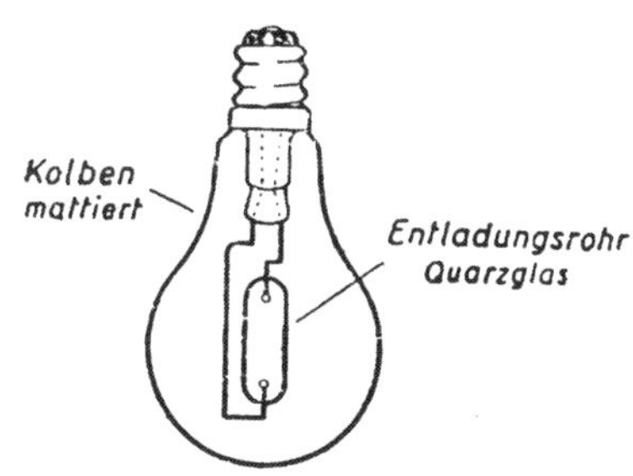


Abb. 81.
Hochdruck-Hg-Dampf-Lampe

*Anwendungsgebiete:* Beleuchtung von Straßen, Parkanlagen, Montagehallen, Werkstätten, Anleuchtung von Fassaden und Reklameflächen, Schaufenstern. Falls erforderlich, kann der Mangel an rotem Licht durch Zusatz von Glühlampen behoben werden; es sind dafür besondere *Mischlicht-Leuchten* im Gebrauch.

*Lampen mit dunkelviolettem Glaskolben* strahlen zur Hauptsache nur das für die Augen unsichtbare Ultraviolett aus. Dieses „*schwarze Licht*“ hat die Eigenschaft, mit Leuchtstoffen versehene Oberflächen zum Leuchten anzuregen.

*Technische Daten von Hochdruck-Hg-Lampen für 220 V*

| | | | | | |
|---|---|---|---|---|---|
| Lichtstrom | Hlm | 3000 | 5000 | 10000 | 20000 |
| Leistungsaufnahme inkl. Drossel | W | 83 | 130 | 280 | 475 |
| Lichtausbeute | Hlm/W | 36 | 38,5 | 36 | 42 |
| Betriebsstrom | A | 0,75 | 1,15 | 2,2 | 3,7 |
| cos $\varphi$ | | 0,50 | 0,52 | 0,58 | 0,58 |
| Totale Länge | mm | 150 | 170 | 255 | 315 |
| Durchmesser | mm | 80 | 90 | 45 | 55 |

**Quecksilberdampf-Mischlicht-Lampe**

In einem innenmattierten Kolben ist ein Quecksilberdampfbrenner und ein Glühfaden angeordnet. Die Glühlampenwendel dient zugleich der Hg-Lampe als Vorschaltwiderstand, an Stelle einer Drosselspule. Der Lichtanteil beider Lichtquellen verhält sich etwa gleich; man erhält so ein Mischlicht mit guten Tageslichteigenschaften. Vorteilhaft ist auch der Wegfall besonderer Vorschaltgeräte. Diese Lampe findet vielseitige Anwendung für Innenraumbeleuchtung.

*Technische Daten der Quecksilber-Mischlicht-Lampen für 220 V*

| | | | |
|---|---|---|---|
| Lichtstrom | Hlm | 3000 | 5000 |
| Leistungsaufnahme | W | 160 | 250 |
| Lichtausbeute | Hlm/W | 18,8 | 20 |
| Betriebsstrom | A | 0,8 | 1,2 |
| cos $\varphi$ | | 0,9 | 0,94 |
| Totale Länge | mm | 78 | 230 |
| Durchmesser | mm | 90 | 110 |

**Leuchtstofflampen**

Leuchtstoffe haben die Eigenschaft, daß sie bei der Bestrahlung durch Licht- und besonders durch Ultraviolett-Strahlen aufleuchten. Bei den Leuchtstofflampen wird der Leuchtstoff auf die Innenseite des Kolbens von Quecksilberdampf-Lampen gebracht und so, infolge der ultravioletten Strahlung, zum Leuchten angeregt. Zusammen mit dem Quecksilberdampflicht erhält man ein Mischlicht, dessen Farbe vom Leuchtstoff abhängig ist. So wird z. B. eine *Lampe mit tageslichtweißer Lichtfarbe* hergestellt (s. Abb. 61). Diese findet besonders dort Anwendung, wo eine richtige Farbwiedergabe erforderlich ist. Zuerst wurde die Hochdruck-Quecksilberdampflampe, gemäß Abb. 81, als Leuchtstofflampe ausgeführt. Der Leuchtstoff ist auf der Innenseite des Außenkolbens angebracht. Bessere Ergebnisse ergaben jedoch röhrenförmige Niederdruck-Quecksilber-Dampflampen nach Abb. 82. Der Betriebsdruck beträgt nur ungefähr $^1/_{800}$ kg/cm², wodurch die ultraviolette Strahlung intensiver ist.

Infolge der großen leuchtenden Oberfläche beträgt die Leuchtdichte nur ungefähr 0,4 Stilb; die Lampe ist daher, ohne Verwendung von Glocken, blendungsfrei. Lebensdauer ungefähr 2000 Stunden.

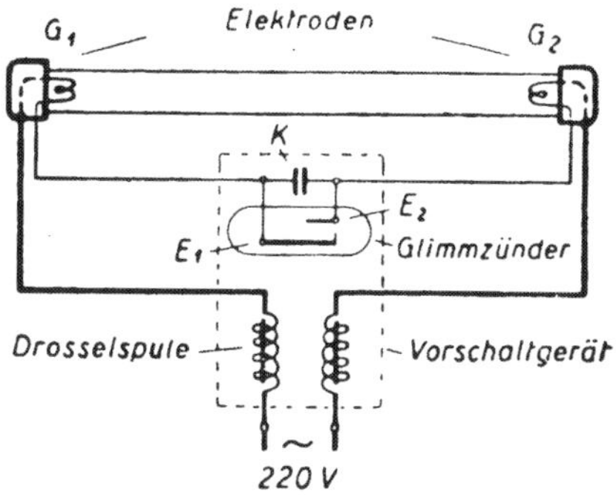

Abb. 82. Leuchtstofflampe in Röhrenform

Mit sinkender Umgebungstemperatur nimmt die Lichtausstrahlung des Leuchtstoffes ab; die kleinste zulässige Umgebungstemperatur ist + 5° C. Hochdruck-Quecksilber-Dampflampen mit Leuchtstoff erzeugen genügend Wärme, so daß sie auch für Außenbeleuchtung verwendet werden können.

*Technische Daten von Leuchtstofflampen für 220 V*

| | W | T | W | T | W | T | W | T | W | T |
|---|---|---|---|---|---|---|---|---|---|---|
| Lichtstrom Hlm | 600 | 495 | 960 | 800 | 1500 | 1350 | 2320 | 2000 | 4400 | 3900 |
| mittlere Leuchtdichte sb | 0,35 | 0,29 | 0,42 | 0,35 | 0,65 | 0,60 | 0,50 | 0,43 | 0,54 | 0,48 |
| Lichtausbeute Hlm/W | 26 | 22 | 34 | 29 | 40 | 36 | 48 | 42 | 39 | 34 |
| Leistungsaufnahme W | 23 | | 28 | | 37,5 | | 48 | | 113 | |
| Betriebsstrom A | 0,33 | | 0,35 | | 0,34 | | 0,41 | | 1,45 | |
| Brennspannung V | 48 | | 62 | | 103 | | 108 | | 73 | |
| cos $\varphi$ | 0,31 | | 0,36 | | 0,50 | | 0,53 | | 0,36 | |
| Totale Länge mm | 452 | | 604 | | 909 | | 1214 | | 1512 | |
| Durchmesser mm | 38 | | 38 | | 25 | | 38 | | 54 | |

Lichtfarbe: W = Weiß; T = Tageslicht

Die röhrenförmigen Lampen haben, wie aus obiger Tabelle ersichtlich, 450 ··· 1500 mm Länge und sind für Anschluß an 220 V. Die erforderliche Zündspannung ist jedoch wesentlich höher und wird durch folgende Schaltung erzielt:

Im Glimmzünder (s. Abb. 82) sind zwei Elektroden $E_1$ und $E_2$, wovon $E_1$ als Bimetallstreifen ausgeführt. Dieser besteht aus zwei innig miteinander verbundenen Streifen zweier Metalle mit verschiedenen Wärmeausdehnungen. Beim Einschalten der Lampe ensteht zuerst zwischen $E_1$ und $E_2$ eine Glimmentladung. Die dabei erzeugte Wärme verformt den Bimetallstreifen und er macht Kontakt mit $E_2$. Dadurch werden die in Reihe geschalteten Heizwicklungen der Glühkathoden $G_1$ und $G_2$ eingeschaltet. Nachdem der Kontakt zwischen $E_1$ und $E_2$ geschlossen, erlischt die Glimmentladung, der Bimetallstreifen kühlt sich ab und unterbricht. Dieses Unterbrechen des Heizstromes hat in der Drosselspule eine so große Selbstinduktionsspannung zur Folge, daß durch diesen Spannungsstoß die Zündung erfolgt. Hierauf fällt die Spannung zwischen den Glühkathoden $G_1$ und $G_2$ auf den Betriebswert von 105 V. Bei dieser Spannung kann der nun parallel zu $G_1$ und $G_2$ liegende Glimmzünder nicht mehr ansprechen. Falls die Lampe nicht zündet, wiederholt sich die Zündung und würde z. B. bei Zerstörung der Leuchtröhre ununterbrochen weitergehen. Dies hätte nach einiger Zeit auch die Zerstörung des Glimmzünders zur Folge. Zerstörte Lampen sind daher nicht unter Spannung stehen zu lassen, sondern abzuschalten oder herauszunehmen. Der Kondensator K ist zur Vermeidung von Rundfunkstörungen. Nach dem Ausschalten der Lampe ist eine sofortige Wiederzündung möglich.

Für Innenraumbeleuchtung werden auch an Hochspannung (max. 6 kV) angeschlossene Leuchtstoffröhren verwendet, in gleicher Schaltung wie die für Reklamezwecke verwendeten Leuchtstoffröhren (s. S. 57). Sie haben in der Regel 18 mm Durchmesser und 100 mA Betriebsstrom. Für eine Spannung von 6 kV (Zündspannung) beträgt die größte Rohrlänge ungefähr 11 m. Lichtstrom je Meter: ungefähr 800 Hlm; Lichtausbeute ungefähr 28 Hlm/W.

## Bogenlampen

Bringt man zwei an eine Stromquelle angeschlossene Kohlenstäbe in Berührung und entfernt sie hierauf um einige Millimeter, so bleibt bei genügend Spannung ein Lichtbogen stehen. Es eignet sich dazu Gleich- oder Wechselstrom. Macht man bei Gleichstrom beide Kohlen gleich dick, so brennt die positive Kohle rascher ab. Um einen gleichmäßigen Abbrand beider Stäbe zu erzielen, wird daher die positive Kohle dicker gewählt.

An der positiven Kohle entsteht durch den Abbrand eine Art von Krater, während die negative Kohle spitzige Form annimmt. Für Projektionslampen werden die Stäbe meistens stumpfwinklig zueinander gestellt (Abb. 83). Bei Wechselstrom haben beide Stäbe gleichen Durchmesser und gleichen Abbrand; ein Krater bildet sich nicht. Gebräuchlich ist die axiale Kohlenstellung (Abb. 83). Damit der Lichtbogen ruhig brennt, ist ein Widerstand vorzuschalten; bei Wechselstrom wird dies durch eine Drosselspule erreicht. Damit trotz des Abbrandes ein gleichmäßiger Abstand der Kohlenspitzen und damit eine Gleichmäßigkeit des Lichtbogens gewährleistet ist, werden die Bogenlampen mit einer elektromagnetisch oder durch Uhrwerk betätigten Regelvorrichtung versehen.

Außer Reinkohlen verwendet man sog. Effektkohlen; diese enthalten Beimengungen von Metallsalzen. Man erhält so ein reines weißes Licht, größere Lichtausbeute (bis ungefähr 40 Hlm/W) und stabilen Lichtbogen.

Wegen dieser hohen Lichtausbeute werden Bogenlampen zur Beleuchtung von Hauptstraßen großer Städte verwendet. Weiter finden

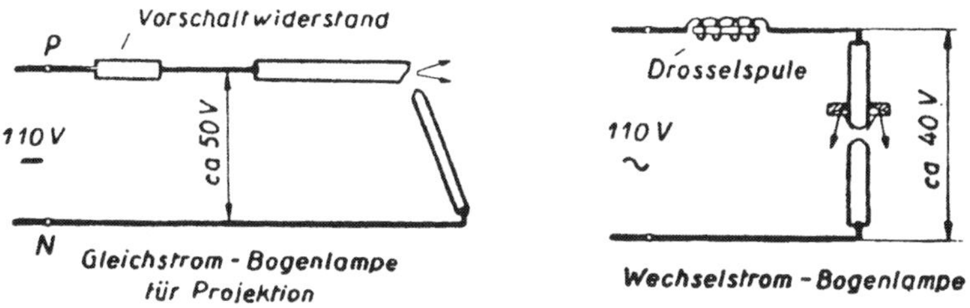


Abb. 83. Bogenlampen

Bogenlampen noch Anwendung als Projektionslampe in Kinoapparaten (Gleichstrom), für Lichtpauszwecke und photographische Aufnahmen und in Scheinwerfern.

# Sammler (Akkumulatoren)

Zwei verschiedene Metallplatten, z. B. aus Zink und Kupfer, in verdünnte Schwefelsäure getaucht, ergeben ein galvanisches Element. Sammler (Akkumulatoren) sind ebenfalls galvanische Elemente; die Verschiedenheit der Elektroden entsteht jedoch erst, nachdem wie bei einer Elektrolyse Strom hindurchgeleitet wird (Ladung). Gibt ein solches Element Strom ab (Entladung), so ist dessen elektrochemische Wirkung jedoch derart, daß die Elektroden wieder in den ursprünglichen Zustand umgewandelt werden. Durch neues Laden wird die Zelle wieder zu einem galvanischem Element usw.

## Bleisammler

Ausgangswerkstoff für die Elektroden ist Blei; der Elektrolyt ist verdünnte Schwefelsäure. Unter dessen Einwirkung überziehen sich die Bleiplatten zunächst mit einer Schicht Bleisulfat ($PbSO_4$). Ein Element ergibt sich noch nicht, da beide Platten gleich sind. Leitet man Gleichstrom hindurch (Ladung), so wird die *positive Platte* in *rötlich-braunes Bleisuperoxyd* ($PbO_2$), die *negative Platte* in *Blei* (Pb) umgewandelt. Außerdem entsteht Schwefelsäure, so daß deren Dichte steigt. Diese $PbO_2$- und Pb-Elektrode in verdünnter Schwefelsäure bilden nun ein galvanisches Element von ungefähr 2 Volt Spannung.

Wird die Ladung unterbrochen und z. B. ein Widerstand angeschlossen, so fließt darin ein Strom (Entladung). Wie aus nachstehenden Abbildungen ersichtlich, ist dessen Richtung umgekehrt als bei der Ladung.

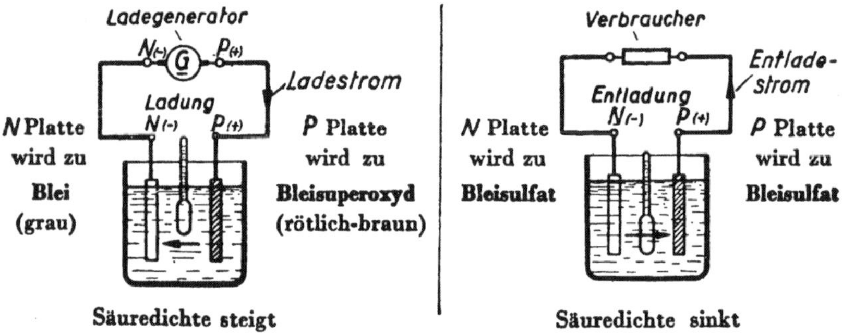


Abb. 84. Ladung und Entladung des Bleisammlers

Der Entladestrom wandelt beide Elektroden wieder in Bleisulfat um, worauf der Sammler entladen ist. Es entsteht außerdem Wasser, wodurch die Säuredichte abnimmt. Die Zelle kann nun wieder aufgeladen werden. Bei richtiger Behandlung sind je nach Plattenart bis zu 1500 Ladungen bzw. Entladungen möglich.

*Kapazität:* Die Kapazität eines Sammlers wird in Amperestunden (Ah) angegeben. Ein geladener Sammler vermag z. B. bis zur praktischen Entladung 8 A während 5 Stunden abzugeben. Es ist dann seine

$$\text{Kapazität} = 8\ \text{A} \cdot 5\text{h} = 40\ \text{Ah}.$$

Bei schwacher Entladung ist die Umwandlung der Platten tiefergehend und daher die Kapazität größer. So gilt z. B. für einen Sammler von normal 100 Ah bei 3stündiger Entladung:

| Entladezeit in Stunden | 2 | **3** | 5 | 7½ | 10 |
|---|---|---|---|---|---|
| Entladestrom in A . . . | 44 | **33,3** | 23 | 16,5 | 13,3 |
| Kapazität in Ah . . . . | 88 | **100** | 115 | 125 | 133 |

Maßgebend für den *Energie-Inhalt* bzw. für die lieferbare elektrische Arbeit des Sammlers ist sein Abgabevermögen in Wattstunden (Wh) oder in kWh.

Die Kapazität ist von der Plattenoberfläche abhängig; durch Parallelschaltung von Platten wird die Kapazität vergrößert. Die Zahl der negativen Platten ist in der Regel um eine größer als die der positiven Platten. Durch Reihen- oder Parallelschaltung von einzelnen Zellen erhält man eine *Sammler-Batterie* (s. Abb. 85). Durch die Reihenschaltung von Zellen wird die Kapazität einer Batterie nicht vergrößert.

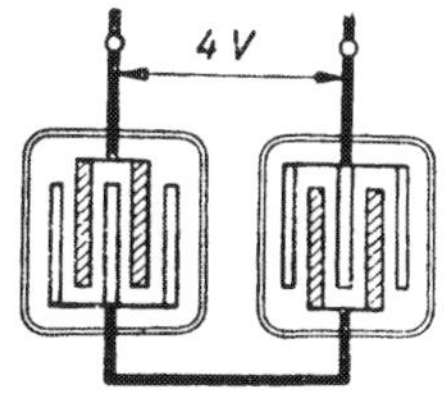


Abb. 85. Akkumulatoren-Batterie

**Ausführung der Platten**

Massive Platten ergeben, im Vergleich zu ihrem Gewicht, zu wenig aktive Masse bzw. Kapazität.

*Positive Großoberflächenplatten* und *negative Kastenplatten* finden besonders für ortsfeste Batterien Anwendung.

*Positive* und *negative Gitterplatten*-Batterien sind, infolge der leichten Bauart, besonders als Auto-Starterbatterien sowie für Elektrofahrzeuge geeignet. Die aktive Masse ist in ein Hartbleigitter eingepreßt: Stäbchen aus Holz und Hartgummi oder Glasröhren verhindern, daß etwa herausfallende Teile Kurzschluß verursachen.

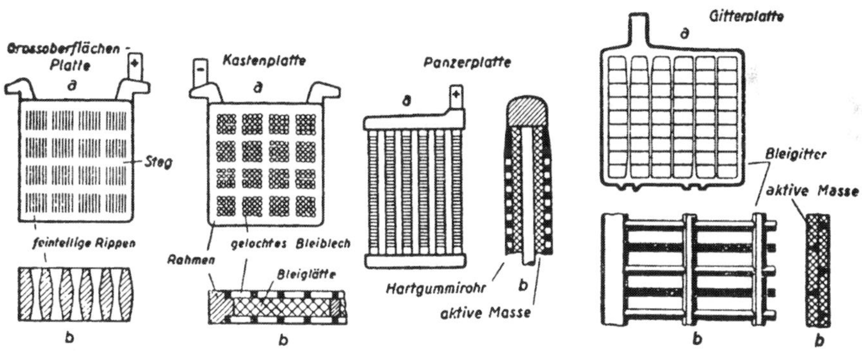


Abb. 86. Plattenausführung von Bleisammlern

*Positive Panzerplatten* werden, zusammen mit negativen Gitterplatten, besonders für Elektrofahrzeug-Batterien verwendet. Bei der positiven Panzerplatte ist die aktive Masse in feingeschlitztes Hartgummirohr eingepreßt.

*Gewichts- und Raumverhältnisse von Bleibatterien,*
bezogen auf 5stündige Entladung

| Ausführung der Batterie | Wh je 1 kg Batteriegewicht | Raumbedarf in $dm^3$ je 1 kWh | Lebensdauer bzw. Zahl der vollen Entladungen |
|---|---|---|---|
| Positive Großoberflächenplatten<br>Negative Kastenplatten . . . . | } 9 ··· 15 | 26 ··· 40 | 1200 ··· 1500<br>2400 ··· 3000*) |
| Positive Gitterplatten . . . .<br>Negative Gitterplatten . . . . | } 22 ··· 30 | 14 ··· 16 | 300 ··· 350<br>600 ··· 1100**) |
| Positive Panzerplatten . . . .<br>Negative Gitterplatten . . . . | } 17 ··· 20 | 19 ··· 23 | 800 ··· 1000<br>600 ··· 700 |

**Spannung, Wirkungsgrad**

Die *Spannung* des unbelasteten Sammlers beträgt je Zelle 2 Volt. Die Ruhespannung ist unabhängig vom Ladungszustand. Das Verhalten der Spannung bei Ladung und Entladung ist aus Abb. 88 ersichtlich. Während der Entladung sinkt die Zellenspannung langsam auf 1,85 Volt. Der Sammler ist dann praktisch entladen und eine Fortsetzung der Entladung wäre nachteilig. Während der Ladung steigt die Spannung allmählich auf 2,3 V und dann, unter zunehmender Gasentwicklung, rasch auf 2,7 V je Zelle. Wird noch weiter geladen, so ist die Gasentwicklung sehr heftig, der Sammler „kocht". Dies bedeutet, daß die Platten völlig in Blei und Bleisuperoxyd umgewandelt sind und der Ladestrom nur noch eine nutzlose Wasserzersetzung (Wasserstoff- und Sauerstoffgas) zur Folge hat. Weiteres Laden ist dann Energieverlust und schädlich, weil beim „Kochen" die aktive Masse gelockert wird. Gegen Ende der Ladung soll daher der Strom auf ungefähr ein Drittel des normalen Ladestromes herabgesetzt werden. Nach Abschalten des Ladestromes geht die Zellenspannung in ganz kurzer Zeit wieder auf 2 V zurück.

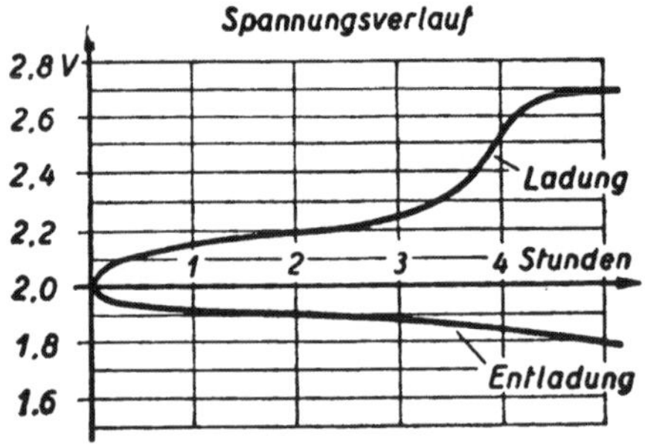


Abb. 87. Spannung des Bleisammlers bei Ladung und Entladung

*) Die negativen Platten haben doppelte Lebensdauer wie die positiven, halten also zwei positive Plattensätze aus.

**) Die negativen Platten halten 2 ··· 3 positive Sätze aus.

Der *Wirkungsgrad* eines Sammlers ist das Verhältnis der bei der Entladung abgegebenen zu den bei der Ladung aufgenommenen Ah bzw. Wh. Bezogen auf die Ah ist $\eta = 85 \cdots 90\%$, bezogen auf die Wh ist $\eta = 70 \cdots 75\%$.

**Behandlungsvorschriften**

Ein Sammler hält sich am besten bei regelmäßiger Ladung und Entladung; dieser Zustand ist jedoch richtig festzustellen.

*Kennzeichen der vollständigen Ladung:* starke Gasentwicklung an beiden Platten. Spannung je Zelle bei Ladung mit normalen Strom 2,7 bis 2,75 Volt. Säuredichte hat den Höchstwert erreicht und steigt nicht weiter.

Am sichersten ist die Kontrolle der Säuredichte mit dem Aräometer, dessen Skala das spezifische Gewicht (kg/Liter) der Säure oder Grad Beaumé (° Bé) angibt.

*Zusammensetzung zwischen spez. Gewicht und Grad Beaumé*

| Spez. Gewicht | ° Bé | Gefrierpunkt | Spez. Gewicht | ° Bé | Gefrierpunkt |
|---|---|---|---|---|---|
| 1,15 | 18,8 | —18° C | 1,22 | 26 | —44° C |
| 1,16 | 19,8 | —19 | 1,23 | 26,9 | —49 |
| 1,18 | 22,2 | —25 | 1,24 | 27,9 | —56 |
| 1,20 | 24 | —32 | 1,25 | 28,8 | —60 |
| 1,21 | 25 | —37 | 1,26 | 29,7 | —67 |

Säuredichte nach vollständiger Ladung:

Großoberflächenplatten-Batterien . 1,21 bzw. 25° Bé
Gitterplatten-Batterien . . . . . . 1,24 ··· 1,28 bzw. 28 ··· 31,5° Bé
Panzerplatten-Batterien . . . . . 1,24 bzw. 28° Bé.

Batterien, die der Gefahr des Gefrierens ausgesetzt sind, sollen möglichst voll aufgeladen sein.

*Kennzeichen der zulässigen Entladung:* Bei Entladung mit dem normalen Strom ist die Spannung auf den in der Behandlungsvorschrift angegebenen Wert von ungefähr 1,8 Volt gesunken. Eine Spannungsmessung bei kleinerem Strom oder unbelastet ist nicht maßgebend, da die Spannung dann größer ist.

Säuredichte in entladenem Zustand:

Großoberflächenplatten-Batterien . 1,18 bzw. 22° Bé
Gitterplatten-Batterien . . . . . . 1,16 bzw. 20° Bé
Panzerplatten-Batterien . . . . . 1,15 bzw. 19° Bé.

Überlastungen durch zu tiefe Entladungen oder zu großen Strom sind zu vermeiden. In entladenem Zustand ist der Bleisammler innerhalb höchstens 24 Stunden aufzuladen, sonst bildet sich an den Platten festes Bleisulfat (weiß, sog. Sulfatieren), das bei der nächsten Ladung nicht völlig umgewandelt wird und eine Abnahme der Kapazität zur Folge hat.

Unbenützte Sammler entladen sich von selbst und sind alle vier Wochen aufzuladen. Ungenügende Aufladung hat ebenfalls eine Sulfatierung der Platten zur Folge.

Durch sog. *Ruhepausenaufladung* kann die Sulfatierung beseitigt werden. Hierzu wird bis zur starken Gasentwicklung geladen, dann eine Stunde unterbrochen und wieder bis zur starken Gasentwicklung geladen. Dies wird solange fortgesetzt, bis beim Einschalten an beiden Platten sofort starke Gasentwicklung eintritt.

Ruhepausenaufladung ist nach Überlastung, nach ungenügenden Ladungen und ungefähr alle 3 Monate einmal auszuführen.

Die Säure soll 10 ··· 15 mm über Platten-Oberkante stehen; andernfalls ist, jedoch nur nach vollständiger Ladung, destilliertes Wasser (kein Leitungswasser!) nachzufüllen. Wird nach mehreren vollständigen Ladungen die vorgeschriebene Säuredichte nicht erreicht, so ist chemisch reine Säure nachzufüllen.

Bei Batterien, die im Betrieb nicht vollständig entladen werden, ist ungefähr alle 3 Monate eine Tiefentladung auszuführen.

## Zellenschalter

Eine Batterie für 110 V erfordert in geladenem Zustand 110 : 2 = 55 Zellen, und gegen Ende der Ladung 110 : 1,8 = 60 Zellen. Zur Gleichhaltung der Spannung sind also mit zunehmender Entladung nach und

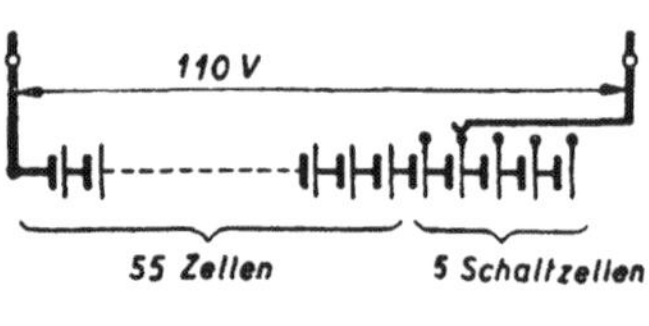


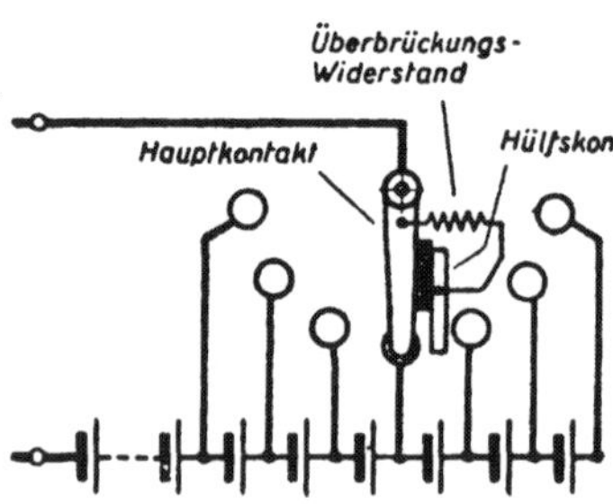


Abb. 88. Batterie mit Einfach-Zellenschalter

nach 5 Zellen zuzuschalten. Dies erfolgt unterbrechungslos mittels eines Zellenschalters. Erfolgt die Ladung so, daß die Batterie während der Ladung vom Netz getrennt ist so wird ein Einfach-Zellenschalter verwendet, dessen Schaltung und Anschluß ist aus Abb. 88 ersichtlich.

Soll jedoch während der Ladung die Batterie das Netz gleichzeitig versorgen, so muß ein Doppel-Zellenschalter eingebaut werden. Dieser besitzt zwei Kontakthebel, einen für Ladung und einen für Entladung.

## Nickel-Eisen- und Nickel-Cadmium-Sammler

Diese Sammler werden auch als *alkalische* Sammler oder *Stahl-Sammler* bezeichnet. Die Platten bestehen aus vernickelten Stahlblechrahmen; in diese sind mit aktiver Masse gefüllte Taschen oder Röhrchen aus feingelochtem vernickeltem Stahlblech eingesetzt. Die Plattensätze sind in Gefäßen aus vernickeltem Stahlblech eingebaut. Der *Elektrolyt* ist 20%ige *Kalilauge*, spez. Gewicht 1,18 ... 1,20.

*Aktive Masse* in geladenem Zustand

| | |
|---|---|
| Positive Platten: | Nickelhydroxyd |
| Negative Platten: | Eisen bzw. Cadmium. |

Die *Spannung* bei Ladung und Entladung ist aus Abb. 89 zu ersehen. Die Ruhespannung beträgt 1,4 V. Der Nickel-Cadmium-Sammler hat praktisch die gleichen Spannungsverhältnisse.

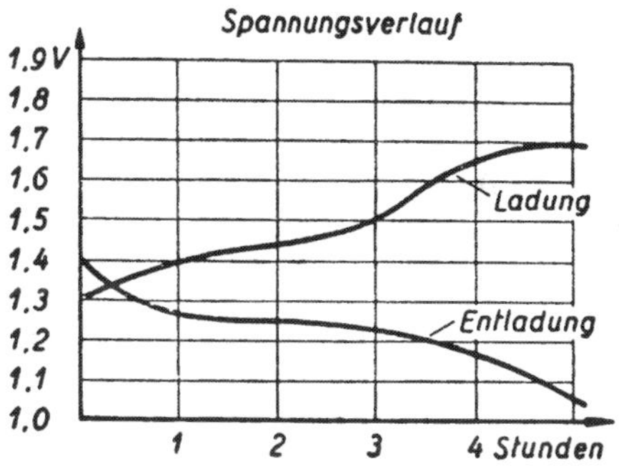

Abb. 89. Spannung des Nickel-Eisen-Sammlers bei Ladung und Entladung

Die *Ladung* hat mit dem normalen Strom zu erfolgen; steigt die Spannung nicht mehr und wird dann noch 15 Minuten weitergeladen, so ist die Ladung beendet. Eine Zelle ist praktisch entladen, wenn bei Belastung mit dem normalen Strom (5stündigen Entladung) die Zellenspannung auf 1 V gesunken ist.

Während Ladung und Entladung bleibt die Dichte des Elektrolyten unverändert und gibt also keinen Aufschluß über den Ladezustand. Die Kalilauge ist ungefähr alle 12 ... 18 Monate zu erneuern; zur Einhaltung der richtigen Füllhöhe ist gelegentlich destilliertes Wasser nachzufüllen.

Stahl- und Blei-Batterien sollen nicht im gleichen Raum aufgestellt werden. Niemals ist schwefelsäurehaltiges Wasser in Stahlbatterien oder laugenhaltiges Wasser in Bleibatterien einzufüllen. Die Zellenkästen einer Stahlbatterie sind stets gegenseitig isoliert aufzustellen.

Die *Kapazität* in Ah ist nur unwesentlich abhängig vom Entladestrom.

Der *Wirkungsgrad* beträgt, bezogen auf die Ah 70 ... 75%, bezogen auf die Wh 50 ... 55%.

*Gewichts- und Raumverhältnisse von Stahl-Sammlern*

| Ausführung der Batterie | Wh pro 1 kg Batteriegewicht | Raumbedarf in dm³ je 1 kWh | Lebensdauer bzw. Zahl der Entladungen |
|---|---|---|---|
| Positive und neg. Taschenplatten | 17 ··· 23 | 19 ··· 23 | ung. 3000 |
| Positive Röhrchenplatten<br>Negative Taschenplatten | 23 ··· 30 | 16 ··· 18 | über 3000 |

Alkalische Sammler sind gegen Erschütterungen, tiefe Temperaturen, Überlastungen, tiefe Entladungen, langen Nichtgebrauch praktisch unempfindlich und erfordern wenig Unterhalt. Gegenüber Bleibatterien gleicher Spannung sind ungefähr 60% mehr Zellen erforderlich. Nachteilig ist auch der zwei- bis viermal größere Preis verglichen mit einer entsprechenden Bleisammler-Batterie. Für gewisse Anwendungen wird dies jedoch infolge der großen Lebensdauer und der geringen Wartung ausgeglichen.

## Ladevorrichtungen

Zur Ladung von Sammlern verwendet man Lade-Umformergruppen, Quecksilberdampf-Gleichrichter, Trocken-Gleichrichter, Glühkathoden-Gleichrichter.

*Es sind stets die gleichnamigen Pole von Ladevorrichtung und Sammler miteinander zu verbinden.*

Bei Unklarheit kann die Polarität wie folgt bestimmt werden: Polreagenzpapier wird angefeuchtet und auf eine isolierende Unterlage (Holz) gelegt. Die blanken Enden zweier mit den Klemmen der Ladevorrichtung verbundenen Drähte (Glühlampe in Reihe schalten!) werden in 2 ... 3 cm Abstand auf das Polreagenzpapier gehalten. Der Draht, unter dem sich das Polreagenzpapier rot färbt, ist mit dem Minuspol verbunden. In der gleichen Weise werden die Pole der Batterie bestimmt.

Die Spannung der Ladevorrichtung muß größer sein als die Spannung der zu ladenden Batterie. Im Ladestromkreis ist ein Überstromschutz (Sicherung oder Überstrom-Selbstschalter) und bei Umformergruppen außerdem ein Schalter mit Rückstrom-Auslösung vorzusehen. Damit wird unter Umständen ein Entladen der Batterie auf die Umformergruppe verhindert.

Ladeanlagen arbeiten vielfach selbsttätig; durch den gegen Ende der Ladung rascheren Spannungsanstieg wird eine Schaltuhr in Gang gesetzt, die nach einer gewissen einstellbaren Zeit die Ladevorrichtung abschaltet (Ladeschalter System Pöhler).

Mit Rücksicht auf Säuredämpfe und Gase (Knallgas!) soll eine reichliche Lüftung der Sammlerräume möglich sein; das Betreten mit offener Flamme und das Rauchen in solchen Räumen ist verboten.

# Magnetismus und Induktion

## Magnetismus

**Pole, Feldlinien**

Magnete haben die Fähigkeit, Eisenteile anzuziehen. Wird z. B. ein Stabmagnet in Eisenfeilspäne getaucht, so bleiben diese besonders an den Enden oder den sog. Polen haften (Abb. 90).

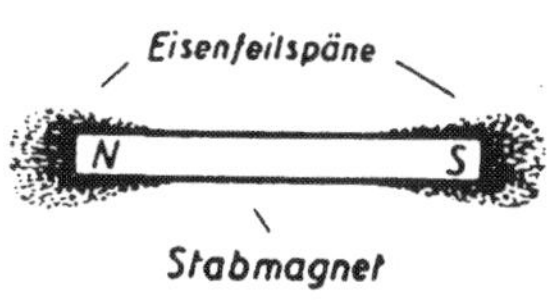


Abb. 90. Kraftwirkung am größten an den Enden oder Polen

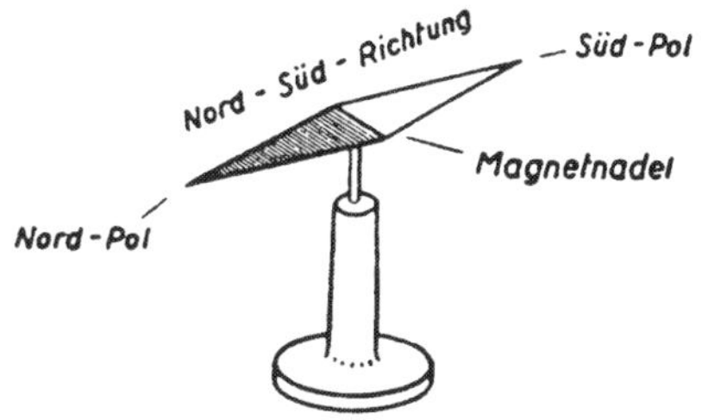


Abb. 91. Magnetnadel stellt sich in Nord-Süd-Richtung ein

Ein um eine senkrechte Achse drehbar aufgestellter Magnet, z. B. eine Magnetnadel, stellt sich in der Nord-Süd-Richtung ein (Abb. 91). Es wurde festgelegt:

*Das nach Norden zeigende Ende wird als Nordpol (N),*
*das nach Süden zeigende Ende als Südpol (S) bezeichnet.*

Vereinigt man zwei Stabmagnete derart, daß gleiche Pole aufeinanderliegen, so wird die magnetische Wirkung verstärkt. Zwei Magnete, die mit ihren ungleichen Polen aufeinanderliegen, zeigen hingegen fast keine magnetische Wirkung. Bricht man einen Magneten in beliebige Teile, so ist jedes Teilstück wieder ein Magnet mit Nord- und Südpol.

Zwischen Magnetpolen besteht, ohne daß sie sich berühren, eine gegenseitige *Kraftwirkung.*

**Gesetz:**

*Gleichnamige Pole stoßen sich gegenseitig ab.*
*Ungleichnamige Pole ziehen sich gegenseitig an.*

Eisenteile werden von einem Magnetpol bereits auf eine gewisse Entfernung angezogen. Diese Kraft ist auf das von jedem Magneten erzeugte *magnetische Feld* zurückzuführen. Es erfüllt den ganzen Raum um einen Magneten, soweit magnetische Kräfte wirken. Legt man z. B. auf einen Stabmagneten ein Blatt Papier und bestreut es mit Eisenfeilspänen, so ordnen sich diese unter Einwirkung des magnetischen Feldes in von Pol zu Pol verlaufende Linienzüge an (Abb. 92).

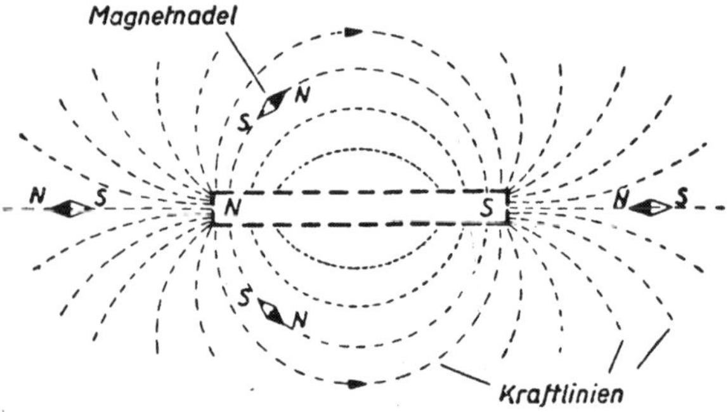

Abb. 92. Feldlinienbild eines Stabmagneten

Eine kleine Magnetnadel stellt sich in Richtung dieser Linien ein. Diese geben also an, in welcher Richtung die magnetische Kraft auf die Nadel wirkt. Diese Linien werden daher als *magnetische Feldlinien* bezeichnet. Es wurde festgelegt:

*Die Feldlinien treten beim Nordpol hinaus und gehen beim Südpol herein.*

Je dichter die Feldlinien verlaufen, um so stärker ist die magnetische Wirkung. Die Gesamtheit aller aus einem Pol hinaus bzw. herein tretenden Feldlinien bildet den *magnetischen Fluß.*

**Magnetische Felder**

*2poliges Magnetfeld zwischen ungleichnamigen Polen* (Abb. 93). Die meisten Feldlinien verlaufen direkt vom Nord- zum Südpol. Zwischen

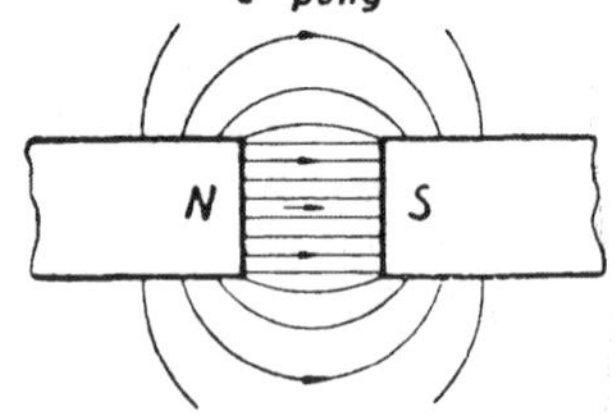

Abb. 93. Magnetfeld zwischen zwei ungleichnamigen Polen

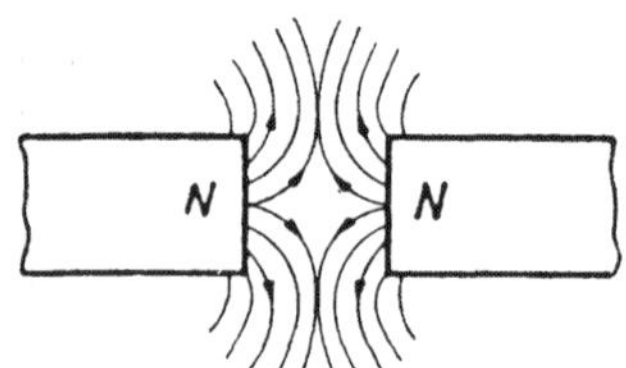

Abb. 94. Magnetfeld zwischen zwei gleichnamigen Polen

den ungleichnamigen Polen ergibt sich daher ein gleichmäßiges und starkes Magnetfeld.

*Magnetfeld zwischen 2 gleichnamigen Polen* (Abb. 94). Die Feldlinien treten aus den Polen aus und stoßen sich gegenseitig ab. Zwischen gleichnamigen Polen kann sich kein gleichmäßiges und starkes Feld ausbilden.

*4poliges Magnetfeld* (Abb. 95). Die Feldlinien verlaufen, von einem Nordpol ausgehend, je zur Hälfte zu den benachbarten Südpolen. Zwischen den aufeinanderfolgenden ungleichnamigen Polen ergibt sich somit ein starkes magnetisches Feld.

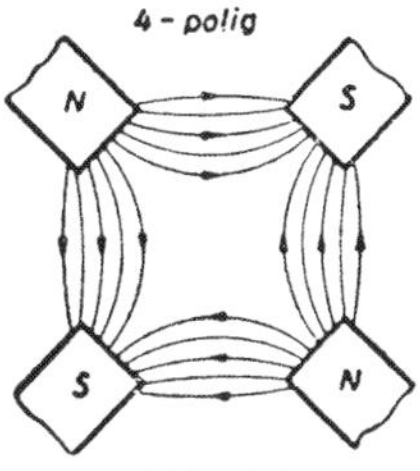

Abb. 95. 4poliges Magnetfeld

*Eisen im magnetischen Feld.* Bringt man, wie aus Abb. 96 ersichtlich, ein Eisenstück in das magnetische Feld, so konzentrieren sich die Feldlinien darauf. Sie werden vom Eisen besser geleitet und nehmen daher den Weg des geringsten Widerstandes. Das Eisenstück wird dabei selbst zu einem Magneten und, infolge der Kraft zwischen den ungleichnamigen Polen N und s, angezogen.

Aus nachstehender Abb. 97 ist ersichtlich, wie sich das Magnetfeld eines Hufeisenmagneten auf den zwischen den Polen angeordneten Eisenring oder *Anker* konzentriert.

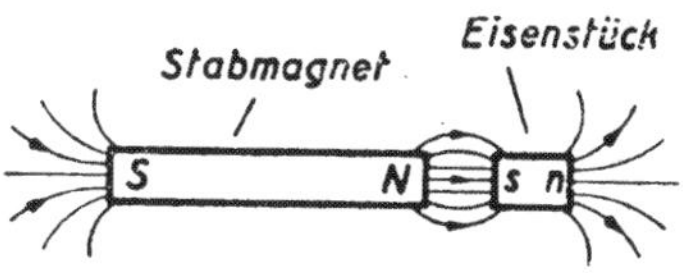

Abb. 96. Eisen im magnetischen Feld eines Magneten

Im Raum zwischen Polschuh und Ring, im sog. Luftspalt, ergibt sich dadurch ein gleichmäßiger und dichter Verlauf der Feldlinien (Drehspulinstrument, Gleichstrommaschinen). Ohne Anker ist hingegen das Magnetfeld nicht so stark. Der Raum innerhalb des Eisenringes ist frei von Feldlinien; er ist gegen Feldlinien abgeschirmt.

Unmagnetische Werkstoffe wie Holz, Kupfer, Aluminium usw. haben keinen Einfluß auf Magnetfelder.

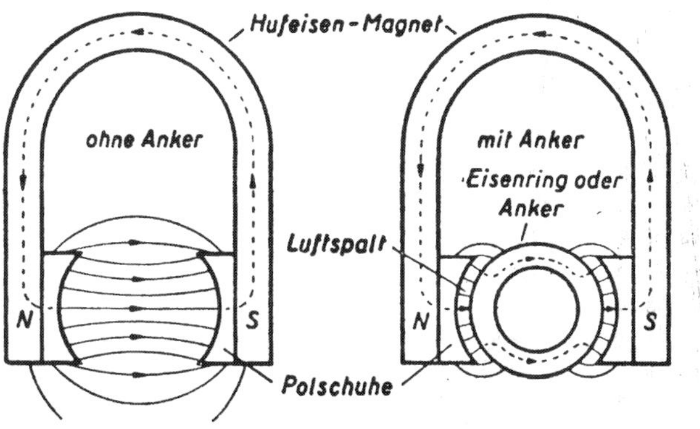

Abb. 97. Einwirkung des Ankers auf das Magnetfeld eines Hufeisenmagneten

# Elektromagnetismus

## Magnetfeld eines stromdurchflossenen Leiters

Um einen stromdurchflossenen Leiter entsteht seiner ganzen Länge nach ein kreisförmig verlaufendes magnetisches Feld. Wie aus Abb. 98 ersichtlich, kann es durch Eisenfeilspäne oder mit der Magnetnadel festgestellt werden. Die Richtung der Feldlinien ist von der Stromrichtung abhängig. Zur Bestimmung der Feldlinienrichtung merke man sich die

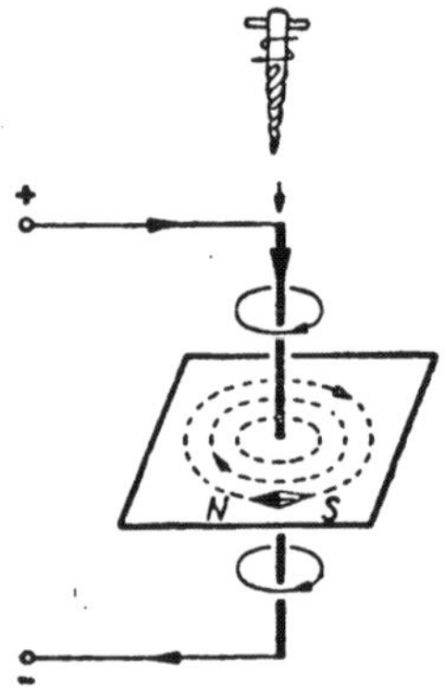

Abb. 98. Magnetfeld eines Leiters

**Bohrer-Regel:**

*Denkt man sich in Richtung des Stromes in den Leiter einen rechtsgängigen Bohrer hereingetrieben, so gibt dessen Drehrichtung an, in welchem Sinn die Feldlinien um den Leiter verlaufen.*

## Magnetfeld einer stromdurchflossenen Windung

Biegt man einen Leiter zu einer Windung, so verläuft das Magnetfeld durch die Windungsebene hindurch. Wie aus Abb. 99 ersichtlich, treten bei der angenommenen Stromrichtung die Feldlinien auf der Rückseite hinaus (Nordpol), nehmen ihren Weg um den Leiter und gehen auf der Vorderseite herein (Südpol). Eine solche stromdurchflossene Windung ist also in ihrer Wirkung gleich wie ein kurzer Magnet.

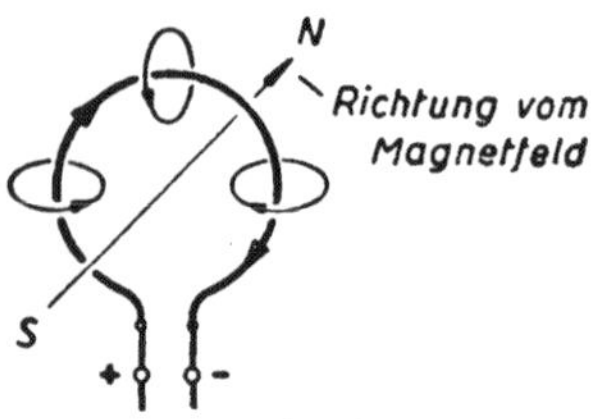

Abb. 99. Magnetfeld einer Windung

## Magnetfeld einer stromdurchflossenen Spule

Werden mehrere Windungen zu einer Spule angeordnet, so ergibt sich ein Magnetfeld, ähnlich wie bei einem Stabmagneten (Abb. 100). Auf der einen Spulenseite entsteht ein Nordpol, auf der anderen Seite ein Südpol.

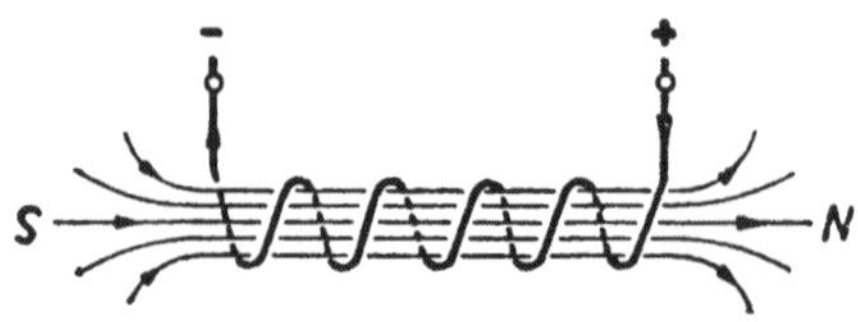

Abb. 100. Magnetfeld einer Spule

**Regel:**

*Jenes Spulenende ist ein Nordpol, von welchem aus gesehen der Strom gegen den Uhrzeiger kreist.*

**Durchflutung-Amperewindungen (AW)**

Bei gegebener Spulenlänge ist die Stärke des von der Spule erzeugten Magnetfeldes proportional dem Produkt aus Strom in der Spule mal Windungen je Spule. Dieses Produkt bezeichnet man als die *Durchflutung* der Spule. Die Durchflutung wird in Amperewindungen (AW) gemessen.

Eine Spule ergibt somit die gleiche magnetische Wirkung ob sie z. B. mit 200 Windungen für 5 A, oder mit 2500 Windungen für 0,4 A gewickelt ist, denn in beiden Fällen ergibt sich die gleiche Amperewindungszahl ($200 \cdot 5 = 1000$ AW; $2500 \cdot 0{,}4 = 1000$ AW). Die Spulenabmessungen müssen allerdings unverändert sein.

Die Spule eines Überstrom-Relais hat z. B. wenig Windungen eines dicken Drahtes, der hindurchfließende Strom ist jedoch relativ groß. Die Spule eines Unterspannungs-Relais ist hingegen dünndrähtig und mit vielen Windungen, der hindurchfließende Strom ist aber klein (s. Abb. 231).

## Elektromagnete

**Magnetisierung von Eisen**

Bringt man einen Eisenstab in eine stromdurchflossene Spule, so wird er unter Einwirkung ihrer Feldlinien selbst zu einem starken Magneten.

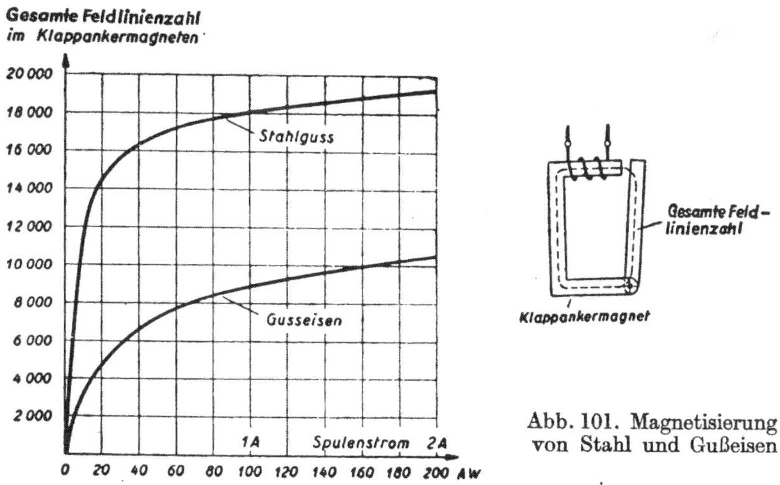


Abb. 101. Magnetisierung von Stahl und Gußeisen

Es rührt dies davon her, daß der Eisenkern für sich noch Feldlinien bildet, deren Anzahl wesentlich größer ist (bis 2000 mal) als die ohne

Eisen in der Spule vorhandenen. Spule und Kern bilden zusammen einen Elektromagneten.

Vergrößert man bei einem Elektromagneten (z. B. bei dem Klappankermagnet Abb. 101) den Strom vom Stromwert Null ausgehend immer mehr, so zeigt es sich, daß die Anzahl der Feldlinien anfänglich fast in gleichem Maß wie der Strom zunimmt, nachher jedoch nur noch wenig und immer weniger anwächst. Der Eisenkern bildet dann für sich beinahe keine weiteren Feldlinien mehr; das Eisen ist *magnetisch gesättigt.*

Dieses Verhalten ist aus obigen Kurven (Abb. 101) ersichtlich. Es ist in dieser graphischen Darstellung die Gesamtzahl der Feldlinien im Klappankermagneten, in Abhängigkeit des Spulenstromes aufgetragen. Würde man an Stelle des Stahlkerns einen solchen aus Gußeisen verwenden, so ist die beim gleichen Spulenstrom erzielte Feldlinienzahl wesentlich kleiner. Die auf den Klappanker ausgeübte Anziehungskraft wäre in diesem Fall auch bedeutend geringer. Es ergibt sich daraus:

*Stahl und Stahlguß sind magnetisch wesentlich günstiger als Gußeisen.*

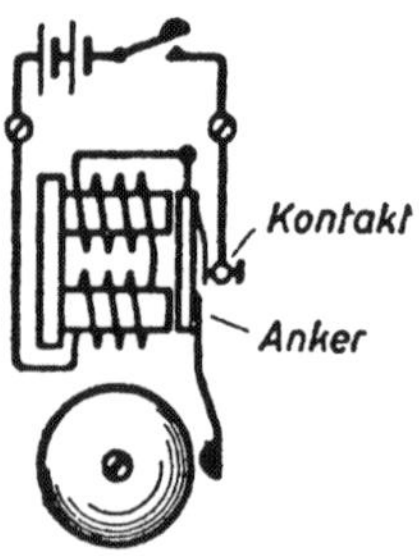

Abb. 102. Gleichstromglocke

## Anwendungen von Elektromagneten

*Gleichstromglocke* (Abb. 102). Der an einer Blattfeder befestigte Anker hält in der Ruhelage den Kontakt geschlossen. Beim Einschalten wird der Anker vom Elektromagnet angezogen. Dadurch unterbricht der Kontakt den Stromkreis und der Anker fällt ab. Der Kontakt schließt den Stromkreis wieder und der Anker wird wiederum angezogen usw. Das System wirkt als Selbstunterbrecher; auch Summer und elektrische Hupen arbeiten nach diesem Prinzip. Dieser Wecker wird auch an 50periodigen Wechselstrom von ungefähr 10 V (Klingelumspanner) angeschlossen.

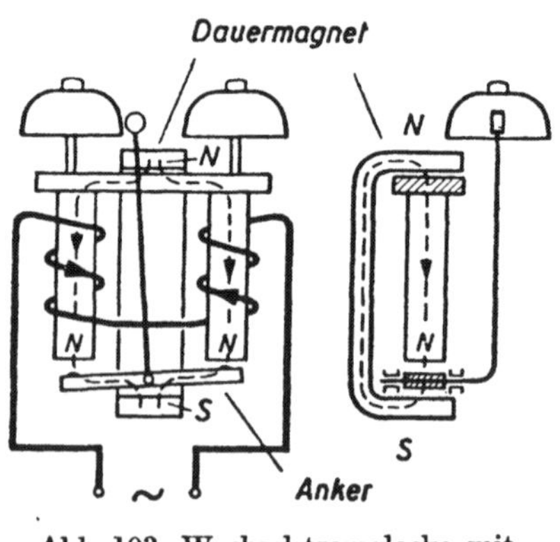

Abb. 103. Wechselstromglocke mit polarisiertem Elektromagnet

*Wechselstrom-Glocke. Polarisierter Elektromagnet* (Abb. 103). Die Feldlinien des Dauermagneten nehmen ihren Weg durch die beiden Weicheisenkerne des Elektromagneten. Die beiden Kerne haben daher, ohne daß Strom fließt, bereits eine bestimmte Polarität (N). Eine solche Anordnung wird deshalb als polarisierter Elektromagnet bezeichnet. Fließt der Wechselstrom z. B. in der eingezeichneten Richtung, so erzeugt er rechts einen Nordpol, links einen Südpol. Der vom Dauermagneten herrührende Magnetismus wird dadurch am Kern rechts verstärkt, am Kern links geschwächt. Dies hat zur Folge, daß der Anker vom Kern rechts angezogen wird. Fließt der Wechselstrom in umgekehrter Richtung, so wird der Anker auf der anderen Seite angezogen usw. Bei einem Wechselstrom von z. B. 15 Hz gibt es somit 30 Schläge je Sekunde.

Wecker obiger Art können nur mit Wechselstrom betrieben werden. Sie sind sehr empfindlich und sprechen bereits bei Strömen von ungefähr 7 mA an. Da Unterbrechungskontakte wegfallen, sind sie sehr betriebssicher, und es können auch mehrere Wecker in Reihe geschaltet werden.

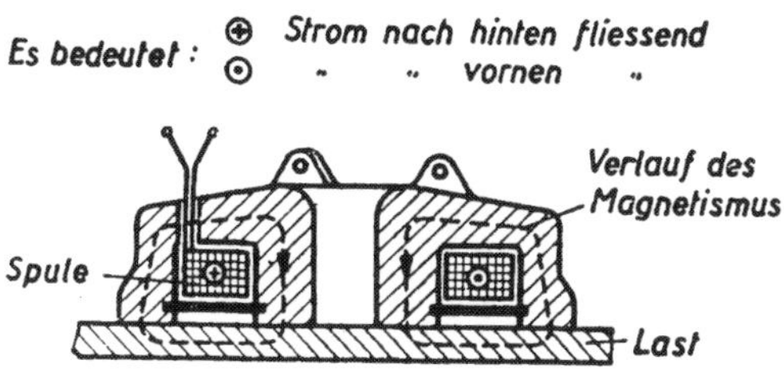


Abb. 104. Lasthebemagnet

Sie finden besonders Anwendung in Fernsprechern. Polarisierte Elektromagnete gelangen auch in Relais, elektrischen Uhren usw. zur Anwendung.

*Lasthebemagnet.* Abb. 104 zeigt eine gebräuchliche Ausführung. Lasthebemagnete verwendet man zum Transport von Masseln, Schrott, Spänen, Blechtafeln, Profileisen usw. Der Magnet wird am Kranhaken aufgehängt; der erforderliche Gleichstrom wird entweder einer mitgeführten Batterie oder einem Gleichrichter entnommen. Tragkraft bis ungefähr 50 Tonnen.

*Schützenmagnet.* Unter *Schütz* versteht man einen elektrisch betätigten Schalter. Die Anwendung von Schützen ist in der Elektrotechnik außerordentlich zahlreich und vielseitig. Von Schaltern für geringe Ströme von oft nur einigen Milliampere, die man meist als *Relais* bezeichnet, werden Schützen für Ströme bis zu einigen 100 A gebaut. In Abb. 105 ist ein Schützmagnet dargestellt. Der obere Teil *a* des Eisenkerns ist fest. Der untere Teil *b* wird bei Stromdurchgang durch die Erregerspule *c* mit großer Kraft nach oben gerissen und preßt dabei die Kontaktstücke *k* fest aufeinander. Bei Abschalten des Erregerstroms wird durch Federn, die beim Einschalten gespannt werden, und durch das eigene Gewicht der bewegliche Teil des Kernes nach unten geschleudert und dadurch eine schnelle Unterbrechung der Kontakte stattfindet.

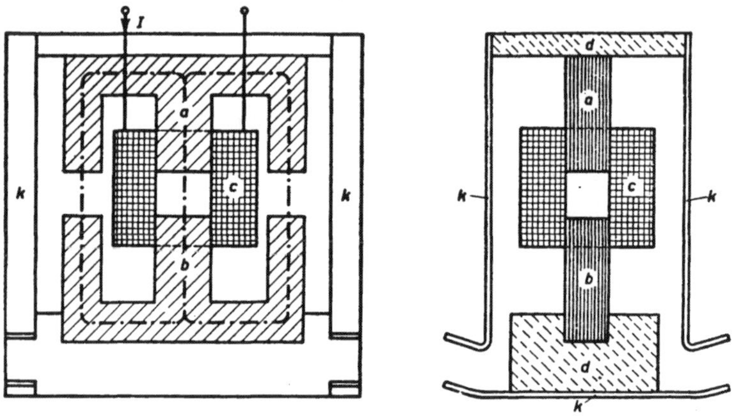


Abb. 105. Schützenmagnet

Bei *Ölschützen* wird der ganze Magnet in ein Ölgefäß eingebaut, so daß, wie bei Ölschaltern, die Unterbrechung der Kontakte unter Öl erfolgt, wodurch der zwischen den Kontakten entstehende Lichtbogen schnell gelöscht wird.

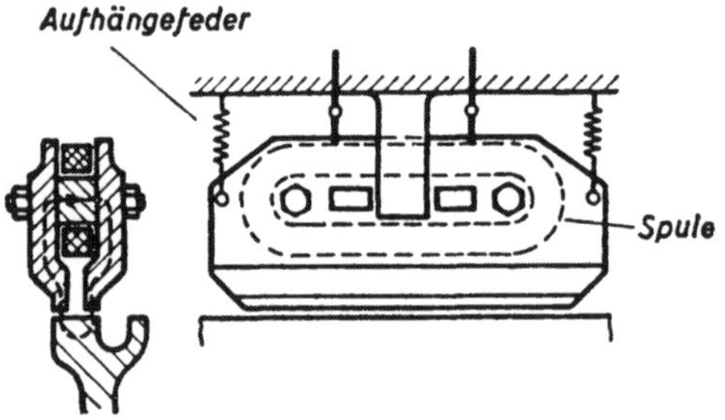


Abb. 106. Elektromagnetische Schienenbremse

*Elektromagnetische Schienenbremse.* Der Aufbau ist aus Abb. 106 ersichtlich. Beim Einschalten der Spule werden die beiden Backen mit großer Kraft an den Schienenkopf angezogen und bremsen durch Reibung auf der Schiene. Der Anschluß erfolgt an die Fahrleitung oder an eine auf dem Fahrzeug mitgeführte Batterie.

*Magnetfeld einer 4poligen Gleichstrommaschine.* Auf jedem Pol ist eine Spule gleicher Windungszahl angebracht. Die Polwicklungen sind so in Reihe geschaltet, daß der hindurchfließende Strom, der sog. *Erregerstrom,* abwechslungsweise Nord- und Südpole erzeugt.

Um den Feldlinien beim Übergang vom Ständer (Stator) zum Läufer (Rotor) geringen Widerstand zu bieten, wird der Luftspalt möglichst klein ausgeführt.

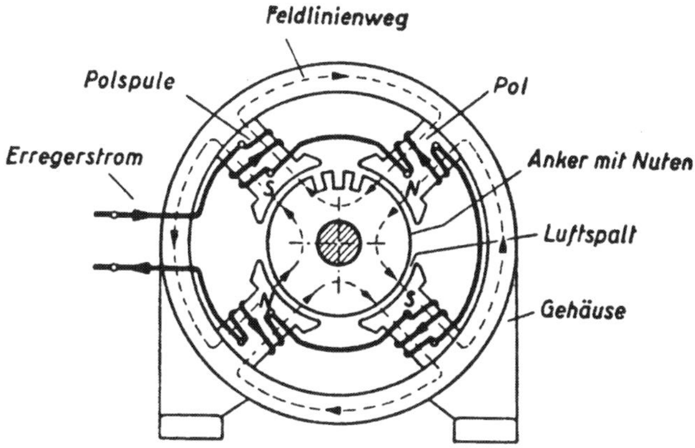


Abb. 107. Magnetfeld einer 4poligen Gleichstrommaschine

## Magnetfelder bei Wechselstrommotoren

In dem in Abb. 108 dargestellten Ständer wurde, der Deutlichkeit halber, nur eine Ständerspule angenommen; aus dem gleichen Grunde wurde der Läufer nicht eingezeichnet. Die stromdurchflossene Spule erzeugt ein Magnetfeld vom angegebenen Verlauf. Bei der eingetragenen Stromrichtung treten die Feldlinien zur oberen Bohrungshälfte aus (Nordpol), verlaufen durch die Bohrung bzw. durch den Läufer, treten in die untere Bohrungshälfte ein (Südpol) und schließen sich durch das Ständereisen. Am Umfang der Bohrung entsteht also ein 2poliges Magnetfeld.

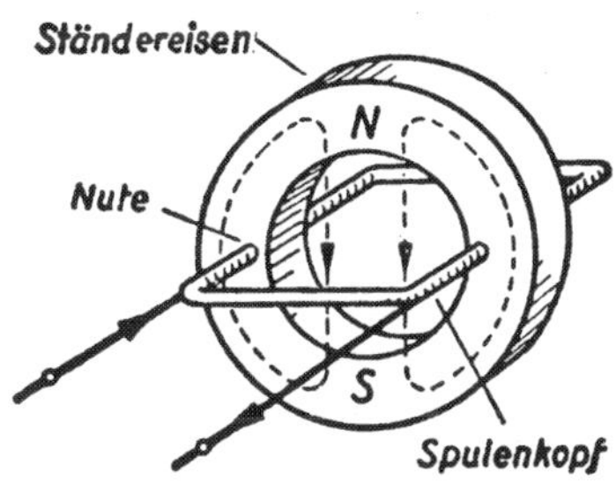


Abb. 108. 2poliger Ständer eines Wechselstrommotors

Bei der praktischen Ausführung werden die Spulenköpfe beiderseitig gegen die Ständerseitenflächen abgebogen (Abb. 109). Dadurch ergibt sich Platz zum Einbringen und Lagern des Läufers. Um keine zu großen Nuten zu erhalten, werden die Leiter meistens auf mehrere Nuten verteilt, wie aus Abb. 110 ersichtlich.

Abb. 111 zeigt eine Wicklungsausführung mit 2 um 180° gegeneinander versetzten Spulengruppen. Die Leiter sind in je 2 Nuten verteilt.

Die *mittlere Spulenweite* beträgt $^1/_4$ des Umfangs. Die einzelnen Spulen sind in Reihe geschaltet. Bei Stromdurchgang entsteht ein 4poliges Magnetfeld vom eingezeichneten Verlauf.

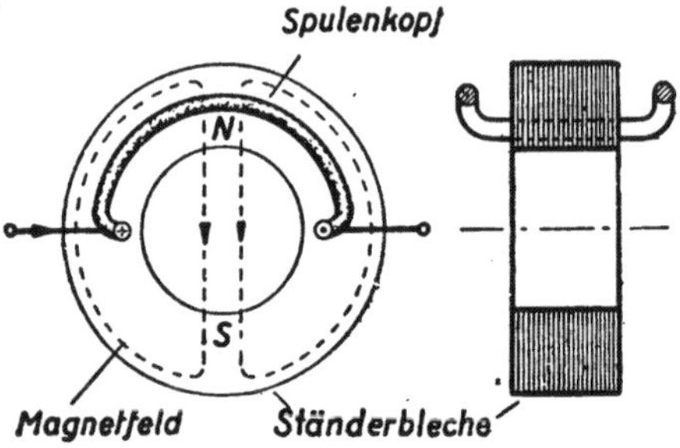


Abb. 109. 2poliger Ständer, sämtliche Leiter einer Spulenseite in einer Nute

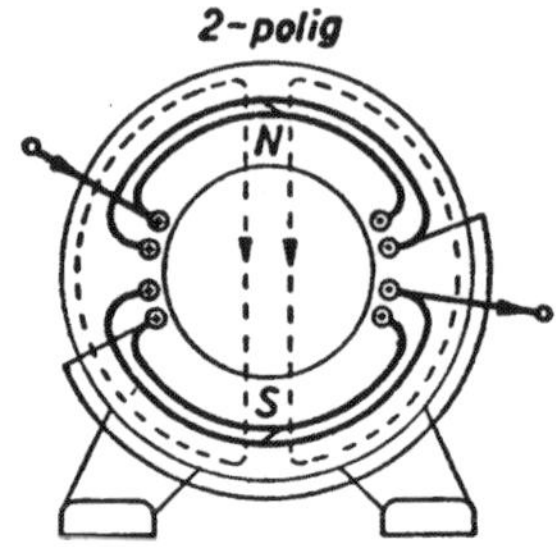


Abb. 110. 2poliger Ständer, Leiter auf 4 Nuten verteilt

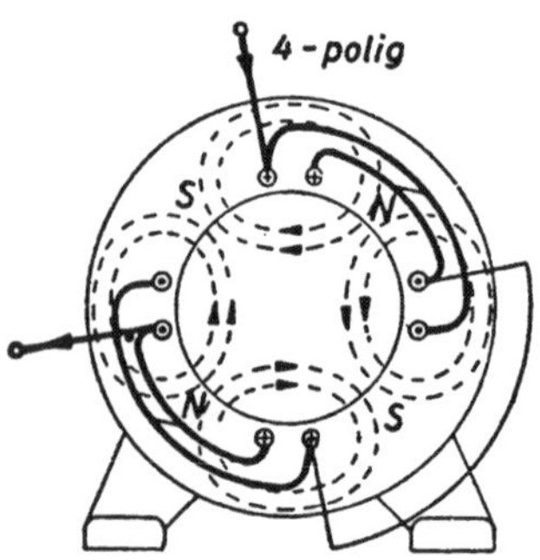


Abb. 111. 4polig gewickelter Ständer

Die Polzahl des Magnetfeldes ist abhängig von der mittleren Spulenweite bzw. von der Anzahl Spulengruppen. Mit einer mittleren Spulenweite von $^1/_6$ des Umfangs und 3 Spulengruppen ergibt sich ein 6poliges Magnetfeld; bei einer mittleren Spulenweite von $^1/_8$ des Umfangs und 4 Spulengruppen ein 8poliges usw.

## Remanenter Magnetismus, Dauermagnete

Wird ein Elektromagnet ausgeschaltet, so verschwindet der Magnetismus nicht vollständig. Das im Eisenkern noch verbleibende Magnetfeld bezeichnet man als den *remanenten Magnetismus.* Damit bei Gleichstrom-Relais usw. der Anker infolge des remanenten Magnetismus nicht „kleben" bleibt, wird zwischen Anker und Kern ein kleiner Luftspalt („Klebestift") vorgesehen.

Für die Ausführung von *Dauermagneten* (auch als permanente Magnete bezeichnet) ist ein Werkstoff mit starkem remanentem Magnetismus zu wählen. Bei weichem Eisen ist dieser sehr gering; *gehärteter Kohlenstoffstahl* und speziell *Wolfram-, Chrom-, Kobalt- und Alni-Stahl* haben starken remanenten Magnetismus und werden daher zur Herstellung von Dauermagneten verwendet. Von Wichtigkeit ist dabei auch die Unempfindlichkeit gegen entmagnetisierende Einflüsse wie Erschütterungen, Erwärmung, fremde Magnetfelder usw. In dieser Hinsicht ist Kobalt- und besonders Alni-Stahl sehr günstig. Letzterer erträgt Temperaturen bis 500° C.

## Kraftwirkung zwischen Magnetfeldern von stromdurchflossenen Leitern und Spulen

Zwischen Magnetfeldern bzw. zwischen den sie erzeugenden Leitern, Spulen und Magneten besteht eine Kraftwirkung. Diese findet praktische Anwendung z. B. bei Motoren, Meßgeräten, Schützen, Relais, Lautsprechern usw.

### Kraftwirkung zwischen stromdurchflossenen Leitern

Zwischen den Magnetfeldern zweier nebeneinander verlaufender Leiter besteht eine Kraftwirkung (Abb. 112).

**Regel:**

*Leiter, in denen die Ströme gleichsinnig fließen, ziehen sich gegenseitig an. Leiter, in denen die Ströme entgegengesetzt fließen, stoßen sich gegenseitig ab.*

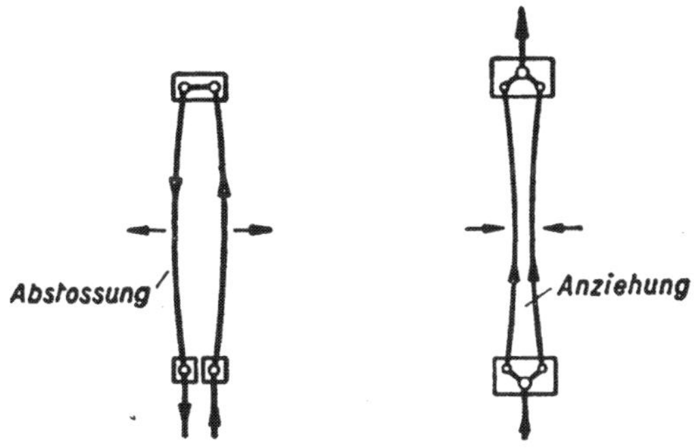


Abb. 112. Kraftwirkung zwischen stromdurchflossenen Leitern

Beispiele für die Kraftwirkung zwischen stromdurchflossenen Leitern. In einer Spule (Abb. 113) fließt der Strom in den einzelnen Windungen im gleichen Sinn. Es ergibt sich somit eine Kraftwirkung, welche die einzelnen Windungen der Spule zusammenzieht.

In den Sammelschienen einer Gleichstromanlage, d. h. Kupfer- oder Aluminiumschienen, an die alle Spannungserzeuger und alle abgehenden Verbraucherleitungen angeschlossen sind (s. Abb. 35, *P* und *N*), fließen die Ströme einander entgegengesetzt. Die beiden Leiter bzw. Sammelschienen werden also gegenseitig abgestoßen (Abb. 114).

In obigen Beispielen ist die bei Nennstrom sich ergebende Kraft in der Regel nicht sehr groß. Die Kraft wächst jedoch im Quadrat des Stromes, d. h. der 10fache Nennstrom ergibt die 100fache Kraftwirkung. Bei Kurzschlüssen können daher so große Kräfte auftreten, daß unter Umständen Wicklungen und Leitungen beschädigt werden.

Abb. 113. Zusammenziehende Kraft an Spulen

Abb. 114. Abstoßende Kraft an Sammelschienen

### Stromdurchflossene Spulen; Spule im Magnetfeld

**Regel:**

*Magnetfelder suchen sich derart einzustellen, daß sie gleiche Richtung haben.*

In Abb. 115 ist Spule 1 fest, Spule 2 ist drehbar (Drehspule). Es entspricht dies z. B. der Anordnung bei elektrodynamischen Meßgeräten (s. Abb. 138). Mit den eingezeichneten Strömen sucht die Kraft auf Spule 2 diese im Uhrzeigersinn zu drehen, bis ihre Feldlinien gleiche Richtung haben wie diejenigen von Spule 1.

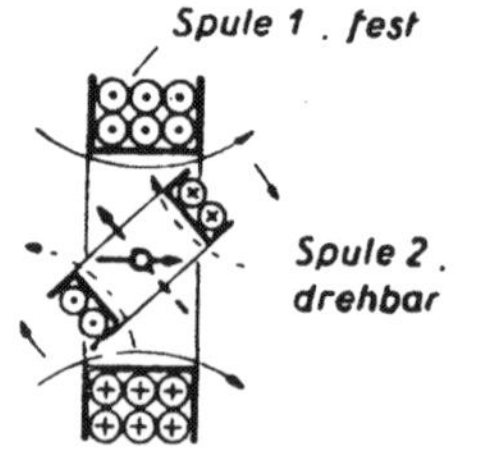

Abb. 115. Stromdurchflossene Spulen

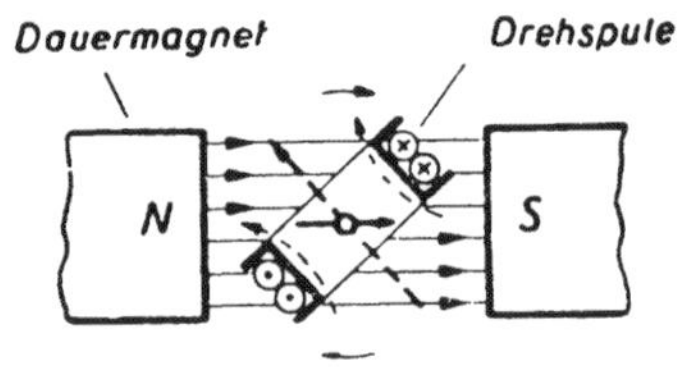

Abb. 116. Stromdurchflossene Spule im Magnetfeld

In Abb. 116 wird das eine Magnetfeld durch einen Dauermagneten oder Elektromagneten, das andere Magnetfeld durch die Drehspule erzeugt. Es entspricht dies der Anordnung beim Drehspulinstrument (s. Abb. 135). Mit der angenommenen Strom- bzw. Feldlinienrichtung wird die Spule im Uhrzeigersinn gedreht, bis ihre Feldlinien mit denen des Magneten zusammenfallen.

**Stromdurchflossener Leiter im Magnetfeld**

Zwischen den Feldlinien des stromdurchflossenen Leiters und dem Magnetfeld ergibt sich eine gegenseitige Kraftwirkung (Abb. 117). Die

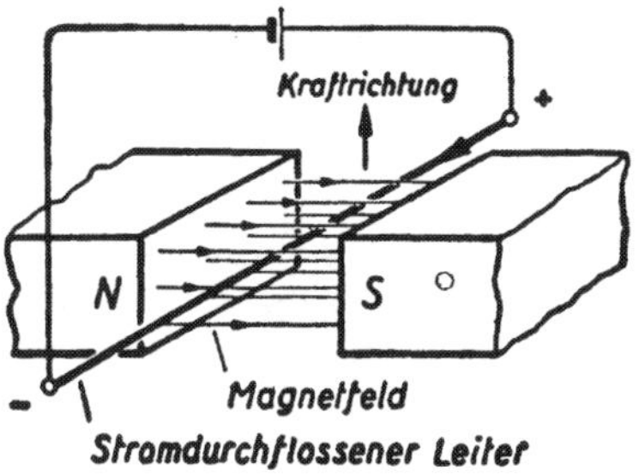


Abb. 117. Kraft auf stromdurchflossenen Leiter im Magnetfeld

Abb. 118. Dreifingerregel

Richtung der auf den Leiter ausgeübten Kraft bestimmt sich z. B. nach der Dreifingerregel.

**Dreifingerregel:**

*Daumen, Zeigefinger und Mittelfinger der* **linken** *Hand werden senkrecht zueinander gestellt (Abb. 118), und zwar so, daß der Zeigefinger in Richtung der Feldlinien und der Mittelfinger in Richtung des Stromes zeigt, dann gibt der Daumen die Bewegungsrichtung des stromdurchflossenen Leiters an.*

Dieser Zusammenhang zwischen Strom-, Magnetfeld- und Bewegungsrichtung ist aus folgendem Beispiel ersichtlich. Bei Gleichstrommotoren

Abb. 119. Drehrichtung eines Gleichstrommotors, Dreifingerregel

befinden sich die stromdurchflossenen Ankerleiter im Magnetfeld der Ständerpole, wie dies in Abb. 119 grundsätzlich dargestellt ist.

Auf die Ankerleiter wird eine Kraft ausgeübt, die den Anker in Drehung versetzt. Die Kraft- bzw. Drehstromrichtung ergibt sich nach obiger Regel. Wie ersichtlich, ist zur Umkehr der Drehrichtung entweder nur die Richtung des Ankerstromes oder nur die Richtung des Magnetfeldes zu ändern; z. B. bei Straßenbahnmotoren wird zum Wechsel der Fahrtrichtung stets die Richtung des Ankerstromes umgekehrt.

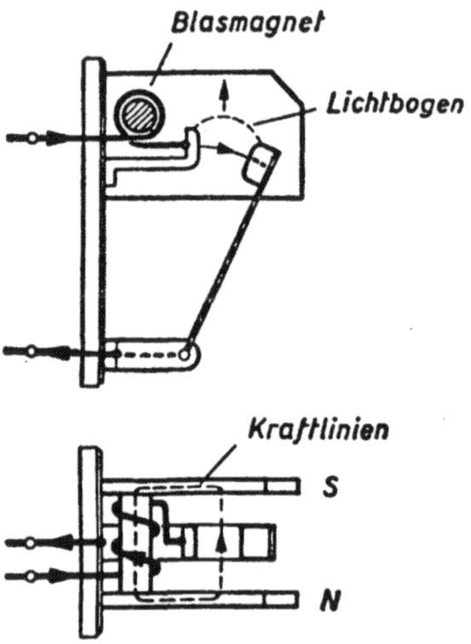

Abb. 120. Gleichstromschalter mit magnetischer Funkenlöschung

Größere Gleichstromschalter erhalten eine *magnetische Funkenlöschung*, deren prinzipielle Ausführung aus Abb. 120 ersichtlich. Der abzuschaltende Strom erzeugt ein Magnetfeld; in diesem befindet sich, als stromdurchflossener Leiter, der Unterbrechungslichtbogen. Die Richtung des Magnetfeldes bzw. des Stromes ist so zu wählen, daß der Lichtbogen nach oben gedrückt wird. Er wird dabei so weit auseinander gezogen, daß er verlöscht. Die Wirkung wird durch ein Funkenkamin unterstützt. Der Magnet wird auch als *Blasmagnet* bezeichnet.

## Induktion

Die Induktionswirkung ist aus den nachstehend beschriebenen Versuchen ersichtlich.

### Induktion durch Veränderung eines Magnetfeldes in einer Spule

Die Versuchsanordnung ist aus Abb. 121 ersichtlich. Spule 2 ist an ein Galvanometer angeschlossen. Die von Spule 1 erzeugten Feldlinien gehen auch durch die Spule 2.

Wird die Spule 1 eingeschaltet, so zeigt das Galvanometer einen Ausschlag. Es fließt also kurzzeitig ein Strom. Wird die Spule 1 ausgeschaltet, so ergibt sich in Spule 2 ebenfalls ein Stromstoß. Dessen Richtung ist jedoch umgekehrt, denn das Galvanometer schlägt nach der anderen Seite aus.

Diese Erscheinung, d. h. die Beeinflussung der Spule 2 durch das beim Einschalten entstehende, beim Ausschalten verschwindende Magnetfeld, wird als *Induktion* bezeichnet. In der Spule 2 wird eine *Spannung induziert*, die im geschlossenen Stromkreis einen *Induktionsstrom* zur Folge hat.

Wird mittels des Regelwiderstandes $R$ der Strom in Spule 1 verstärkt oder geschwächt, so nimmt dementsprechend auch das Magnetfeld zu oder ab. In Spule 2 wird dadurch ebenfalls Spannung induziert.

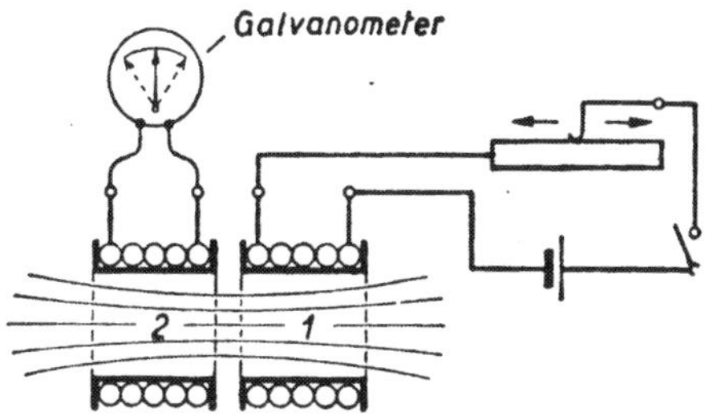


Abb. 121. Induktion durch Veränderung eines Magnetfeldes in einer Spule

**Ursache der Induktion**

*In einer Spule wird stets dann eine Spannung induziert, wenn sich darin die Feldlinienzahl eines Magnetfeldes verändert.*

**Größe der induzierten Spannung**

*Die induzierte Spannung ist um so größer*

*je rascher die Veränderung des Magnetfeldes erfolgt,*
*je größer die Zu- oder Abnahme des Magnetfeldes,*
*je größer die Windungszahl der Spule.*

**Richtung des Induktionsstromes** bzw. der induzierten Spannung

*Der Induktionsstrom ist stets so gerichtet, daß er der Änderung des induzierenden Feldes entgegenwirkt.*

Dieser Zusammenhang, die Richtung des Induktionsstromes betreffend, ist in Abb. 122 dargestellt.

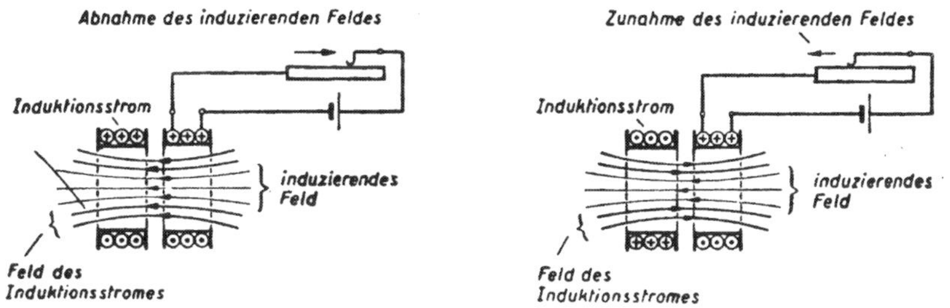


Abb. 122. Richtung des Induktionsstromes

Abnahme des induzierenden Feldes: Das Feld des Induktionsstromes ist mit dem induzierenden Feld gleichgerichtet, d. h. ersteres wirkt der Feldabnahme entgegen.

Zunahme des induzierenden Feldes: Das Feld des Induktionsstromes ist dem induzierenden Feld entgegengerichtet, d. h. ersteres wirkt der Feldzunahme entgegen.

*Induktion beim Umspanner.* Die grundsätzliche Ausführung ist aus Abb. 123 ersichtlich. Fließt in Spule 1 (Primärspule) ein veränderlicher Strom, so entsteht im Eisenkern ein veränderliches Magnetfeld. Dadurch wird in Spule 2 (Sekundärspule) eine Spannung induziert.

Beim Wechselstrom-Umspanner ist die Primärspule an ein Wechselstromnetz angeschlossen. In der Sekundärspule wird eine Wechselspannung induziert mit gleicher Frequenz wie primär. Große Sekundärwindungszahl ergibt hohe Sekundärspannung, kleine Windungszahl ergibt niedere Sekundärspannung.

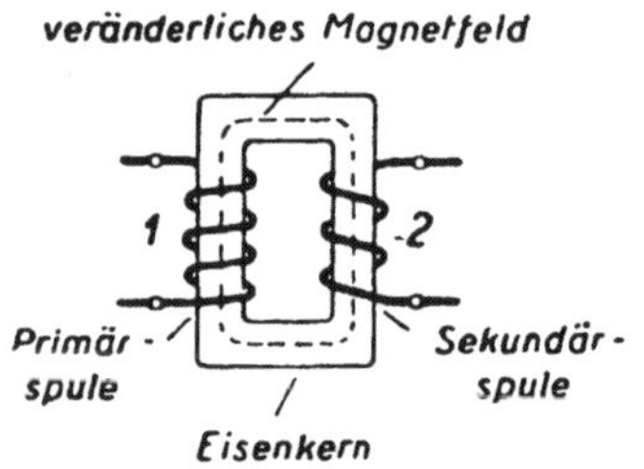

Abb. 123.
Induktion beim Umspanner

**Induktion durch Bewegung eines Leiters in einem Magnetfeld**

Die Versuchsanordnung ist aus Abb. 124 ersichtlich.

Bewegt man den Leiter in der eingezeichneten Richtung, so wird im Leiter eine Spannung induziert. Bei geschlossenem Stromkreis fließt der eingezeichnete Strom. Bei entgegengesetzter Bewegung hat der Induktionsstrom umgekehrte Richtung.

Bewegt man den Leiter parallel zu den Kraftlinien, d. h. in obigem Fall in horizontaler Richtung, so wird keine Spannung induziert.

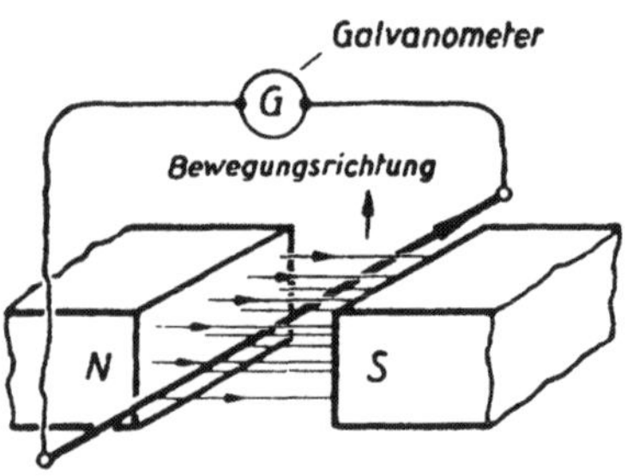

Abb. 124. Induktion durch Bewegung eines Leiters in einem Magnetfeld

**Ursache der Induktion**

*In einem Leiter wird stets dann eine Spannung induziert, wenn er Feldlinien schneidet oder von Feldlinien geschnitten wird.*

**Größe der induzierten Spannung**

*Die induzierte Spannung ist um so größer*

*je rascher die Bewegung des Leiters erfolgt,*
*je stärker das Magnetfeld,*
*je größer die Leiterlänge, die für die Induktion in Betracht kommt.*

**Richtung des Induktionsstromes**

*Der Induktionsstrom ist stets so gerichtet, daß er die Bewegung, die ihn erzeugt, bremst.*

Dieser Zusammenhang, die Richtung des Induktionsstromes betreffend, ist aus den nachstehenden Abbildungen ersichtlich.

Abb. 125: Die Ankerleiter schneiden das Magnetfeld des Ständers (Gleichstrom-Generatoren).

Abb. 126: Der stillstehende Leiter wird von den Feldlinien des Läufers geschnitten (Wechselstrom-Generatoren).

In Abb. 125a ist die auf den Läufer wirkende Antriebskraft nach rechts gerichtet. Der Induktionsstrom muß nun so fließen, daß auf den im Magnetfeld des Nordpols gelegenen Leiter eine nach links wirkende Kraft drückt. Gemäß der Dreifingerregel ist dies der Fall, wenn der erzeugte Induktionsstrom nach hinten fließt.

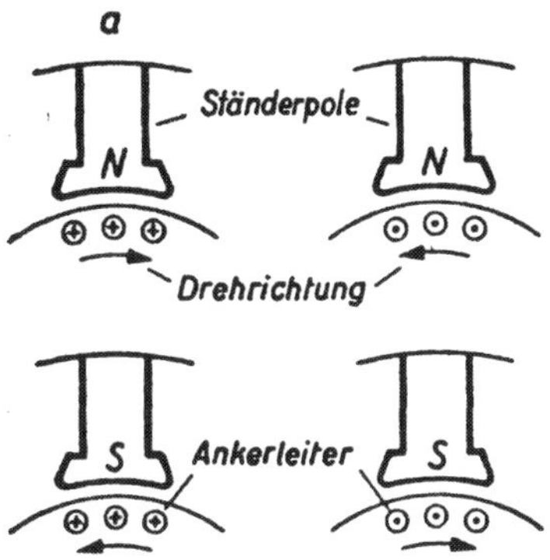


Abb. 125

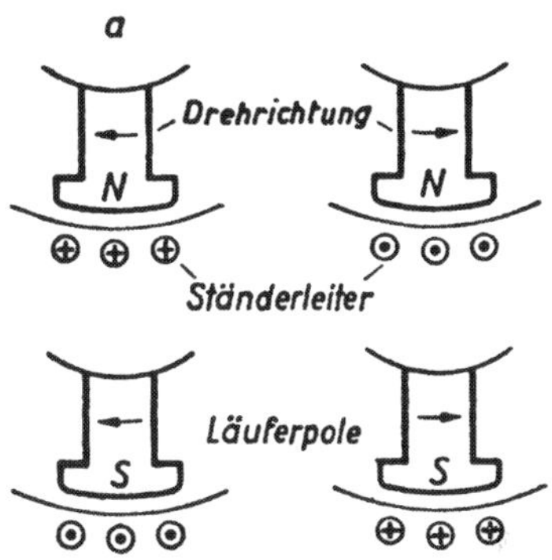


Abb. 126

Richtung des Induktionsstromes

Denkt man sich in Abb. 125a die Leiter stillstehend, dafür aber den Pol nach links bewegt, so bleibt die Richtung des Induktionsstromes unverändert. Dieser Annahme entsprechen die Verhältnisse in Abb. 126a.

*Induktion beim Wechselstrom-Generator.* Die Leiter bzw. Spulen sind stillstehend (Ständer) und werden von den Feldlinien der Pole (Läufer) geschnitten (s. Abb. 127).

Die Richtung des Induktionsstromes ergibt sich aus folgenden Überlegungen:

Abb. 127a: Der Spulenstrom erzeugt den Nordpol *n*; dieser wirkt auf den Nordpol $N_1$ abstoßend, d. h. die Bewegung des Polrades wird gebremst.

Für die Spule nimmt der Nordmagnetismus von $N_1$ zu. Die Kraftlinien der Spule sind entgegen dem Feld von $N_1$ gerichtet, d. h. sie wirken der Zunahme des Nordmagnetismus entgegen.

Abb. 127b: In dieser Stellung schneiden die Feldlinien von $N_1$ die Leiter der Spule nicht. Es wird also keine Spannung induziert.

Abb. 127c: $N_1$ wird jetzt vom Spulenfeld entgegen der Drehrichtung angezogen d. h. das Spulenfeld muß einen Südpol s ergeben. Der Spulenstrom hat gegenüber der Stellung nach Abb. 127a die Richtung gewechselt.

Abb. 127d: Entspricht der Lage in Abb. 127b. Es wird in diesem Augenblick keine Spannung induziert.

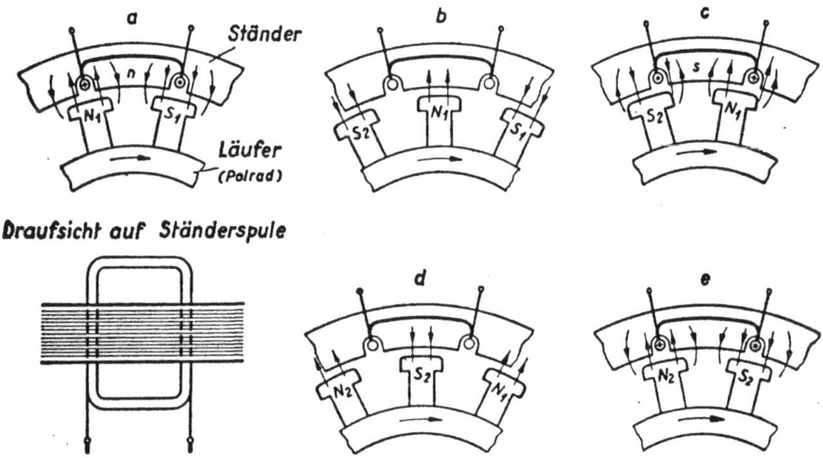


Abb. 127. Induktion beim Wechselstromgenerator

Abb. 127e: Verhältnisse wie in Abb. 127a, nur daß jetzt der nächstfolgende Nordpol $N_2$ unter die Spule kommt. Der Spulenstrom hat wieder die ursprüngliche Richtung.

Ergebnis: In der Spule wird ein Strom wechselnder Richtung, d. h. ein Wechselstrom induziert.

## Wirbelströme

Bei Zählern bewegt sich eine Aluminiumscheibe zwischen den Polen eines Dauermagneten. Denkt man sich die Scheibe, wie aus Abb. 128 ersichtlich, ausgespart, so wird in jedem Arm beim Schneiden der Feldlinien eine Spannung induziert. Diese hat auf dem eingezeichneten Weg einen Induktionsstrom zur Folge; seine Richtung ist derart, daß er die Bewegung bremst.

Bei massiver Scheibe ergibt sich ebenfalls ein Induktionsstrom. Sein Verlauf erfolgt aber jetzt nicht nur auf dem durch die Arme vorgeschriebenen Weg, sondern auf nicht genau bestimmten Bahnen. Solche Induktionsströme werden daher als *Wirbelströme* bezeichnet. Die Zählerscheibe wird dadurch gebremst. Diese *Wirbelstrombremsung* findet auch Anwendung zur Dämpfung bei Meßgeräten und Relais.

Wird ein massiver Eisenkern in eine an Wechselstrom angeschlossene Spule gesteckt, so hat das, entsprechend dem Wechselstrom sich verändernde Magnetfeld, Wirbelströme zur Folge (s. Abb. 129). Diese erwärmen den Kern, was unnütze Energie erfordert und somit Verluste ergibt.

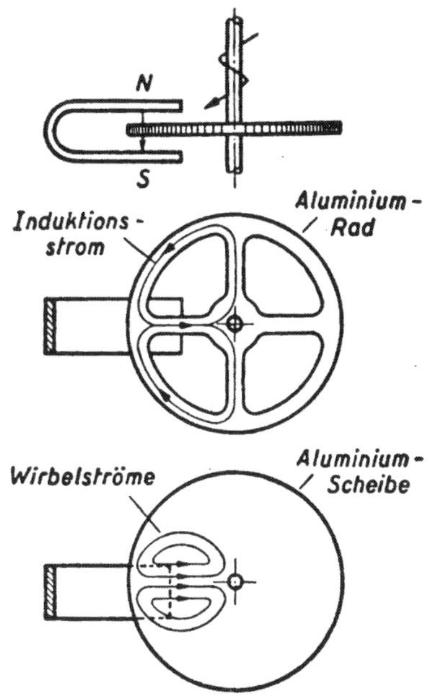

Abb. 128.
Wirbelströme in Zählerscheibe

Durch Ausführung des Kerns aus nur 0,3—0,5 mm dickem Blech (Abb. 130), das gegenseitig durch Lack oder eine Papierzwischenlage isoliert ist, wird der Wirbelstromweg unterbrochen und die Wirbelstrombildung möglichst unterdrückt. Die Bleche sind durch isolierte Nieten oder Schrauben zusammenzuhalten. Eine weitere Verbesserung ergibt sich durch Verwendung von mit Silizium legiertem Blech, sog. *Dynamo- oder Transformatorblech.* Silizium vergrößert den spezifischen Widerstand und verringert so die Stärke der Wirbelströme. Als Folge der Ummagnetisierung entstehen ferner noch die Hysteresis-Verluste. Wirbelstrom- und Hysteresis-Verluste ergeben zusammen die sog. *Eisenverluste.*

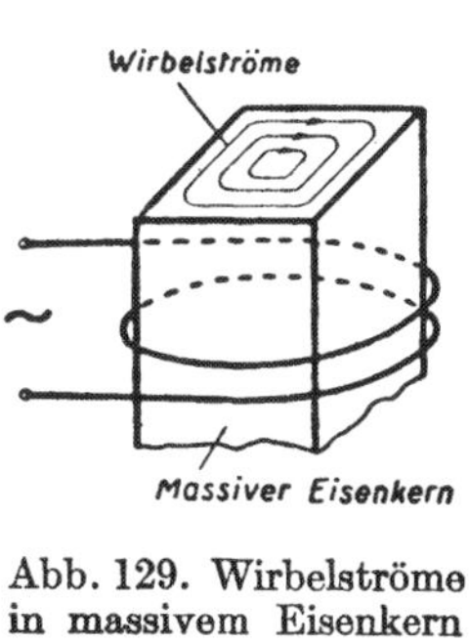

Abb. 129. Wirbelströme in massivem Eisenkern

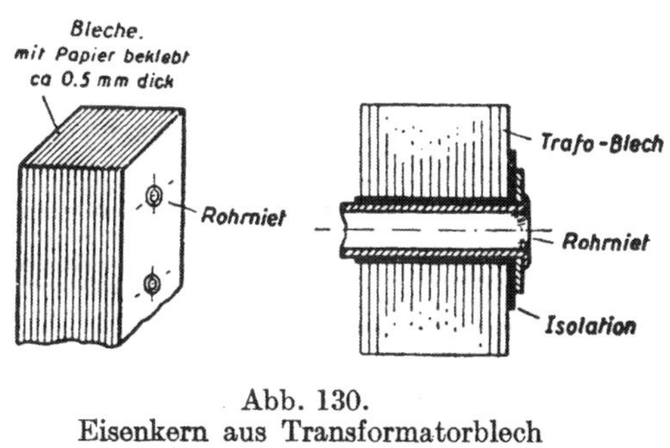

Abb. 130.
Eisenkern aus Transformatorblech

## Selbstinduktion

Wird in dem Stromkreis nach Abb. 131 der Schalter geschlossen und damit der Widerstand überbrückt, so hat dies eine Zunahme des Stromes sowie der Feldlinien zur Folge. Beim Öffnen des Schalters nimmt der Strom bzw. die Feldlinienzahl ab. Diese Veränderung des Magnetfeldes hat in der Spule eine Induktionsspannung zur Folge. Da diese Spannung durch das von der Spule selbst erzeugte Magnetfeld induziert wird, nennt man den Vorgang *Selbstinduktion.*

Bei *Stromzunahme* (Schließen des Schalters) ist die Selbstinduktionsspannung der Batteriespannung entgegengerichtet und wirkt also der

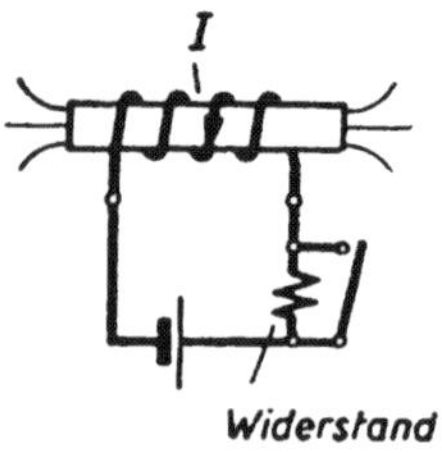

Abb. 131. Spule mit Selbstinduktion

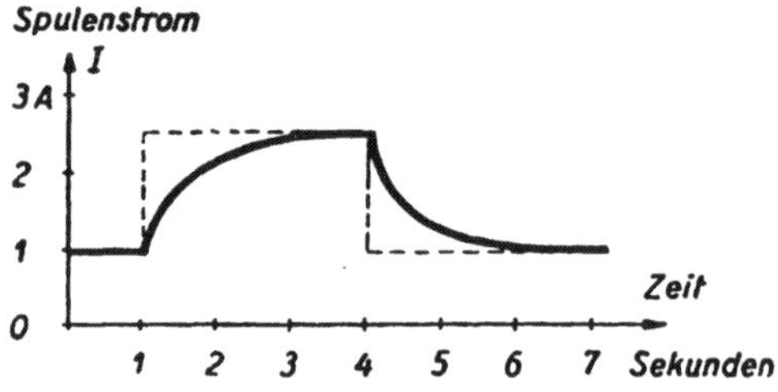

Abb. 132. Stromzunahme bzw. Stromabnahme bei Selbstinduktion

Feld- bzw. Stromzunahme entgegen. Der Strom geht daher nicht sofort auf seinen Endwert, sondern allmählich. Dieses Verhalten ist aus Abb. 132 ersichtlich; die punktiert eingetragene Linie entspricht der Stromänderung ohne Selbstinduktion.

Bei *Stromabnahme* (Öffnen des Schalters) ist die Selbstinduktionsspannung im gleichen Sinn wie die Batteriespannung wirkend und also der Feld- bzw. Stromabnahme entgegen. Der Strom geht daher nicht sofort auf seinen neuen Wert (s. Abb. 132).

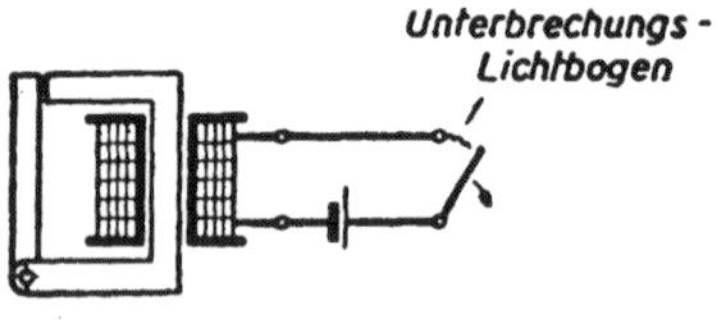

Abb. 133. Unterbrechungslichtbogen infolge großer Selbstinduktion

Starke Selbstinduktionswirkung ergibt sich bei großer Windungszahl und bei Spulen mit Eisenkern. Wird z. B. eine Magnetwicklung plötzlich unterbrochen, so hat dies eine so hohe Selbstinduktionsspannung zur Folge, daß am Schalter ein Unterbrechungslichtbogen stehen bleibt (Abb. 133). Durch die zwar nur kurzzeitig wirkende, aber sehr hohe Selbstinduktionsspannung wird die Spulenisolation überbeanspruch und kann durchschlagen. Stromkreise mit hoher Selbstinduktion sind daher erst nach vorheriger Herabsetzung des Stromes abzuschalten. Regelwiderstände für Magnetwicklungen sind meistens so ausgeführt, daß vor der Abschaltung die Wicklung in sich kurzgeschlossen wird (s. Abb. 150, Kontakt q).

Wird in obigem Beispiel (Abb. 131) der Eisenkern entfernt, so ist das Spulenfeld soviel schwächer, daß die Selbstinduktion praktisch unmerklich ist. In der Regel haben daher nur Wicklungen, die um Eisenkerne oder in Nuten angeordnet sind, starke Selbstinduktionswirkung.

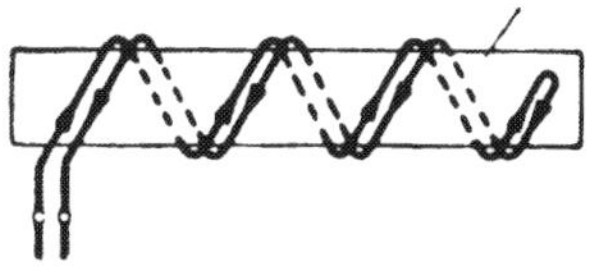

Abb. 134. Bifilare Wicklung

*Bifilare Wicklung.* Soll ein in Spulenform gewickelter Widerstand gar keine Selbstinduktion aufweisen, so ist die Wicklung *bifilar* auszuführen (Abb. 134). Da neben jeder Windung mit der einen Stromrichtung eine Windung mit entgegengesetzter Stromrichtung liegt, entsteht kein magnetisches Feld und daher auch keine Selbstinduktion.

# Elektrische Meßgeräte

Bei den meisten Meßgeräten wird durch die Wirkung des elektrischen Stromes auf ein mit Zeiger versehenes Drehsystem eine Kraft bzw. ein *Drehmoment* ausgeübt. Das Drehsystem wird dadurch soweit aus seiner Nullage herausgedreht, bis ein *Gegendrehmoment*, herrührend von einem Gewicht oder einer Spiralfeder, Gleichgewicht hält. Durch eine *Dämpfung* wird ein öfters Hin- und Herpendeln in der Endlage des Zeigers vermieden; gebräuchlich ist Luftdämpfung und Wirbelstromdämpfung (s. S. 91). Skala, Zeiger und Drehsystem bilden zusammen das *Meßwerk.*

Je nach dem Grad der Genauigkeit sind die Instrumente, gemäß den „Regeln für Meßgeräte", VDE 0410, in folgende 5 Klassen eingeteilt:

| Klasse | 0,2 | 0,5 | 1,0 | 1,5 | 2,5 |
|---|---|---|---|---|---|
| Fehlergrenze in Prozent des Endwertes | ± 0,2 | ± 0,5 | ± 1,0 | ± 1,5 | ± 2,5 |

Präzisions- und Laboratoriums-Meßgeräte gehören zur Klasse 0,2, tragbare Instrumente für Abnahme- und Betriebsmessungen entsprechen Klasse 0,5 oder 1,0, Schalttafelmeßgeräte entsprechen Klasse 1,5 und 2,5.

# Spannungs- und Strommesser

**Drehspul-Meßgeräte** Symbol: Stromart: —

Das Meßwerk besteht im wesentlichen aus der vom zu messenden Strom durchflossenen dünndrähtigen Drehspule und einem Dauermagneten. Zwei Spiralfedern dienen als Spulenanschluß und wirken als Gegenkraft. Bei dem in Abb. 135 eingezeichneten Stromdurchgang wird die Spule im Pfeilsinn gedreht. Umgekehrte Stromrichtung hat falschen Zeigerausschlag zur Folge. Um dies zu vermeiden, wird eine Klemme mit dem +-Zeichen markiert.

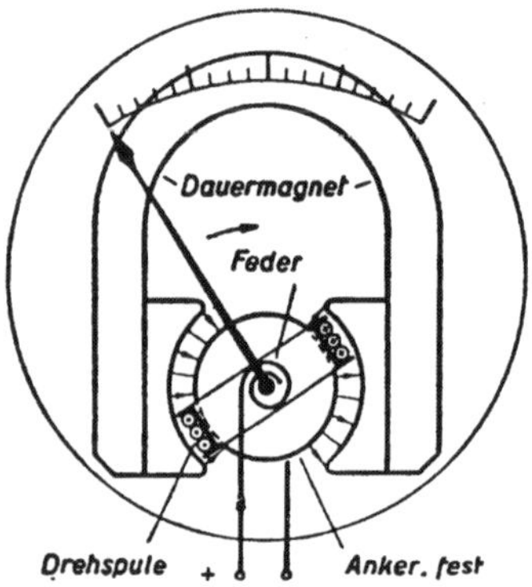

Abb. 135. Drehspul-Meßgerät

Bei Anschluß an Wechselstrom vermag das Drehsystem dem Stromwechsel nicht zu folgen und das Meßgerät zeigt keinen Ausschlag. In Verbindung mit einem Trockengleichrichter oder Thermoelement sind Drehspulmeßgeräte jedoch auch für Wechselstrommessungen verwendbar.

Die Drehspule ist für höchstens 0,1 A bemessen, d. h. wenn dieser Strom durch die Drehspule fließt, hat das Meßgerät den vollen Ausschlag. Zur Messung größerer Ströme ist daher ein Nebenwiderstand (s. S. 17) zu verwenden; bei Gebrauch als Spannungsmesser ist ein Vorschaltwiderstand in Reihe zu schalten (s. S. 18). Die Dämpfung ergibt sich durch Wirbelstrombildung im Aluminiumrähmchen der Drehspule.

In Anlagen mit Sammlerbatterien verwendet man meistens Drehspulmeßgeräte, die einen beiderseitigen Ausschlag ermöglichen, in dem die Nullage des Zeigers in der Mitte der Skala ist. An der Ausschlagsrichtung ist so auch die Stromrichtung, d. h. Ladung oder Entladung der Batterie zu erkennen.

Drehspulmeßgeräte ergeben höchste Genauigkeit und Empfindlichkeit.

**Dreheisen-Meßgeräte** Symbol: Stromart: $\overline{\sim}$

Abb. 136 zeigt eine Ausführung als *Flachspultype.* Fließt der zu messende Strom durch die Spule, so wird das auf der Zeigerachse befestigte Eisenstückchen (Dreheisen) hereingezogen. Die auf das Dreheisen ausgeübte Kraft ist unabhängig von der Stromrichtung. Das Meßgerät kann daher für Gleich- und Wechselstrom benützt werden.

Bei der *Rundspultype* (Abb. 137) sind im Spuleninnern zwei Eisenplättchen, wovon das eine fest, das andere mit der Zeigerachse drehbar (Dreheisen). Fließt der zu messende Strom durch die Spule, so werden beide Plättchen magnetisch. Da gleiche Pole übereinander liegen, wird das drehbare Plättchen abgestoßen.

Als Strommesser wird die Spule mit wenig Windungen und dickem Draht ausgeführt. Als Spannungsmesser hingegen mit vielen Windungen

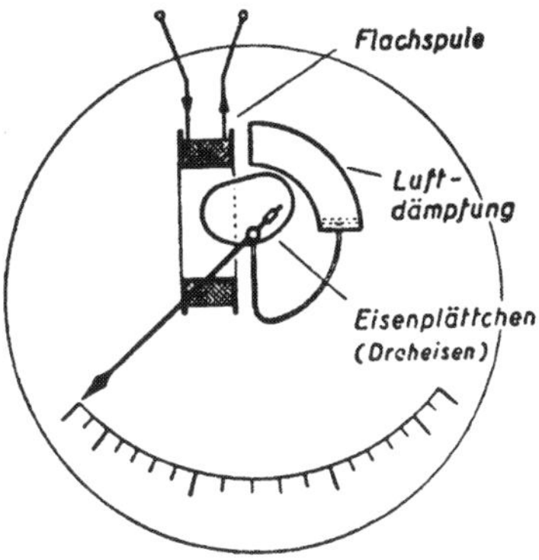


Abb. 136. Dreheisen-Meßgerät: Flachspultype

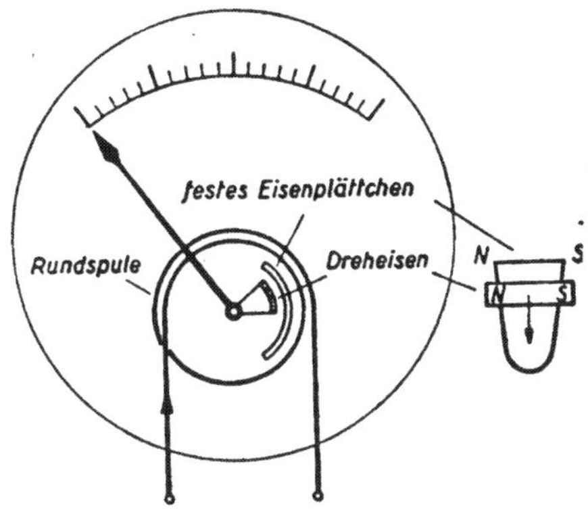


Abb. 137. Dreheisen-Meßgerät: Rundspultype

eines dünnen Drahtes. Ein Nebenwiderstand wie bei Drehspulinstrumenten wird nicht verwendet, für höhere Spannungen werden Vorschaltwiderstände vorgesehen.

Dreheisen-Meßgeräte haben im allgemeinen geringere Meßgenauigkeit und werden daher besonders in Schalttafeln angewendet. Jedoch ist es durch besondere Formgebung der Eisenplättchen, s. Abb. 137 rechts, und Auswahl bestimmter Eisensorten gelungen, auch Weicheisenmeßgeräte als Feinmeßgeräte für Klasse 0,2 zu bauen.

## Elektrodynamische Instrumente

**Symbol:** **Stromart:**

Wie aus Abb. 138 ersichtlich, besteht das Meßwerk aus einer feststehenden und der um die Zeigerachse drehbaren Spule. Die Stromzuführung zur Drehspule erfolgt durch zwei Spiralfedern.

Bei Stromdurchgang durch die Spulen sucht sich die Drehspule so zu stellen, daß ihre Feldlinien mit denen der festen Spule gleichlaufen

(s. S. 84). Bei Umkehr der Stromrichtung in beiden Spulen erfolgt der Zeigerausschlag im gleichen Sinn. Das Meßgerät kann somit für Gleich- und Wechselstrom verwendet werden. Elektrodynamische Meßgeräte werden besonders in der Schaltung als Leistungsmesser ausgeführt.

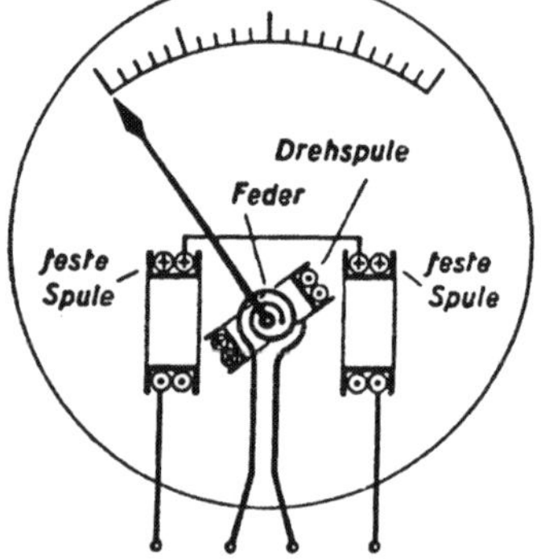


Abb. 138. Elektrodynamisches Meßgerät

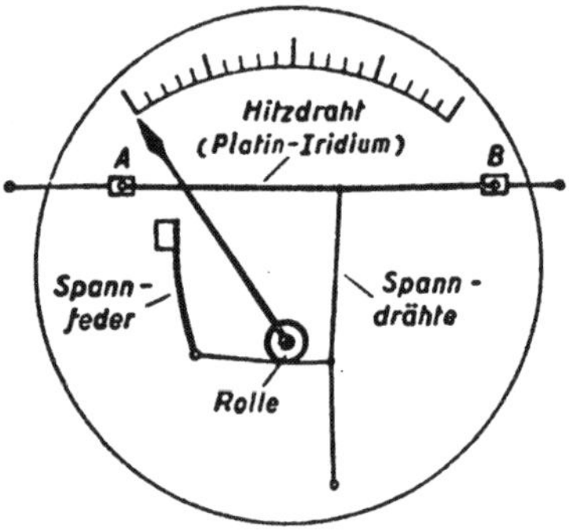


Abb. 139. Hitzdraht-Meßgerät

**Hitzdraht-Meßgeräte** Symbol: Stromart:

Die Ausführung ist aus Abb. 139 ersichtlich. Wird der Hitzdraht vom zu messenden Strom durchflossen, so erwärmt und verlängert er sich. Die Ausdehnung wird durch Spanndrähte auf die auf der Zeigerachse befestigte Rolle und den Zeiger übertragen.

Da die Erwärmung bei Gleich- und Wechselstrom gleich ist, können Hitzdraht-Meßgeräte für beide Stromarten verwendet werden. Es findet jedoch hauptsächlich Anwendung zur Messung hochfrequenter Ströme, da seine Angaben frequenzunabhängig sind. Sie sind aber hier durch die Drehspulmeßgeräte mit eingebautem Gleichrichter oder Thermoumformer mehr und mehr verdrängt worden.

## Leistungsmesser

### Elektrodynamischer Leistungsmesser

Die Schaltung ist aus Abb. 140 ersichtlich. Die feste Spule ist vom Strom $I$ durchflossen; die Drehspule ist über einen Vorschaltwiderstand an die Spannung $U$ angeschlossen. Der Ausschlag ist somit proportional dem Produkt $I \cdot U$, d. h. proportional der Leistung $N$.

Bei Wechselstrommessungen zeigt das Meßgerät stets die Wirkleistung, d. h. $N = I \cdot U \cdot \cos\varphi$ (s. S. 116).

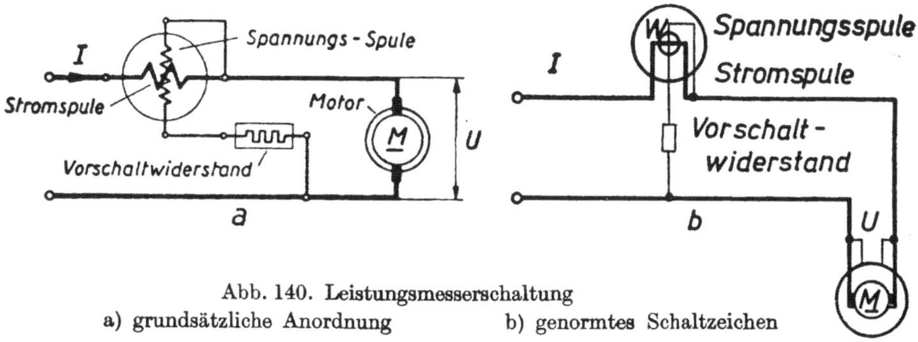


Abb. 140. Leistungsmesserschaltung
a) grundsätzliche Anordnung b) genormtes Schaltzeichen

**Induktions-Leistungsmesser** Symbol: Stromart: ~

Ausführung und Wirkung sind im Prinzip gleich wie bei einem Einphasen-Wechselstromzähler. Das Zählwerk fällt weg und auf die Scheibenachse wird durch eine Spiralfeder ein Gegendrehmoment ausgeübt. Dadurch wird der Drehwinkel der Scheibe abhängig von der gemessenen Leistung. Vielfach wird die Skala direkt auf der Scheibe angebracht. Induktions-Leistungsmesser können nur für Wechselstrom verwendet werden.

## Frequenzmesser

**Zungenfrequenzmesser** Symbol:

Das Meßwerk besteht aus einem Elektromagneten und einer Anzahl dünner Stahlblechzungen, die vor dem Magnet angeordnet sind (Abb. 141). Das umgebogene Zungenende ist weiß gestrichen. Jede Zunge ist auf eine bestimmte Eigenschwingungszahl abgestimmt. Fließt Wechselstrom durch die Magnetwicklung, dann

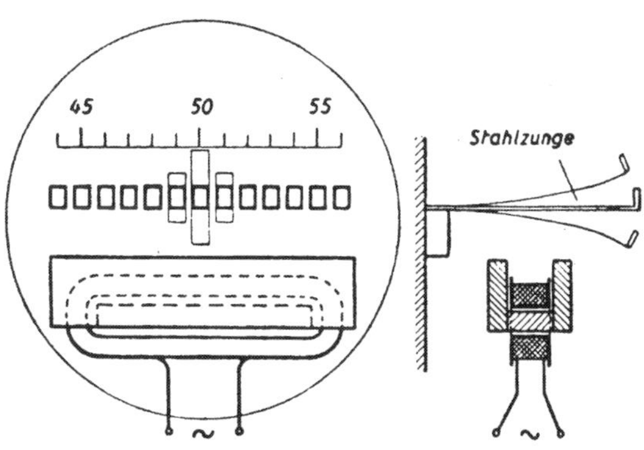


Abb. 141. Zungenfrequenzmesser

werden die Zungen im Takt des Wechselstromes angezogen. Diejenige Zunge, deren Eigenschwingung mit dem Takt der jeweiligen Frequenz übereinstimmt, schwingt sehr stark (Resonanz). Die benachbarten Zungen schwingen schwach, die übrigen fast gar nicht.

# Gleichstrom-Maschinen

## Gleichstrom-Generatoren

Bei Generatoren erfolgt die Spannungserzeugung durch Induktion. Bei den Gleichstrom-Generatoren kommt diese dadurch zustande, daß die auf dem Anker (Läufer) angeordneten Leiter die Feldlinien des induzierenden Magnetfeldes (Ständer) schneiden.

### Ankerwicklung

*Ringwicklung.* Abb. 142 zeigt schematisch eine Ausführung mit Ringwicklung. Innerhalb der Pole dreht sich ein ringförmiger Anker, der mit einer in sich geschlossenen Wicklung versehen ist. Das magnetische Feld hat im Anker den eingezeichneten Verlauf. Bei Drehung schneiden die auf der Ankeroberfläche sich befindlichen Leiter die Feldlinien. In allen Leitern der obern und untern Ringhälfte wird also eine Spannung induziert, die in der Wicklung

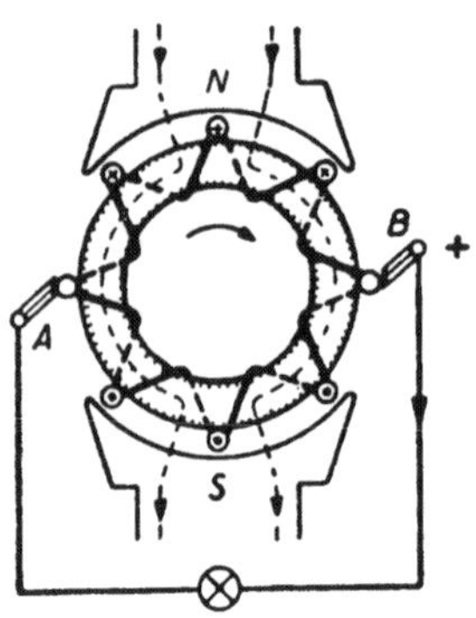


Abb. 142. Ringwicklung

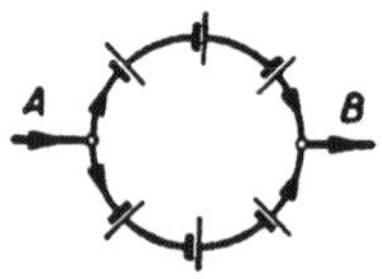


Abb. 143. Ersatzschaltbild einer Gleichstrom-Ankerwicklung

einen Strom von der eingezeichneten Richtung, d. h. von A nach B zur Folge hätte. Dies ist in jeder Ankerstellung der Fall und es sind dabei in der obern und untern Ringhälfte immer gleichviel Leiter in Reihe geschaltet.

Die Wirkung kann mit der in Abb. 143 dargestellten Schaltung von Elementen verglichen werden. Die oberen Elemente entsprechen den unter dem Nordpol liegenden Leitern, die unteren Elemente den unter dem Südpol befindlichen Leitern.

Werden bei A und B Schleifkontakte oder sog. *Bürsten* angebracht, so ergibt sich dazwischen eine Gleichspannung. Durch die angeschlossenen Lampen fließt also ein *Gleichstrom.* In den Ankerleitern fließt hingegen der Strom nicht dauernd im gleichen Sinn; er ändert darin seine Richtung während dem Vorbeigang an den Bürsten.

In den bei A und B, d. h. direkt unter den Bürsten sich befindlichen Leitern wird keine Spannung induziert, da an diesen Stellen kein induzierendes Feld vorhanden ist und somit keine Feldlinien geschnitten werden. Diese Stellen des Ankerumfangs werden daher als *neutrale Zone* bezeichnet. Die Bürsten müssen stets so angeordnet sein, daß die damit direkt in Verbindung stehenden Ankerleiter sich in der neutralen Zone befinden. Bei der praktischen Ausführung erfolgt die Stromabnahme nicht auf der Wicklung selbst, sondern auf dem *Stromwender* (*Kollektor* oder *Kommutator*). Dieser besteht, wie aus Abb. 144 ersichtlich, aus gegenseitig isolierten *Kupferstegen* (Lamellen), an die die einzelnen Ankerleiter angeschlossen sind. Der Stromwender ist neben dem Anker angeordnet und im Durchmesser meistens kleiner als dieser.

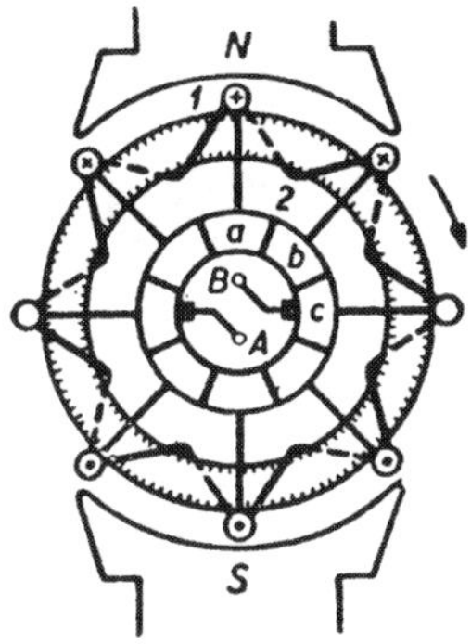

Abb. 144 Ringwicklung mit Stromwender

Die Ringwicklung hat den Nachteil, daß nur die äußeren Leiter Feldlinien schneiden und daher nur darin Spannung induziert wird; im Vergleich zur gesamten Drahtlänge ist also die induzierte Leiterlänge klein. Nachteilig ist auch, daß der Anker von Hand bewickelt werden muß. Maschinen mit Ringanker werden daher nur noch sehr selten für Sonderzwecke gebaut.

*Trommelwicklung.* Man führt heute die Anker fast ausschließlich mit Trommelwicklung aus, bei welcher man auf Schablonen hergestellte Spulen verwenden kann. Diese sind in Nuten gelegt und durch Nutenkeile und Drahtbandagen festgehalten.

Der äußere Leiter 1 und der innere Leiter 2 der Ringwicklung (s. Abb. 144) sind nun beide auf der Außenseite des Ankers angeordnet (s. Abb. 145). Im Leiter 2 wird jetzt auch eine Spannung induziert; damit sie sich zur Spannung des Leiters 1 addiert, muß Leiter 2 unter einem Südpol liegen.

Leiter 1 und 2 bilden zusammen eine Ankerspule. Wie aus Abb. 145 ersichtlich, sind die Anschlüsse an die Stromwenderstegen (Kollektorlamellen) a und b ungleich lang, was für die Herstellung ungünstig ist Um symmetrische Spulenanschlüsse an den Stromwender zu erhalten, ist dieser zusammen mit den Bürsten entsprechend zu verdrehen (ungefähr $\frac{1}{4}$ Umdrehung im Uhrzeigersinn), wie dies aus Abb. 146 ersichtlich.

In der Ausführung nach Abb. 146 ist jeder Leiter für sich in einer Nute angeordnet. Um weniger Nuten zu erhalten, wird meistens der Leiter 2 (Abb. 146) in die Nute von Leiter 3 gelegt (s. Abb. 147).

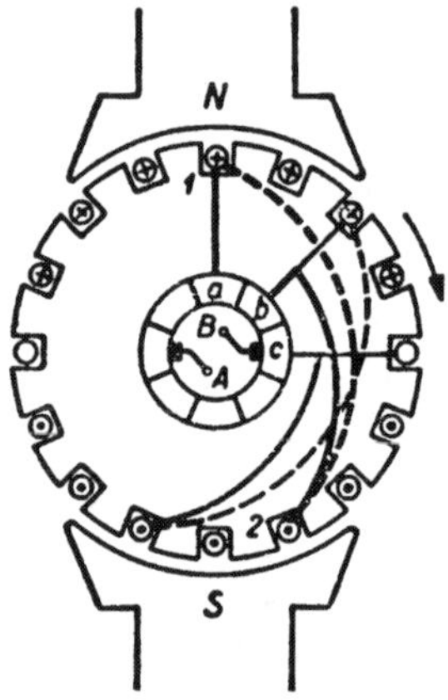


Abb. 145. Trommelwicklung, Spulen unsymetrisch

Abb. 146. Trommelwicklung, Spulen symetrisch

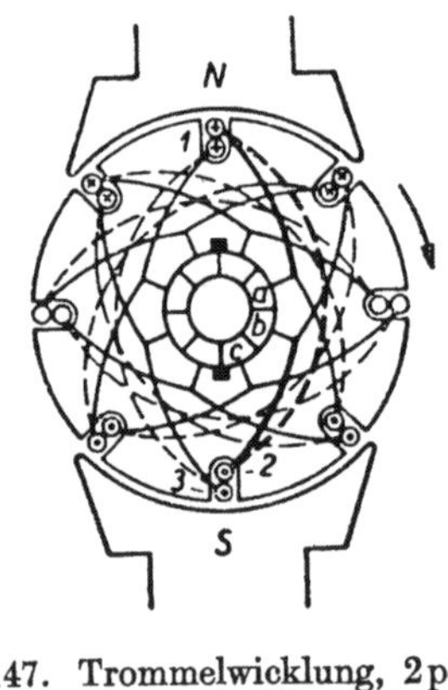


Abb. 147. Trommelwicklung, 2polig, 2 Leiter je Nute

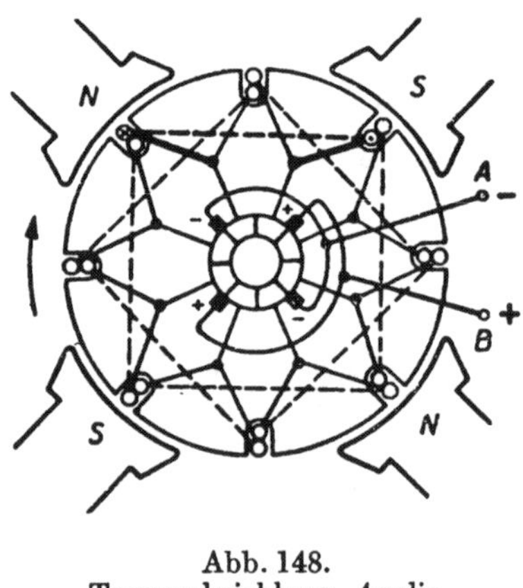


Abb. 148. Trommelwicklung, 4polig

Abb. 147 entspricht der Ausführung eines Gleichstromankers mit Trommelwicklung (je Nute 2 Leiter, Stegzahl = $\frac{1}{2}$ der Leiterzahl, Magnetgestell 2polig). Die Stellung der Bürsten ist übereinstimmend mit Polmitte.

Abb. 148 stellt ebenfalls eine Trommelwicklung dar, jedoch bei 4poliger Maschine. Bürsten gleicher Polarität sind miteinander verbunden. Je größer die Leistung und Stromstärke einer Gleichstrommaschine, um so größer wird die erforderliche Polzahl.

## Aufbau der Gleichstrom-Maschine

Abb. 149 zeigt eine 4polige Gleichstrom-Maschine mittlerer Leistung im Längsschnitt und im Seitenriß.

Das *Magnetgestell* oder *Polgehäuse* ist in der Regel aus Stahlguß ausgeführt. Die am Gehäuse angeschraubten *Hauptpole* sind lamelliert, d. h. sie bestehen aus ungefähr 1 mm dickem Eisenblech (gestanzt), das durch Nieten zusammengehalten wird. Die Hauptpole tragen die *Erreger-* oder *Magnetspulen.* Die *Hilfs-* oder *Wendepole* sind massiv. Auf den Wendepolen ist die dickdrähtige Wendepolwicklung, die in Reihe zum Anker geschaltet ist. Die Hilfspole dienen zur Erzielung einer funkenfreien Stromabnahme durch die Bürsten. Die offenen *Lagerschilder* mit den Ringschmierlagern sind am Gehäuse festgeschraubt. Kleinere Maschinen haben vielfach Kugel- oder Rollenlager.

Der *Ankerkörper* besteht aus Dynamoblech, 0,5 mm dick, und ist gegenseitig durch Papier isoliert (Wirbelströme, s. S. 91). Die beiden Preßringe dienen zum Zusammenpressen der Ankerbleche und zum Abstützen der Ankerwicklung. Lüftungslöcher im Ankerkörper ermöglichen axiale Belüftung. Der Anker ist mit einer Trommelwicklung ausgeführt.

Der *Stromwender,* (Kollektor oder Kommutator) besteht aus den gegenseitig isolierten Hartkupfer-Stegen, welche durch die Stromwenderbüchse und den Stromwenderpreßring zusammengehalten werden. Die einzelnen Stege sind durch die sog. Fahnen mit der Ankerwicklung verbunden.

Die *Bürsten* bzw. Bürstenhalter sind an den Bürstenstiften befestigt; letztere sind an der Bürstenbrücke isoliert angeschraubt. Von den Bürstenstiften führen Verbindungen zu den am Lagerschild angeordneten Klemmen.

Durch den *Lüfter* wird eine axiale Belüftung der ganzen Maschine erreicht und damit die infolge der Verluste entstehende Wärme abgeleitet.

## Schaltungen und Betriebseigenschaften der Gleichstrom-Generatoren

Die verschiedenen Schaltungen unterscheiden sich hinsichtlich dem Anschluß der Erreger- oder Magnetwicklungen der Hauptpole. Am gebräuchlichsten ist *Selbsterregung,* d. h. Anschluß der Magnetwicklung an die Generatorklemmen. Erfolgt der Anschluß an eine fremde Stromquelle, so bezeichnet man dies als *Fremderregung.*

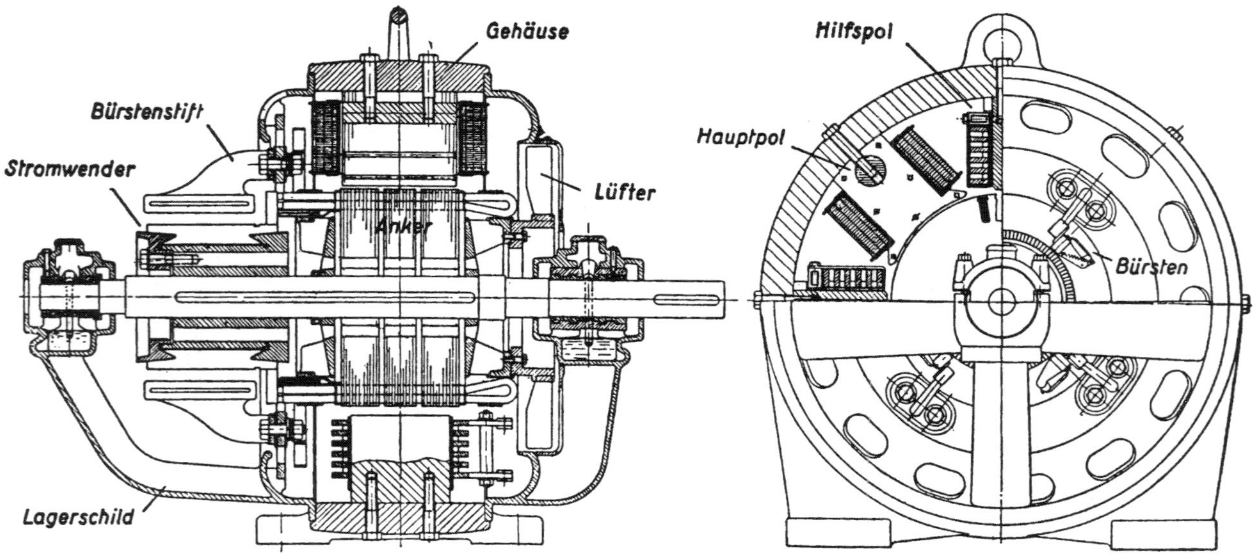


Abb. 149. Gleichstrommaschine

*Nebenschluß-Generator*

In Abb. 150a ist die grundsätzliche Anordnung mit Andeutung des Klemmbretts und der Pole, in Abb. 150b das genormte Schaltbild eines Nebenschluß-Generators wiedergegeben.

Die Erregerwicklung ist, wie aus Abb. 150 ersichtlich, parallel oder im Nebenschluß zum Netz bzw. zum Belastungsstromkreis angeschlossen.

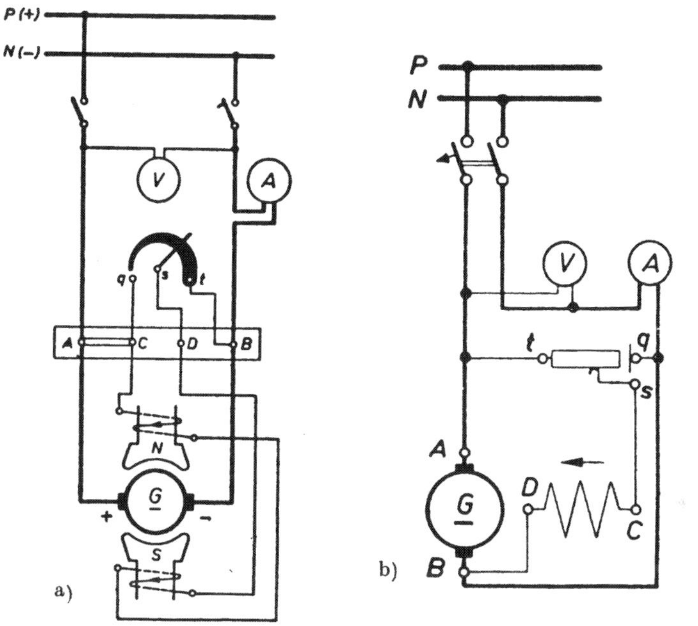


Abb. 150. Schaltung des Nebenschluß-Generators
a) grundsätzliche Anordnung b) genormtes Schaltbild

Wird die Maschine bei geöffnetem Schalter in Gang gesetzt, so genügt der remanente Magnetismus zur Erzeugung einer kleinen Spannung, wodurch zunächst nur ein schwacher Strom durch die Magnetwicklung fließt. Diese soll nun so angeschlossen sein, daß dadurch eine Verstärkung des remanenten Magnetfeldes und damit auch eine Spannungszunahme erfolgt.

Durch die Nebenschlußwicklung fließt nur ein kleiner Strom; sie ist daher aus dünnem Draht, jedoch mit großer Windungszahl ausgeführt. Das Einstellen der Generatorspannung auf einen bestimmten Wert erfolgt durch Regelung des Erregerstromes mittels regelbarem Widerstand, dem sog. Nebenschluß-Regler.

Belastet man den Nebenschluß-Generator bei unveränderter Stellung des Nebenschluß-Reglers, so wird mit zunehmendem Belastungsstrom die Klemmenspannung kleiner (s. Abb. 151). Dieses Verhalten ist auf den zunehmenden Spannungsverbrauch im Widerstand der Ankerwicklung (und zum Teil auch auf andere Einflüsse) zurückzuführen. Um bei Belastung wieder die anfängliche Spannung von 220 V zu erhalten, ist der Erregerstrom zu verstärken.

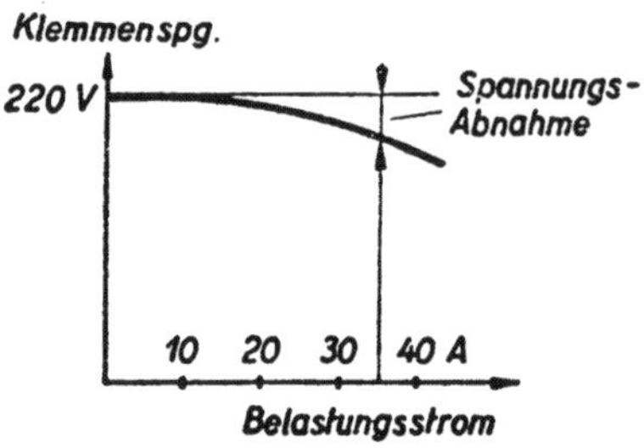


Abb. 151. Nebenschluß-Generator Verhalten der Klemmenspannung bei Belastung

Am gebräuchlichsten ist die Schaltung als Nebenschluß-Generator.

*Doppelschluß- oder Kompound-Generatoren*

Doppelschluß-Generatoren haben eine Nebenschlußwicklung und eine

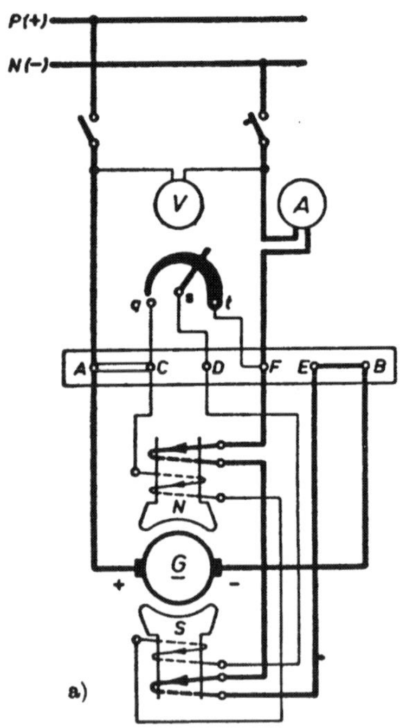


a)

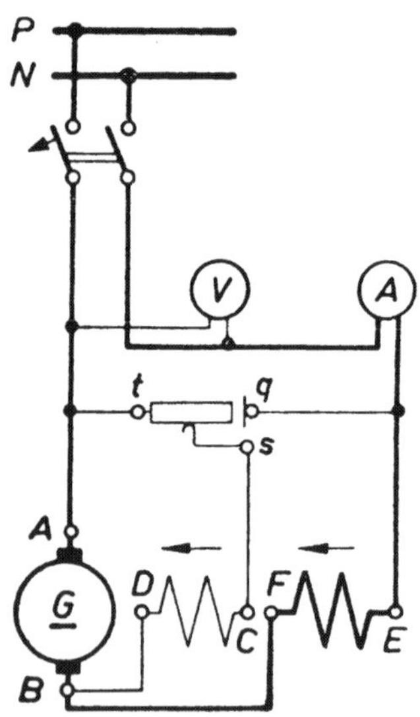


b)

Abb. 152. Schaltung des Doppelschluß-Generators
a) grundsätzliche Anordung b) genormtes Schaltbild

vom Belastungsstrom durchflossene Reihenschlußwicklung auf den Polen (s. Abb. 152). Meistens wird die Reihenschlußwicklung, wie nebenstehende Abbildung zeigt, so geschaltet, daß sie das Magnetfeld der Nebenschlußwicklung verstärkt. Je nach Windungszahl der Reihenschlußwicklung kann dadurch die Spannungsabnahme bei Belastung gerade aufgehoben werden (*Flachkompound*) oder es kann sogar mit zunehmendem Strom die Spannung über den Anfangswert ansteigen (*Überkompound*). Bei Überkompoundierung kann dadurch z. B. der Spannungsverlust in den Netzleitungen (s. S. 162) ausgeglichen werden. Wirkt die Reihenschlußwicklung der Nebenschlußerregung entgegen (*Gegenkompound*), so nimmt die Spannung bei Belastung noch mehr ab als bei der Nebenschlußmaschine (s. Abb. 153).

Ladegeneratoren für Batterien haben Gegenkompoundschaltung; während dem Laden wird dann bei zunehmender Batteriespannung (s. S. 68) der Ladestrom kleiner und dadurch steigt auch die Generatorspannung. Auch Schweißgeneratoren sind mit einer Gegenkompoundierung ausgeführt.

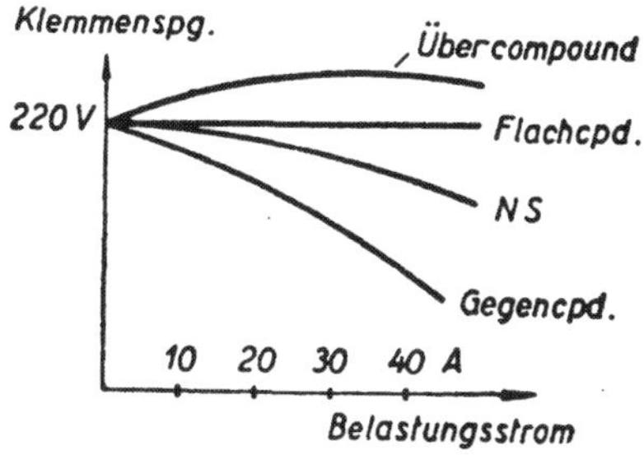

Abb. 153. Doppelschluß-Generator. Verhalten der Klemmenspannung bei Belastung

Gleichstrommaschinen als Generatoren werden heute nur noch selten und dann für ganz bestimmte Sonderfälle verwendet. Zur Versorgung von Gleichstromnetzen, zur Ladung von Sammlerbatterien, für Elektrolyse-Anlagen u. a. m. sind sie weitgehend von den verschiedenen Arten der Gleichrichter verdrängt worden.

## Gleichstrom-Motoren

### Allgemeines

Gleichstrom-Motoren sind grundsätzlich ebenso ausgeführt wie Generatoren. Bei Anschluß an ein Gleichstromnetz ergibt sich zwischen den stromdurchflossenen Leitern des Motorankers und dem Magnetfeld der Pole eine Kraftwirkung (s. S. 85), wodurch der Anker in Drehung versetzt wird. Die Ankerleiter schneiden dabei die Feldlinien der Pole und es wird daher in der Ankerwicklung eine Spannung induziert wie bei einem Generator. Diese Spannung, die proportional der Drehzahl zunimmt, wirkt jedoch entgegen der Netzspannung. Für die Stromaufnahme des Motors ist somit der Unterschied zwischen Netzspannung und Gegenspannung des Motors maßgebend. Im Lauf ist die Gegenspannung gerade um den Spannungsverbrauch im Ankerwiderstand kleiner als die Netzspannung.

## Schaltung und Betriebseigenschaften der Gleichstrom-Motoren

*Nebenschluß-Motor.* Schaltung nach Abb. 154. Wird der stillstehende Anker direkt an das Netz angeschlossen, so fließt wegen dem geringen Ankerwiderstand und da noch keine Gegenspannung wirksam ist, ein großer Strom, der die Wicklung gefährdet. In Reihe zum Anker liegt daher der stufenweise abschaltbare *Anlaßwiderstand.* Der Motor beginnt

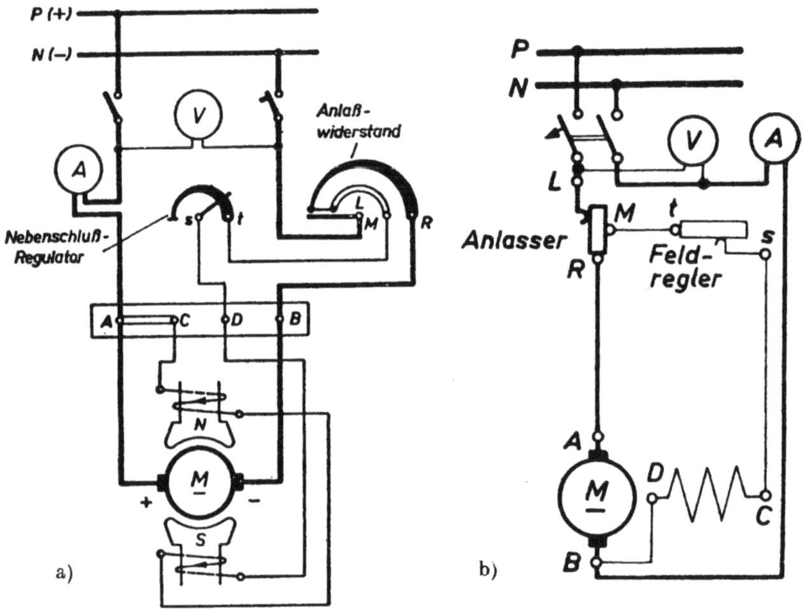


Abb. 154. Schaltung des Nebenschluß-Motors

a) grundsätzliche Anordnung b) genormtes Schaltbild

sich bereits auf der ersten Stufe zu drehen; mit zunehmender Drehzahl wächst seine Gegenspannung und der Anlaufstrom nimmt dadurch ab, so daß eine weitere Widerstandsstufe des Anlassers abgeschaltet werden kann usw. Bei abgeschaltetem Anlasser ist der Anker direkt am Netz und läuft mit der Nenndrehzahl. Die Stromaufnahme des Motors bestimmt sich durch die Motorbelastung. Die Erregerwicklung ist derart anzuschließen, daß beim Einstellen des Anlassers auf die erste Anlaßstufe der Erregerstromkreis an der vollen Netzspannung liegt. Es fließt so der volle Erregerstrom, das Magnetfeld hat seine volle Stärke und dadurch ist die Kraft auf die Ankerleiter bzw. das Anlaufmoment am größten.

Um obige Bedingung zu erzielen, erhält der Anlasser noch eine besondere Kontaktschiene M; diese ist mit der ersten Stufe des Anlaßwiderstandes verbunden. Wird beim Abschalten der Anlasser auf die Stellung „Aus“ zurückgedreht, so wird auch die Erregerwicklung vom Netz abgeschaltet. Die Wicklung selbst bleibt aber in sich geschlossen, so daß trotz der Abschaltung vom Netz die Selbstinduktionsspannung keinen gefährlichen Wert erreichen kann (s. S. 92). Der Nebenschluß-Regler ist so ausgeführt, daß eine Abschaltung der Erregerwicklung nicht möglich ist.

Bei einem Motor ist das Verhalten der Drehzahl bei zunehmender Belastung von Interesse. Es wird dies durch die *Drehzahlcharakteristik* dargestellt. Beim Nebenschluß-Motor nimmt die Drehzahl von Leerlauf auf Vollast nur wenig ab (Abb. 155).

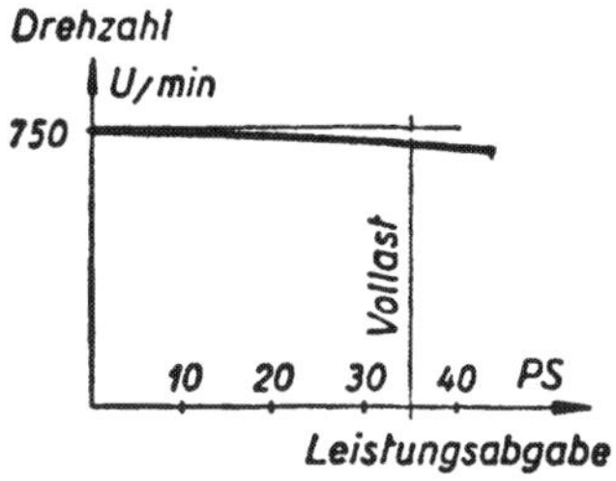

Abb. 155. Nebenschluß-Motor. Verhalten der Drehzahl bei Belastung

Wird im Lauf der Erregerstrom und damit das Magnetfeld geschwächt, so muß der Motor zur Entwicklung einer gleich großen Gegenspannung schneller laufen; eine Verstärkung des Erregerstromes hat hingegen eine Drehzahlabnahme zur Folge. In dieser Art, d. h. durch Veränderung des Erregerstromes mittels des Nebenschluß-Reglers kann beim Gleichstrom-Nebenschlußmotor die Drehzahl etwa um 50% über oder unter eine mittlere Drehzahl geregelt werden. Sofern keine Drehzahlregelung erforderlich ist, wird an Stelle des Nebenschlußreglers ein fest einstellbarer Widerstand verwendet.

*Umkehr der Motordrehrichtung.* Zur Umkehr der Drehrichtung ist entweder die Stromrichtung in der Anker- oder in der Erregerwicklung umzukehren (s. S. 86). In Gleichstromanlagen wird allgemein der Nebenschlußmotor verwendet.

*Reihenschluß-* oder *Hauptstrommotor.* Die Magnetwicklung ist in Reihe zum Anker geschaltet. Zum Anlauf ist aus den gleichen Gründen wie beim Nebenschlußmotor ein Anlasser erforderlich. Aus Abb. 156 ist auch die Schaltung der Hilfspole ersichtlich. Geht bei einem Reihenschlußmotor die Belastung z. B. auf die Hälfte zurück, so wird auch das Magnetfeld schwächer und der Motor läuft zur Entwicklung der gleichen Gegenspannung rascher. Das Umgekehrte ergibt sich bei einer Belastungs- bzw. Stromzunahme. Die *Drehzahl* ist also ganz wesentlich von der Belastung abhängig (Abb. 157). Diese Eigenschaft ist besonders günstig für Motoren zum Antrieb von Fahr- und Hebezeugen, indem bei großer Belastung (Steigung, große Lasten) die Drehzahl und somit auch die Geschwindigkeit von selbst abnimmt, bei geringer Belastung hingegen

(Ebene, kleine Lasten) wieder zunimmt. Der unbelastete Reihenschlußmotor „geht durch“, d. h. er erreicht das 4—6fache der Nenndrehzahl.

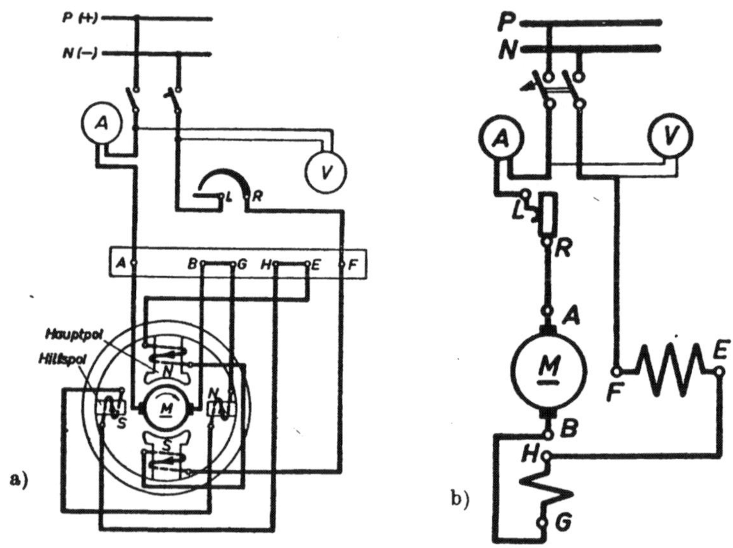


Abb. 156. Schaltung des Reihenschluß-Motors

Zur *Umkehr der Drehrichtung* ist entweder der Strom im Anker oder in der Reihenschlußwicklung umzukehren.

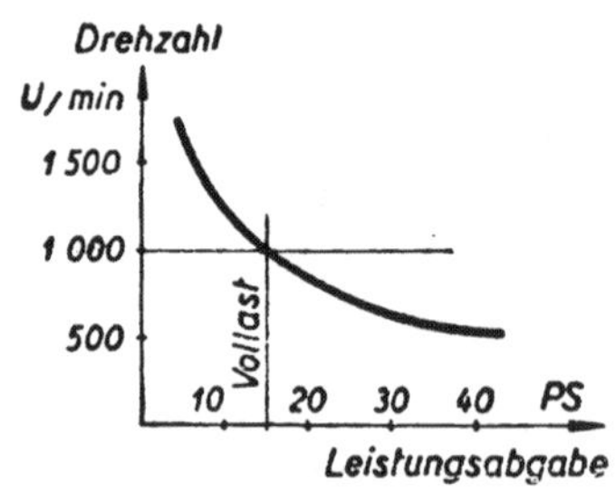


Abb. 157. Reihenschluß-Motor. Verhalten der Drehzahlbei Belastung

Bei elektrischen Fahrzeugen, z. B. bei der Straßenbahn, werden die Reihenschlußmotoren auch zur elektrischen Bremsung benützt. Dazu wird der Motor vom Netz abgeschaltet und an seine Klemmen, der Anlasser als Belastungswiderstand angeschlossen; der Motor wirkt dann als Generator.

Vertauscht man beim Reihenschlußmotor die Netzzuleitungen, so ändern Ankerstrom und Magnetfeld die Richtung und die Drehrichtung bleibt sich dann gleich (s. S. 86). Bei Anschluß an Wechselstrom, d. h. bei dauerndem Wechsel der Stromrichtung, läuft der Motor also stets im gleichen Sinn weiter. Sog. *Allstrom-* oder *Universalmotoren* (für Staubsauger, Bohr- und

Poliermaschinen usw.), die an Gleich- oder Einphasenwechselstrom anschließbar sind, werden daher als Reihenschlußmotor ausgeführt (s. auch S. 156).

Gleichstrommotoren sind durch Sicherungen oder selbsttätige Überstromschalter gegen Überstrom zu schützen.

Nach den „Regeln für die Bewertung und Prüfung elektrischer Maschinen", VDE 0530 müssen alle elektrischen Maschinen mit einem sog. Leistungsschild versehen sein, auf dem ihre Nennleistung, die Nennspannung, Nennstrom und Nenndrehzahl angegeben sein müssen, d. h. die Werte, bei denen die Maschine am günstigsten arbeitet, ohne die zulässigen Erwärmungsgrenzen zu überschreiten.

# Wechselstrom, Wechselstrom-Generatoren

## Einphasen-Wechselstrom

### Erzeugung von Einphasenstrom

Nachstehende Abbildung zeigt die grundsätzliche Anordnung bei einem Generator zur Erzeugung von Einphasen-Wechselstrom. Der Ständer besteht im wesentlichen aus dem im Gehäuse befestigten Ständerblechkörper mit den Spulen. Der Blechkörper ist aus Dynamoblech hergestellt. Im Ständer sind zwei Nuten mit einer Spule angenommen.

In der Ständerbohrung dreht sich ein 2poliges *Polrad* (*Läufer*). Der in der Magnetwicklung des Polrades fließende Gleichstrom wird über zwei Schleifringe zugeleitet. Die Erzeugung des Gleichstromes erfolgt in der Regel durch die auf der Generatorwelle angeordneten *Erregermaschine.* Es ist dies ein kleiner Gleichstrom-Nebenschluß-Generator, dessen Ankerklemmen mit den Läuferschleifringen verbunden sind.

In der Polrad-Stellung nach Abb. 158a werden die beiden Spulenseiten nicht von Feldlinien geschnitten; in der Spule wird somit keine Spannung induziert. In der Lage nach Abb. 158b, d. h. nach Drehung um 90° werden die Spulenseiten von Feldlinien geschnitten; in der Spule wird also Spannung induziert, die einen Strom von der eingezeichneten Richtung zur Folge hat (s. S. 87). In der Lage nach Abb. 158c, d. h. nach Drehung um 180°, wird keine Spannung induziert. In der Lage nach Abb. 158d, d. h. Drehung um 270°, ergibt sich wieder Induktionswirkung. Verglichen mit der Stellung von Abb. 158b sind jedoch die Pole gegenüber den Spulenseiten vertauscht; die induzierte Spannung bzw. der Strom hat also umgekehrte Richtung. Nach Drehung um 360° befindet sich das Polrad wieder in der Anfangsstellung und die induzierte

Spannung ist also Null. Der Strom in der angeschlossenen Lampe wechselt somit Richtung und Stärke; es ist ein Wechselstrom, dessen Verlauf aus Abb. 159 ersichtlich. Durch entsprechende Polform erreicht

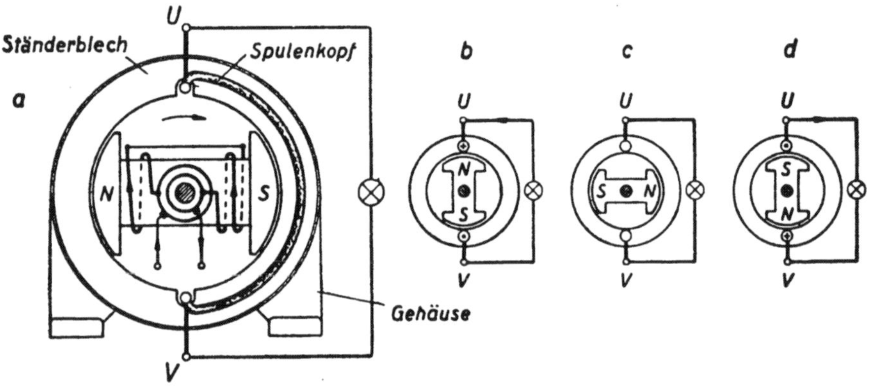


Abb. 158. Erzeugung von Einphasen-Wechselstrom

man, daß die induzierte Spannung und somit auch der Wechselstrom allmählich zu und abnimmt (Sinuslinie).

Bei weiterer Drehung des Polrades wiederholt sich der gleiche Verlauf von Spannung und Strom; diese ändern sich periodisch.

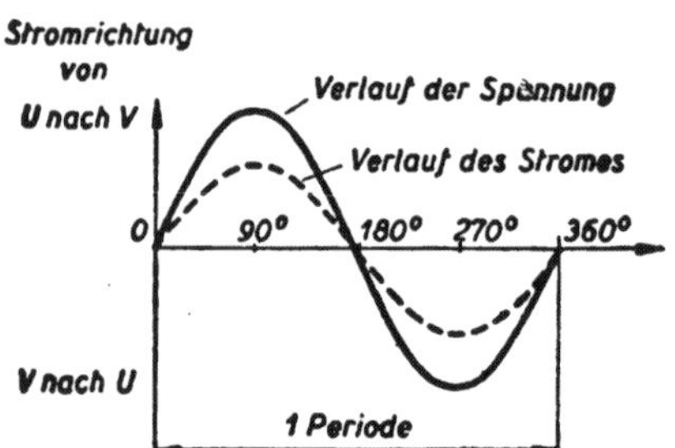


Abb. 159. Strom und Spannung des Wechselstrom-Generators

### Frequenz, Polzahl, Drehzahl

Außer Strom und Spannung ist für einen Wechselstrom noch seine Frequenz $f$ kennzeichnend:

*Frequenz = Periodenzahl je Sekunde.*

**Einheit der Frequenz = 1 Periode je Sekunde = 1 Hertz . . . 1 Hz.**

In der Hochfrequenztechnik gebräuchliche Einheit

**1000 Hz = 1 Kilohertz . . . 1 kHz.**

Wechselstromanlagen für Licht und Kraft haben meistens eine Frequenz von 50 Hz; die elektrischen Bahnanlagen der Bayerischen Vollbahnen haben $16^2/_3$ Hz.

Abb. 160 zeigt die Anordnung bei einem 4poligen Einphasen-Generator. Bewegen sich die Pole $N_1$ und $S_1$ um $1/2$ Umdrehung, so ist dies in bezug auf die Spule 1 gleich, wie eine ganze Umdrehung beim 2poligen Generator. Bei einer halben Umdrehung wird somit in Spule 1 eine Wechselspannung vom Verlauf einer Periode induziert. Gleichzeitig erzeugen die Pole $N_2$ und $S_2$ in der Spule 2 auch eine Wechselspannung. Bei einer weiteren halben Umdrehung des Polrades wird in beiden Spulen nochmals eine Wechselspannung vom Verlauf einer Periode induziert.

**Regel:**

Der 2polige Generator ergibt je Umdrehung 1 Periode
Der 4polige Generator ergibt je Umdrehung 2 Perioden
Der 6polige Generator ergibt je Umdrehung 3 Perioden.

*Eine Umdrehung des Polrades ergibt stets halb soviel Perioden als der Generator Pole hat.*

Die Polzahl bezeichnet man allgemein mit $2p$. Da zwei Pole ein Polpaar bilden, ist die Zahl der Polpaare gleich $p$.

Die Frequenz des erzeugten Wechselstromes berechnet sich somit wie folgt:

$$f = \frac{\text{Polpaarzahl} \cdot \text{Umdrehungen je Minute}}{60}$$

$$f = \frac{p \cdot n}{60}$$

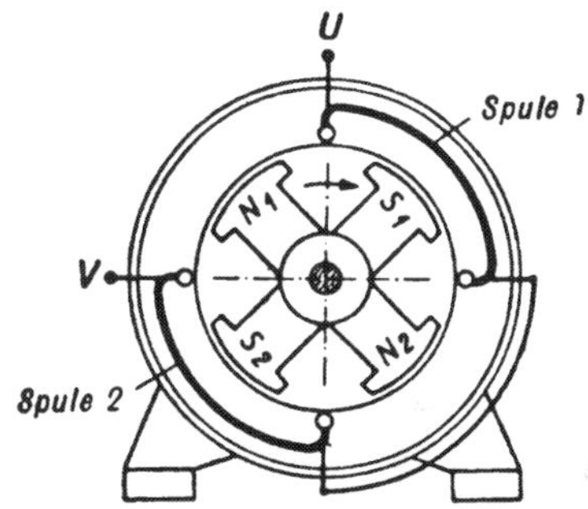


Abb. 160. Einphasen-Generator, 4polig

Für eine bestimmte Frequenz entspricht somit jeder Polzahl eine bestimmte Drehzahl der Antriebsmaschine (Turbine, Dieselmotor usw.). Für die in den meisten Netzen gebräuchliche Frequenz von $f = 50$ Hz ergeben sich z. B. folgende Pol- und Umdrehungszahlen:

| Polzahl . . . $2p =$ | 2 | 4 | 6 | 8 | 10 | 12 |
|---|---|---|---|---|---|---|
| U/min . . . $n =$ | 3000 | 1500 | 1000 | 750 | 600 | 500 |

Wechselstrom-Generatoren gleicher Polzahl und Frequenz haben alle die gleiche Drehzahl. Bei Parallelschaltung der Generatoren sind sie gleichlaufend oder synchron. Wechselstrom-Generatoren obiger Ausführung werden daher auch als *Synchron-Generatoren* bezeichnet.

## Stromstärke und Spannung bei Wechselstrom. Effektivwert

An ein Wechselstromnetz werde z. B. ein Heizkörper von 22 $\Omega$ angeschlossen. Infolge der veränderlichen Spannung fließt darin auch ein Strom von veränderlichem Wert (Abb. 161).

Beim sog. Höchstwert der Spannung (310 V) ergibt sich der Höchstwert des Stromes, nämlich 310 V : 22 $\Omega$ = 14,1 A. Die dauernde oder effektive Wirkung des Stromes entspricht jedoch nicht 14,1 A, sondern einem mittleren bzw. kleineren Wert. Dieser sog. *Effektivwert* ist 1,41mal kleiner als der Höchstwert. In obigem Beispiel ist somit der Effektivwert des Stromes 14,1 : 1,41 = 10 A, d. h. der in Abb. 161 dargestellte Wechselstrom hat z. B. die gleiche Wärmewirkung wie ein konstanter Gleichstrom von 10 A. Der Effektivwert der Spannung beträgt 310 : 1,41 = 220 V.

Von Wechselstrom und Wechselspannung wird stets der Effektivwert angegeben, ohne daß dies besonders erwähnt wird. *Spannungs- und Strommesser zeigen stets den Effektivwert an.*

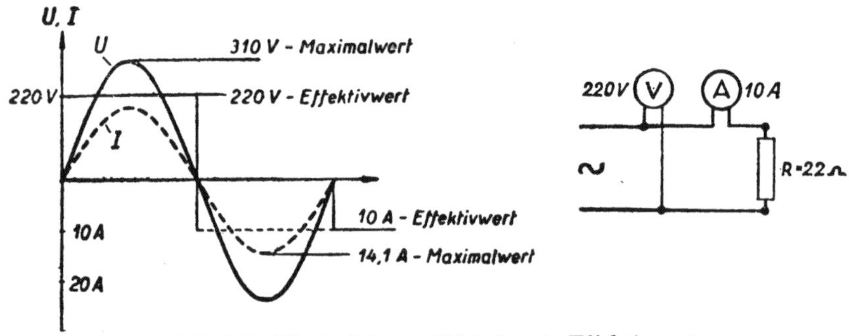


Abb. 161. Wechselstrom, Höchstwert, Effektivwert

Für die Beanspruchung der Isolation einer Anlage, Leitung, Maschine usw. ist der Höchstwert der Spannung maßgebend.

## Strom- und Leistungsberechnung bei Einphasen-Wechselstrom. Phasenverschiebung

Eine Spule mit Eisenkern (Abb. 162a) wird an Gleichstrom angeschlossen. Beträgt der Spulenwiderstand z. B. 20 $\Omega$, die Spannung 220 V, so fließt, nach dem Ohmschen Gesetz, ein Strom I = 220 : 20 = 11 A.

Wird die gleiche Spule mit Eisenkern an das Wechselstromnetz von 220 V angeschlossen, so fließt ein bedeutend kleinerer Strom (Abb. 162b). Es rührt dies davon her, daß das Wechselstrom-Magnetfeld infolge seiner Veränderlichkeit in der Spule eine Selbstinduktionsspannung erzeugt. Diese ist im wesentlichen gegen die Netzspannung gerichtet, so daß für den sich ergebenden Strom nur der Unterschied zwischen Netz- und Selbstinduktionsspannung in Betracht kommt.

Infolge des Eisenkerns entsteht ein starkes Magnetfeld und somit auch eine starke Wirkung der Selbstinduktion. Ein solcher Stromkreis ist *induktiv.*

Wird die gleiche Spule, jedoch ohne Eisenkern, an Wechselstrom von 220 V angeschlossen, dann ist das Magnetfeld im allgemeinen so schwach,

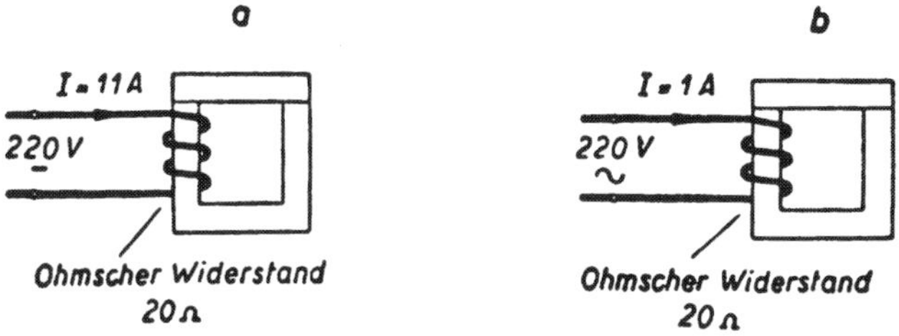


Abb. 162. Spule an Gleich- und Wechselstrom

daß seine induktive Wirkung praktisch keinen Einfluß hat. Es fließt daher, wie bei Gleichstrom, ein Strom von 11 A. Der Stromkreis ist praktisch *induktionsfrei.*

**Induktionsfreie Stromkreise**

Diese enthalten keine in Nuten oder um Eisenkerne gewickelte Leiter. Induktionsfrei sind also z. B. *Lampen, Heizkörper* usw.

Für die Strom- und Leistungsberechnung gilt wie bei Gleichstrom:

$$\boxed{I = \frac{U}{R}} \qquad \boxed{N = U \cdot I}$$

Verfolgt man z. B. bei Anschluß eines induktionsfreien Widerstandes, sein Schaltzeichen ist im Schaltbild der Abb. 163 angegeben, den Verlauf von Spannung und Strom, so zeigt sich, daß der Strom gleichzeitig mit der Spannung sich ändert. Er ist im gleichen Augenblick Null und hat gleichzeitig den Höchstwert, wie dies aus Abb. 161 ersichtlich. Man sagt:

*Der Strom ist in Phase mit der Spannung.*

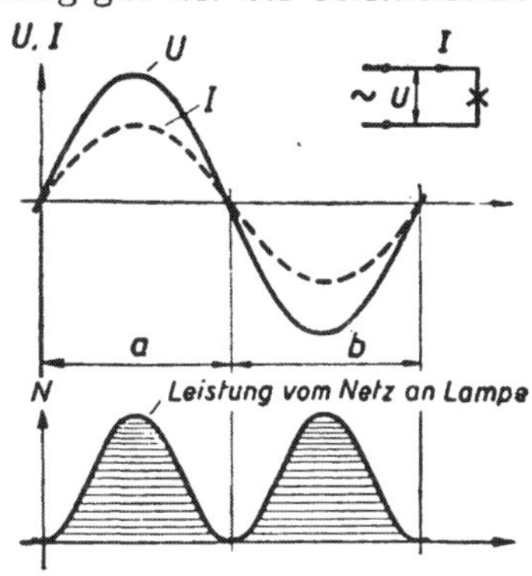


Abb. 163. Induktionsfreier Stromkreis, Strom in Phase mit Spannung

Die in Abb. 163 gezeichnete Leistungskurve ergibt sich aus dem jeweiligen Produkt aus Strom und Spannung. Bei Spannungsumkehr ändert auch die Stromrichtung (Abschnitt b), so daß auch dann das Netz Leistung an die Lampe abgibt.

*Beispiel:* Welche Strom- und Leistungsaufnahme hat ein Heizkörperwiderstand von 107 $\Omega$ (Bügeleisen), bei Anschluß an 220 V-Wechselstromnetz?

Lösung: $I = \frac{U}{R} = \frac{220}{107} = 2{,}05\ \text{A} \qquad N = U \cdot I = 2{,}05 \cdot 220 = 450\ \text{W}.$

**Induktive Stromkreise**

Diese enthalten in Nuten oder um Eisenkerne gewickelte Leiter. Induktiv wirken also z. B. Wechselstrommotoren, Drosselspulen, Umspanner usw.

Aus den Erklärungen zu Abb. 162 ergibt sich, daß bei Anschluß an Wechselstrom im induktiven Stromkreis (Abb. 162b) ein wesentlich kleinerer Strom fließt, als im induktionsfreien Stromkreis. Wird bei der Anordnung nach Abb. 162b der Eisenkern entfernt, so ist das Magnetfeld und dementsprechend auch die Selbstinduktion schwächer und es fließt ein größerer Strom. Es ergibt sich daraus:

*Im induktiven Wechselstromkreis ist also I wesentlich von den magnetischen Verhältnissen abhängig. Die Berechnung des Stromes kann somit nicht mehr nach dem Ohmschen Gesetz in der Form*

$$I = U : R$$ *erfolgen.*

Da die Selbstinduktion der sie verursachenden Stromänderung entgegenwirkt, hat sie im weiteren zur Folge, daß sich der Strom nicht mehr gleichzeitig mit der Spannung ändert. Wie aus Abb. 164 ersichtlich, erreicht der Strom den Null- und Höchstwert erst etwas später als die Spannung. Diesen Vorgang bezeichnet man als *Phasenverschiebung*. Man sagt:

*Der Strom I ist um den Winkel φ* (sprich: fi) *gegenüber der Spannung U nacheilend oder phasenverschoben.*

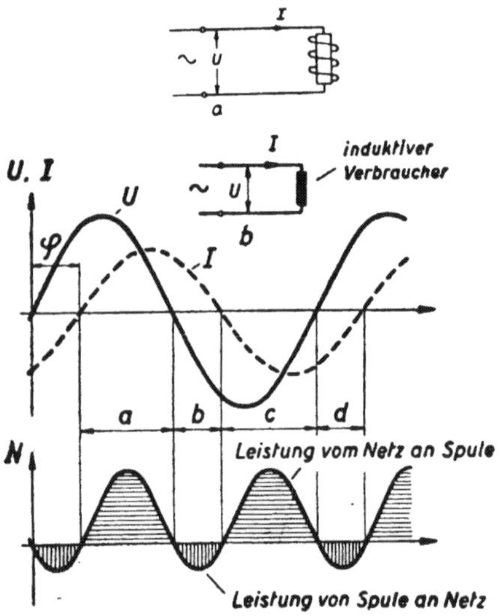


Abb. 164. Induktiver Stromkreis, Strom phasenverschoben gegenüber Spannung
a) grundsätzliche Anordnung einer Spule mit Eisenkern
b) genormtes Schaltzeichen einer Spule mit Eisenkern

In Abb. 164 ist ein induktiver Widerstand, eine Spule, an die Wechselspannung $U$ gelegt. Das Schaltzeichen für solche induktiven Widerstände ist aus dem Schaltbild ersichtlich. Sie werden als *induktive Blindwiderstände* $X_L$ bezeichnet.

Die Phasenverschiebung $\varphi$ wird in Winkelgrad angegeben (eine Periode entspricht $360^0$, s. S. 110).

Bildet man für jeden Augenblick das Produkt aus Strom und Spannung, so erhält man die Leistungskurve.

In den Abschnitten a und c haben Strom und Spannung gleiche Richtung, d. h. das Netz gibt Leistung an den induktiven Stromkreis ab. In den Abschnitten b und d fließt der Strom entgegen der Netzspannung; dies rührt davon her, daß in diesen Abschnitten die Selbstinduktionsspannung größer ist als die Netzspannung und daher entgegen letzterer Strom in das Netz drückt. Während der Abschnitte b und d gibt also der induktive Stromkreis Leistung an das Netz ab und die Leistungskurve ist deshalb nach unten abgetragen.

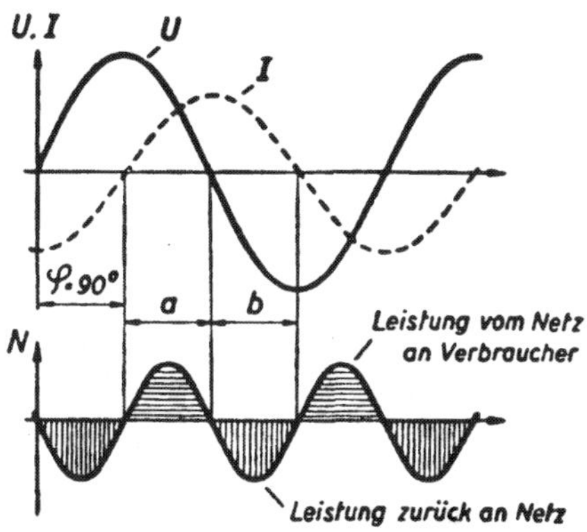


Abb. 165. Induktiver Stromkreis. Phasenverschiebung $\varphi = 90°$

Daraus ist zu schließen, daß die gesamte Leistungsabgabe vom Netz an den induktiven Stromkreis kleiner ist als der Wert, der sich aus der Beziehung $N = U \cdot I$ ergibt.

Das Produkt $U \cdot I$ ist also noch mit einer Zahl zu multiplizieren, die kleiner als 1 ist. Diese Zahl bezeichnet man als den *Leistungsfaktor*. Es wird also

$$N = U \cdot I \cdot \textit{Leistungsfaktor}.$$

Der Leistungsfaktor ist vom Phasenverschiebungswinkel $\varphi$ abhängig. Für eine Phasenverschiebung $\varphi = 90^0$ (Abb. 165) wird der Leistungsfaktor gleich Null.

In diesem Fall ist, wie aus der Leistungskurve Abb. 165 ersichtlich, die vom Netz im Abschnitt a abgegebene Leistung gleich der im Abschnitt b von der Spule an das Netz zurückgegebenen Leistung. Die gesamte Leistungsabgabe vom Netz an den Verbraucher wird also gleich Null.

Die Abhängigkeit des Leistungsfaktors vom Winkel $\varphi$ ist durch folgende Beziehung gegeben:

$$\textit{Leistungsfaktor} = \textit{cosinus vom Winkel}\ \varphi = \cos\varphi.$$

Es ergibt sich also für die Leistungsberechnung bei Einphasen-Wechselstrom und bei induktivem Verbraucher:

$$\boxed{N = I \cdot U \cdot \cos \varphi}$$

Es folgt daraus, daß bei Wechselstrom die Leistung nicht allein durch Messung von $I$ und $U$, d. h. mit Strom- und Spannungsmesser bestimmt werden kann, weil so der $\cos \varphi$ nicht berücksichtigt wird. Bei Wechselstrom hat die Leistungsmessung stets mit einem Leistungsmesser zu erfolgen; dieses mißt das Produkt $I \cdot U \cdot \cos \varphi$.

**cos φ, sin φ**

Unter dem $\cos \varphi$ (sprich: cosinus fi) und $\sin \varphi$ (sprich: sinus fi) versteht man nachstehende Seitenverhältnisse im rechtwinkligen Dreieck (Abb. 166)

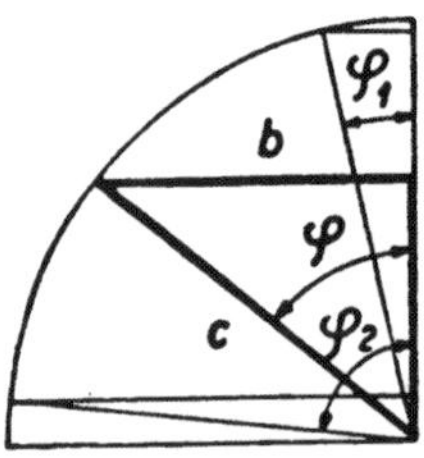

Abb. 166. cos φ, sin φ

$$\cos \varphi = \frac{\text{Kathete a}}{\text{Hypotenuse c}} \qquad \sin \varphi = \frac{\text{Kathete b}}{\text{Hypotenuse c}}$$

Wird der Winkel $\varphi$ kleiner ($\varphi_1$), so wird schließlich für $\varphi = 0^0$ die Kathete a gleich der Hypotenuse c; d. h. es ist $\cos 0^0 = 1$. Wenn keine Phasenverschiebung vorhanden ($\varphi = 0^0$), d. h. induktionsfreie Belastung, wird also $N = I \cdot U \cdot 1 = I \cdot U$.

Wird $\varphi$ größer ($\varphi_2$) und erreicht schließlich $90^0$, so ist die Kathete a gleich null geworden und somit ist $\cos 90^0 = 0$. Bei einer Phasenverschiebung von $\varphi = 90^0$ (Abb. 165) wird also die Leistung

$$N = I \cdot U \cdot \text{null} = 0.$$

Aus nachstehender Tabelle ist zu verschiedenen Werten von $\cos \varphi$ der zugehörige Winkel $\varphi$ und $\sin \varphi$ zu entnehmen.

| cos ω | 1,0 | 0,9 | 0,8 | 0,7 | 0,6 | 0,5 | 0,4 | 0,3 | 0,2 | 0,1 | 0,0 |
|---|---|---|---|---|---|---|---|---|---|---|---|
| ω | 0° | 25° | 36° | 45° | 53° | 60° | 66° | 72° | 78° | 84° | 90° |
| sin φ | 0 | 0,42 | 0,60 | 0,70 | 0,79 | 0,86 | 0,91 | 0,95 | 0,97 | 0,99 | 1,0 |

**Graphische Darstellung von Wechselströmen und Spannungen**

Wechselströme und Spannungen können zeichnerisch durch Strecken dargestellt werden, ähnlich wie dies bei der Zusammensetzung oder Zerlegung von Kräften üblich ist.

*Kräftezerlegung:* In Abb. 167 ist eine Feder dargestellt, deren eines Ende fest, das andere in einer Führung beweglich ist. Die Kraft $P$ ist gegenüber der Richtung der Federspannung um den Winkel $\varphi$ verschoben.

Von der Kraft $P$ ist somit in Richtung der Federspannung nur die Komponente $P_W$ wirksam (*Wirkkraft*). Die Komponente $P_B$ trägt zum Spannen der Feder nicht bei (*Blindkraft*).

*Strom und Spannung:* Abb. 168 entspricht der graphischen Darstellung von Strom und Spannung. Der Strom $I$, dargestellt durch die Strecke A—B, wirkt nicht mit der Spannung $U$, dargestellt durch die Strecke A—C, zusammen, sondern ist um den Winkel $\varphi$ verschoben.

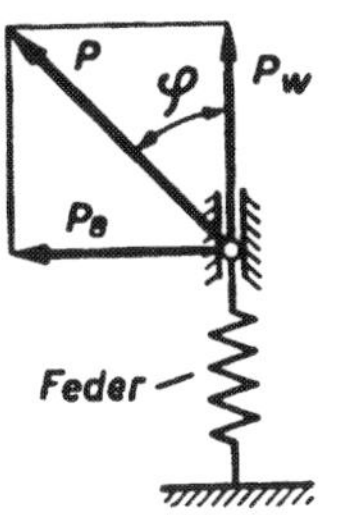


Abb. 167.
Darstellung von Kräften

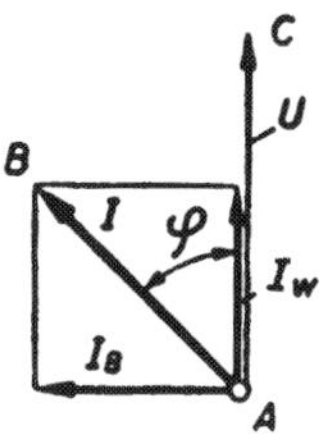


Abb 168. Darstellung von Strom und Spannung, Wirkstrom, Blindstrom

Vom Strom $I$ ist in Richtung der Spannung $U$ nur die Komponente $I_W$ wirksam. $I_W$ wird daher als *Wirkstrom* bezeichnet. Die Komponente $I_B$ trägt zur Leistungsabgabe nicht bei und wird deshalb als *Blindstrom* bezeichnet.

Wirkstrom: $I_W = I \cdot \cos\varphi$ Blindstrom: $I_B = I \cdot \sin\varphi$.

**Scheinleistung, Wirkleistung, Blindleistung**

*Scheinleistung.* Mißt man im induktiven Wechselstromkreis $I$ und $U$, so scheint es, als ob dies einer Leistung von $I \cdot U$ entsprechen würde. Man bezeichnet daher dieses Produkt als die Scheinleistung. Die Scheinleistung $N_{Sch} = U \cdot I$ wird in Voltampere (VA) oder Kilovoltampere (kVA) angegeben.

*Wirkleistung.* Die wirkliche Leistung oder Wirkleistung ist jedoch $I \cdot U \cdot \cos\varphi$. Die Wirkleistung $N = U \cdot I \cdot \cos\varphi$ wird in Watt oder Kilowatt angegeben.

*Blindleistung.* Das Produkt aus Spannung mal Blindstrom ($N_B = U \cdot I_B = U \cdot I \cdot \sin\varphi$) ergibt die sog. Blindleistung. Die Blindleistung $N_B$ wird in Blindwatt (BW) oder Blindkilowatt (BkW) angegeben. Als neue Einheit ist vorgeschlagen, aber in Deutschland noch sehr wenig eingeführt:

An Stelle von Blindwatt . . . Var
An Stelle von Blindkilowatt . Kilovar (kVar).

Zusammenfassend ergibt sich, daß bei Wechselstrom zu unterscheiden ist zwischen:

**Scheinleistung** $N_{Sch} = I \cdot U$ angegeben in **VA** oder **kVA**
**Wirkleistung** $N = I \cdot U \cdot \cos\varphi$ angegeben in **W** oder **kW**
**Blindleistung** $N_B = I \cdot U \cdot \sin\varphi$ angegeben in **BW** oder **BkW** (**Var** oder **kVar**).

*1. Beispiel:* Ein Einphasenmotor für 220 V hat bei Vollast eine Stromaufnahme von 5 A und einen $\cos\varphi = 0{,}8$. Gesucht Schein-, Wirk- und Blindleistungsaufnahme des Motors.

Lösung: Scheinleistung $N_{Sch} = 220 \cdot 5 = 1100$ VA oder 1,1 kVA
Wirkleistung $N = 220 \cdot 5 \cdot 0{,}8 = 880$ Watt oder 0,88 kW
Blindleistung: $N_B = 220 \cdot 5 \cdot 0{,}58 = 640$ BW oder 0,64 BkW.

Der zu $\cos\varphi = 0{,}8$ gehörende Wert von $\sin\varphi$ beträgt 0,6.

*2. Beispiel:* Ein Einphasenmotor für 2 PS und 220 V hat $\eta = 0{,}8$ und $\cos\varphi = 0{,}7$. Gesucht die Leistungs- und Stromaufnahme des Motors.

Lösung: Leistungsaufnahme $N_1 = \frac{N_2}{\eta} = \frac{1472}{0{,}8} = 1840$ W oder 1,84 kW

Scheinleistungsaufnahme $N_{Sch} = \frac{N_1}{\cos\varphi} = \frac{1840}{0{,}7} = 2620$ VA oder 2,62 kVA

Stromaufnahme $I = \frac{N_{Sch}}{U} = \frac{2620}{220} = 11{,}9$ A.

Die Belastbarkeit von Maschinen ist, mit Rücksicht auf die Erwärmung, durch den zulässigen Wert von Spannung und Strom bestimmt. *Von Umspannern und Wechselstrom-Generatoren gibt man daher als Maß für die Belastbarkeit ihre Scheinleistung in* kVA *an.* Die jeweilige Abgabe bzw. Belastung in kW ist abhängig von $\cos\varphi$ bzw. von der Art der Belastung.

*3. Beispiel:* Ein Einphasenumspanner ist für eine Abgabe von 50 kVA und 220 V bemessen. Gesucht seine Leistungsabgabe in kW sowie der Belastungsstrom wenn:

a) Belastung induktiv, $\cos\varphi = 0{,}7$
b) Belastung induktionsfrei, $\cos\varphi = 1{,}0$.

Lösung:

a) Leistungsabgabe bei $\cos\varphi = 0{,}7$ : $N = N_{Sch} \cdot \cos\varphi = 50 \cdot 0{,}7 = 35$ kW

Belastungsstrom bei $\cos\varphi = 0{,}7$ : $I = \frac{N_{Sch}}{U} = \frac{50000}{220} = 227$ A

b) Leistungsabgabe bei $\cos\varphi = 1{,}0$ : $N = 50 \cdot 1{,}0 = 50$ kW

Belastungsstrom bei $\cos\varphi = 1{,}0$ : $I = \frac{50000}{220} = 227$ A.

Hinsichtlich Strom und Spannung ist obiger Umspanner in beiden Fällen voll belastet. Bei $\cos\varphi = 0{,}7$ kann er aber nur 35 kW, bei $\cos\varphi = 1$ hingegen 50 kW abgeben. Sollten bei $\cos\varphi = 0{,}7$ auch 50 kW abgegeben werden können, so müßte der Umspanner für $0{,}7 = 71{,}5$ kVA bemessen sein, wobei $I = 71500 : 220 = 325$ A.

Verglichen mit der Leistungsübertragung von 50 kW bei $\cos\varphi = 1{,}0$ ergibt sich also bei $\cos\varphi = 0{,}7$ mehr Leitungsquerschnitt und ein größerer Umspanner, was für das Werk nachteilig ist. Von den meisten Werken wird daher für Großabnehmer der Leistungsfaktor bei der Tarifgestaltung mit berücksichtigt. In Deutschland sind eine Reihe verschiedener $\cos\varphi$-Tarife gebräuchlich. Es ist dazu nötig, daß außer dem Wirkverbrauch, gemessen in kWh, entweder der Blindverbrauch, gemessen in BkWh oder der Scheinverbrauch, in kVAh durch besondere Zähler festgestellt wird.

Vielfach wird daher in solchen Fällen der Abnehmer z. B. mit sog. statischen Kondensatoren den Leistungsfaktor auf 0,7 bis 0,9 verbessern. Aus obigem ergibt sich als Folgerung:

*Verbraucher mit kleinem $\cos\varphi$ sind für Werk und Abnehmer nachteilig.*

## Kondensatoren

Ein Kondensator einfachster Form besteht z. B. aus zwei Metallplatten, die einander in geringem Abstand gegenüberstehen und voneinander durch das sog. Dielektrikum isoliert sind (Abb. 169).

Bei Anschluß an *Gleichstrom* fließt ganz kurzzeitig ein Ladestrom; hierauf wirkt der Kondensator für den Gleichstrom als Isolator. Nach

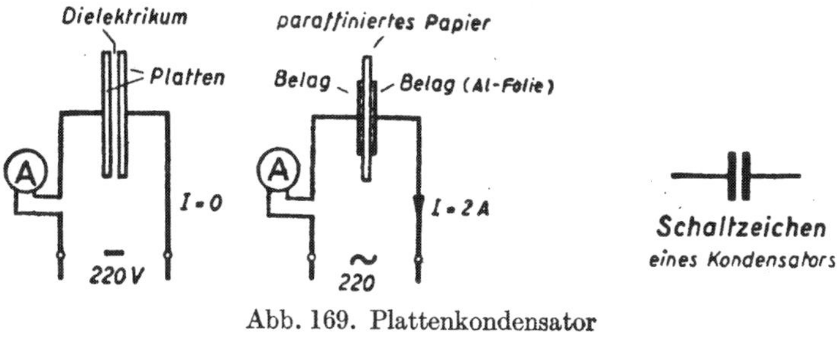


Abb. 169. Plattenkondensator

Abschalten vom Netz bleibt der Kondensator geladen zurück. Berührt man mit einem Draht die beiden Platten bzw. Klemmen, so entsteht an der Berührungsstelle ein Entladefunken; es fließt kurzzeitig ein Entladestrom, worauf der Kondensator entladen ist. Schließt man den Kondensator an Wechselstrom an, so wird er abwechslungsweise geladen und entladen und es fließt daher dauernd ein Wechselstrom.

Folgerung:

*Der Kondensator läßt Wechselstrom hindurch, sperrt aber Gleichstrom.*

Je höher die Frequenz des Wechselstromes, um so kleiner ist der Widerstand, den der Kondensator dem Wechselstrom bietet.

Das Aufnahmevermögen an Ladung wird durch die *Kapazität C* des Kondensators zum Ausdruck gebracht.

**Einheit der Kapazität = 1 Farad . . . . . . . . . . . . . . . . . 1 F**

**1 Mikrofarad = 1 millionstel Farad . . . 1 $\mu$ F**

Zur Erzielung großer Kapazität bei kleinem Raumbedarf verwendet man Aluminium-Folie und als Dielektrikum paraffiniertes Papier; gefalzt oder gerollt wird das Ganze z. B. in einen Blechbecher eingebaut (Abb. 170).

Der bei Anschluß an Wechselstrom fließende Strom ist um 90° gegenüber der Spannung voreilend. Von diesem Umstand wird Gebrauch gemacht, um die durch induktive Verbraucher verursachte Nacheilung des Stromes aufzuheben bzw. zu kompensieren. Dadurch kann z. B. in der Zuleitung zu einem Wechselstrommotor der Leistungsfaktor bzw. cos $\varphi$ verbessert, d. h. z. B. von 0,6 auf 0,90 gebracht werden (sog. Phasenkompensation oder cos $\varphi$-Verbesserung, s. S. 149). Kondensatoren in Anlagen, z. B. zur cos-$\varphi$-Verbesserung, sind stets so anzuschließen, daß nach dem Abschalten eine Entladung möglich ist. In der Schaltung nach Abb. 217, S. 150, entladet sich der Kondensator auf die Motorwicklung. Ist der Kondensator besonders abschaltbar, so ist an seine Klemmen ein besonderer Entladewiderstand anzuschließen.

Abb. 170. Becherkondensator

Kondensatoren finden ferner in der Fernmelde- und Hochfrequenztechnik viel Anwendung.

## Dreiphasen-Wechselstrom oder Drehstrom

### Erzeugung von Drehstrom

Der Aufbau eines Drehstrom-Generators (Abb. 171) ist ähnlich der Ausführung eines Einphasen-Generators (Abb. 158, S. 110).

*Läufer.* Der Magnetwicklung des Läufers wird der Gleichstrom, erzeugt durch die *Erregermaschine,* über 2 Schleifringe zugeführt.

*Ständer.* Im Ständer sind 3 Phasenwicklungen angeordnet; deren Anfänge sind gegenseitig um $^2/_3$ von der Polteilung, d. h. beim 2poligen Generator um $1/3$ des Umfangs versetzt (Abb. 171). Bei Rotation des Polrades entsteht in jeder Wicklung, wie beim Einphasen-Generator, eine Wechselspannung. Eine Umdrehung des Läufers ergibt also für die Wicklung U—X eine Periode. In der gezeichneten Lage des Polrades wird in Spule U—X gerade der Höchstwert der Spannung induziert; für die Spule V—X ergibt sich der Höchstwert jedoch erst nach $\frac{1}{3}$ Umdrehung des Polrades, d. h. verglichen mit dem Spannungsverlauf in Spule U—X um $\frac{1}{3}$ Periode später. Für die Spule W—Z ergibt

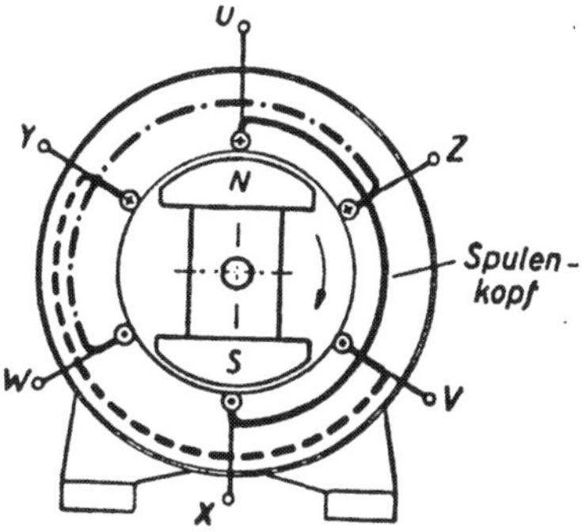


Abb. 171. Dreiphasen- oder Drehstrom-Generator

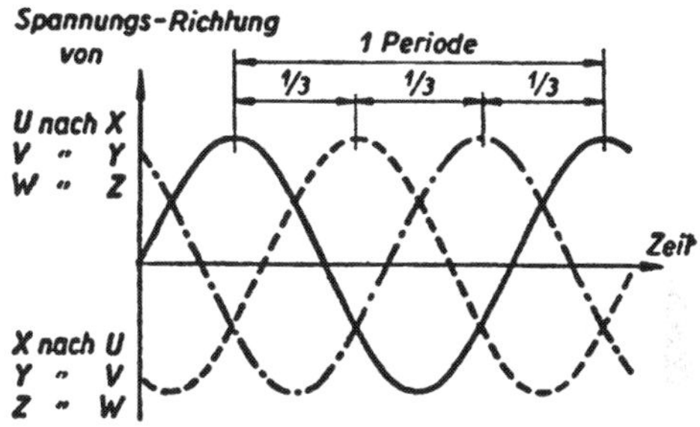


Abb. 172. Dreiphasen-Generator. Gegenseitiger Verlauf der 3 Spannungen

sich somit der Höchstwert gegenüber der Wicklung V—Y nochmals $\frac{1}{3}$ Periode später.

Dieser gegenseitige Verlauf der in jeder Wicklung induzierten Wechselspannung ist aus Abb. 172 ersichtlich. Die Spannungen der 3 Wicklungen oder Stränge sind gleich groß und haben gleiche Frequenz; sie sind, entsprechend $\frac{1}{3}$ Periode, um je $120^0$ gegeneinander verschoben.

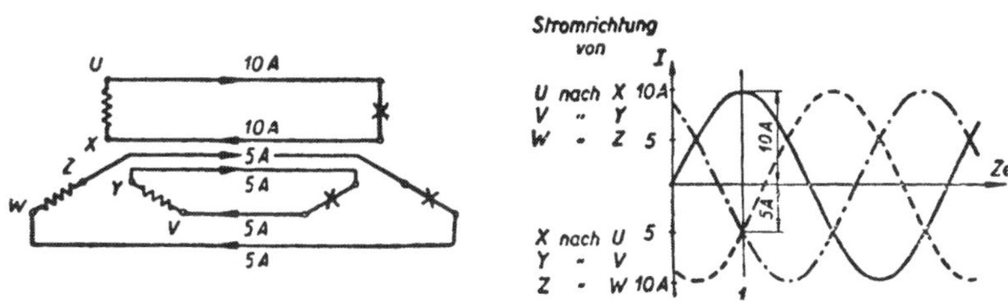


a) b)

Abb. 173. Einzelner Anschluß der 3 Phasen. Gegenseitiger Verlauf der 3 Wechselströme

Die Anwendung dieser 3 Einphasen-Wechselspannungen kann z. B. derart erfolgen, daß jede Phase für sich an Lampen angeschlossen wird (Abb. 173a). Hat jede Lampe den gleichen Anschlußwert, so fließt in den 3 Phasen ein Wechselstrom gleicher Stärke. Die 3 Ströme sind jedoch entsprechend den 3 Phasenspannungen ebenfalls um $\frac{1}{3}$ Periode gegenseitig verschoben.

In Abb. 173b ist z. B. für den Zeitpunkt 1 Größe und Richtung der 3 Ströme eingetragen.

Denkt man sich die 3 Rückleitungen zu X, Y, Z zusammengefaßt, so fließen darin 10 A in der einen und 5+5 = 10 A in der andern Richtung. Diese 3 Ströme heben sich also gegenseitig auf und in der gemeinsamen Rückleitung fließt kein Strom. Dies ist nun in jedem Augenblick der Fall. Es kann daher, wie Abb. 174 zeigt, von den 3 Rückleitungen Anfang und Ende je für sich in einem Punkt zusammengefaßt werden und das Zwischenstück ist dann nicht erforderlich.

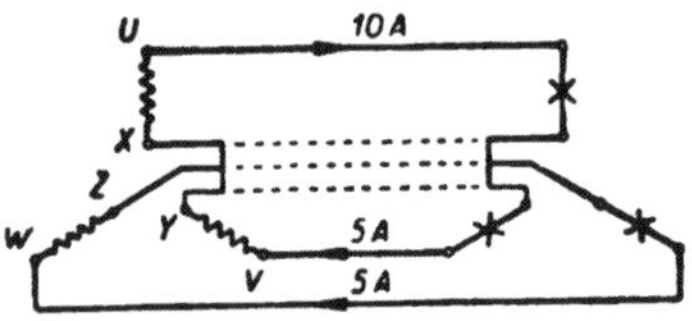


Abb. 174.
Übertragung von Drehstrom

Wie aus den eingezeichneten Strömen ersichtlich, dienen jetzt 2 Leitungen der dritten als Rückleitung. Für die Fortleitung der vom Generator gelieferten Energie genügen somit nur 3 Leitungen.

Durch das Zusammenwirken der 3 Phasen erhält man verketteten *Dreiphasenstrom oder Drehstrom.* Die 3 Phasenwicklungen können in Stern- oder Dreieck-Schaltung verbunden werden.

**Sternschaltung** **Symbol: ⅄**

Bei der Sternschaltung sind die Enden der drei Phasen in einem Punkt, dem sog. *Sternpunkt,* zusammengefaßt (Abb. 173).

Bezeichnungen: 1. Strang U—X 2. Strang V—Y 3. Strang W—Z
Hauptleiter R, S, T.

Die Spannung zwischen zwei Hauptleitern, die sog. *Spannung des Drehstromnetzes,* früher auch verkettete Spannung genannt oder kurz als

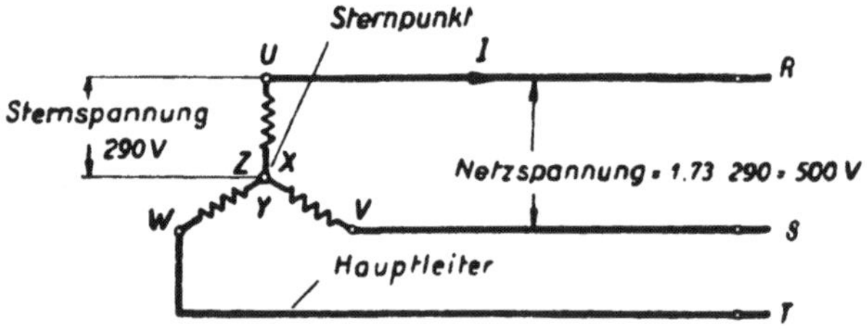


Abb. 175. Sternschaltung

Netzspannung bezeichnet, ergibt sich aus dem Zusammenwirken zweier Sternspannungen. Es ist

| Netzspannung | = 1,73 · Sternspannung |
|---|---|
| Hauptleiterstrom | = Strangstrom |

Die Sternspannung wurde früher als Phasenspannung bezeichnet. Die Wicklung von Drehstromgeneratoren wird meistens in Stern geschaltet. Sternschaltung findet auch Anwendung bei Umspannern und Drehstromgeneratoren.

Bei Anschluß von Lampen wird sich im allgemeinen keine symmetrische Belastung der 3 Phasen ergeben, wie dies in Abb. 174 angenommen. Ist z. B. die zur Phase U—X gehörige Lampe ausgeschaltet (Abb. 176), so wirkt auf die beiden andern Lampen die verkettete Spannung von 380 V, d. h. je Lampe nur 190 V. Um nun in einem Lichtnetz auch bei unsymmetrischer Belastung stets die richtige Lampenspannung zu haben, wird am Sternpunkt eine gemeinsame Rückleitung, der sog. *Sternpunktsleiter* herausgeführt.

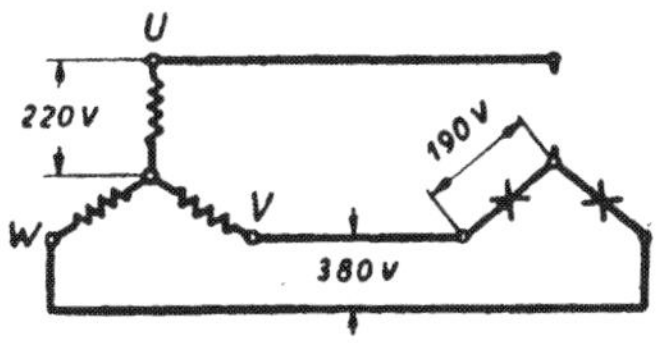

Abb. 176. Drehstrom, unsymmetrische Belastung

Die Sternschaltung ohne Sternpunktleiter findet nur Anwendung bei symmetrischer Belastung, wie z. B. für ein Motorennetz von 500 V.

**Sternschaltung mit Sternpunktleiter** Symbol: ⅄

Diese Schaltung ist zur Speisung vom *Licht- und Kraftnetz* anzuwenden. Ein solches Netz wird auch als *4-Leiter-Netz* bezeichnet (Abb. 177).

Die Lampen werden zwischen Haupt- und Sternpunktleiter, Drehstrommotoren an die 3 Hauptleiter, d. h. an die größere Spannung angeschlossen.

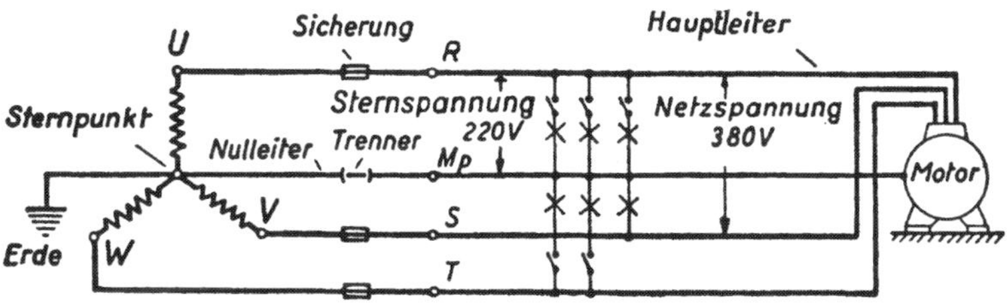

Abb. 177. Sternschaltung mit Nulleiter. 4-Leiter-Netz für Licht und Kraft

Die einzelnen Phasen können unabhängig voneinander belastet werden, da die Spannung zwischen Haupt- und Sternpunktleiter immer unverändert bleibt. Bei unsymmetrischer Belastung fließt im Sternpunktleiter ein Strom. Bis zu 16 mm² Hauptleiter-Querschnitt ist der Sternpunktleiter mit gleichem Querschnitt auszuführen.

Es bestehen Netze mit folgenden Spannungen:

| | | | |
|---|---|---|---|
| Lampenspannung | 110 V | 127 V | **220** |
| Motorenspannung | 190 V | 220 V | **380** |

Am gebräuchlichsten sind 4-Leiter-Netze für 220/380 V.

Wird bei unsymmetrischem Anschluß von Lampen der Sternpunktleiter z. B. durch Öffnen des Trenners abgeschaltet, so sind je Lampe nicht mehr 220 V wirksam. Aus diesem Grund darf der Sternpunktleiter nicht abgesichert werden; nur die Hauptleiter erhalten diesen Schutz. Der Trenner im Sternpunktleiter dient zur Abschaltung bei Prüfungen. In den meisten Fällen wird als Schutzmaßnahme der Sternpunkt betriebsmäßig geerdet. Er führt dann die Bezeichnung *Nullpunkt*, der an ihn angeschlossene Leiter, *Nulleiter*. Als Schutzmaßnahme gegen gefährliche Berührungsspannungen infolge Isolationsfehlers in einem Verbraucher werden deren Gehäuse oder Metallumhüllungen an diesen im Nullpunkt betriebsmäßig geerdeten Nulleiter angeschlossen (sog. Nullung s. S. 168). Der Nulleiter ist jedoch in gleicher Weise wie die Hauptleiter isoliert zu führen. Der *Nulleiter ist hellgrau* gekennzeichnet.

**Symbol:** $\Delta$

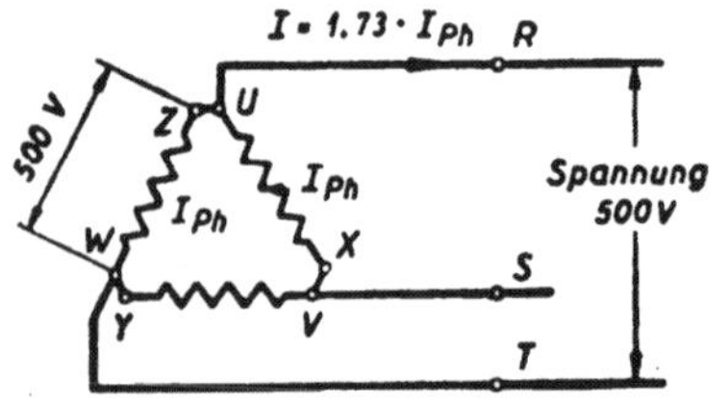


Abb. 178. Dreieck-Schaltung

## Dreieck-Schaltung

Bei der Dreieck-Schaltung ist das Ende der einen Phase mit dem Anfang der nächsten verbunden. Ein Nulleiter ergibt sich nicht und es ist daher nur eine Verteilung mit einer Spannung möglich. Der Strom im Hauptleiter ergibt sich jedoch aus dem Zusammenwirken zweier Phasen. Es ist

| | |
|---|---|
| Hauptleiterstrom | = 1,73 · Strangstrom |
| Sternspannung | = Netzspannung |

Dreieckschaltung wird angewendet bei Umspannern, Drehstrommotoren.

## Leistungsberechnung bei Drehstrom

Bei symmetrischer Belastung der 3 Stränge oder Phasen ist die gesamte Leistung gleich dem 3fachen der Leistung je Strang. Hat der speisende Generator z. B. Sternschaltung, so ist:

Leistung je Strang: $N_{St} = U_{St} \cdot I_{St} \cdot \cos\varphi$

Drehstromleistung: $N = 3 \cdot N_{St} = 3 \cdot U_{St} \cdot I_{St} \cdot \cos\varphi$.

Im Drehstromnetz ist jedoch nur die Netzspannung $U$ und der Hauptleiterstrom $I$ direkt meßbar. Es ist daher zweckmäßig, die Sternspannung $U_{St}$ und den Strangstrom $I_{St}$ durch $U$ bzw. $I$ zu ersetzen.

$$U_{St} = \frac{U}{1{,}73} \qquad I_{St} = I\,.$$

Es wird also:

$$N = 3 \cdot I \cdot \frac{U}{1{,}73} \cdot \cos\varphi = 1{,}73 \cdot I \cdot U \cdot \cos\varphi\,.$$

*Drehstromleistung* bei symmetrischer Belastung:

$$\boxed{N = 1{,}73 \cdot I \cdot U \cdot \cos\varphi}$$

$I$ = Hauptleiterstrom $\qquad U$ = Netzspannung

Die Formel gilt bei Stern- und Dreieckschaltung.

*1. Beispiel:* Die Heizkörper eines elektrischen Backofens sind an 500 V Drehstrom angeschlossen. In jedem Hauptleiter fließen 15 A. Gesucht Anschlußwert des Ofens.

Lösung: Da die Belastung induktionsfrei, ist $\cos\varphi = 1$ und somit $N = 1{,}73 \cdot I \cdot U = 1{,}73 \cdot 15 \cdot 500 = 13000\,\text{W}$ oder 13,0 kW.

*2. Beispiel:* Bei einem Drehstrommotor steht auf dem Leistungsschild $I = 2{,}5$ A, $U = 380$ V, $\cos\varphi = 0{,}83$. Gesucht Leistungsaufnahme des Motors.

Lösung: Aufnahme $N_1 = 1{,}73 \cdot 2{,}5 \cdot 380 \cdot 0{,}83 = 1370$ W oder 1,37 kW
Scheinleistungsaufnahme $N_{Sch} = 1{,}73 \cdot 2{,}5 \cdot 380 = 1640$ VA oder 1,64 kVA.

Obiger Motor hat einen Wirkungsgrad von $\eta = 0{,}8$. Welches ist seine Leistungsabgabe?

$$N_2 = N_1 \cdot \eta = 1370 \cdot 0{,}8 = 1100 \text{ W}$$

oder

$$1{,}1 \text{ kW bzw. } 1{,}5 \text{ PS.}$$

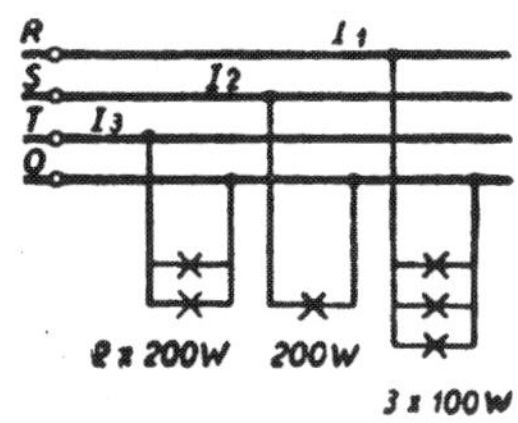


Abb. 179. 4-Leiter-Netz, unsymmetrisch belastet

*3. Beispiel:* Von einem 3-PS-Drehstrommotor für 380 V ist $\eta = 0{,}83$ und $\cos\varphi = 0{,}8$. Man berechne seine Stromaufnahme.

Lösung: $$I = \frac{N_2}{1{,}73 \cdot U \cdot \eta \cdot \cos\varphi} = \frac{3 \cdot 735}{1{,}73 \cdot 380 \cdot 0{,}8 \cdot 0{,}83} = 5{,}0 \text{ A}.$$

*4. Beispiel:* An ein 4-Leiter-Netz 220/380 V sind folgende Lampen angeschlossen (Abb. 179).

Welches sind die Ströme in den Hauptleitern und welches ist die Gesamtbelastung vom Netz?

Lösung: $= 1{,}36\ \text{A} \quad I_2 = \frac{200}{220} = 0{,}9\ \text{A} \quad I_1 = \frac{300}{220}\ I_3 = \frac{400}{220} = 1{,}8\ \text{A}$.

Die Gesamtbelastung ergibt sich durch Addition der einzelnen Phasenbelastungen $N = 300 + 200 + 400 = 900\ \text{W}$.

**Leistungsmessung bei Drehstrom**

Die Leistungsmessung bei Drehstrom erfolgt in der Regel nach der 2-Leistungsmesser-Methode; Schaltung s. Abb. 180. Die beiden Leistungsmesser entsprechen der auf S. 96 beschriebenen Ausführung.

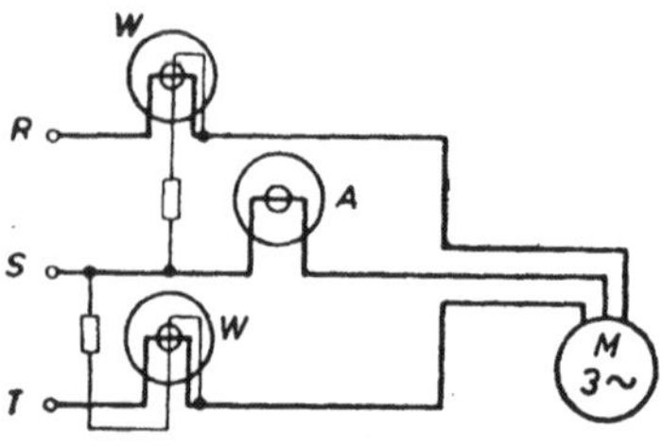


Abb. 180.
Drehstrom-Leistungsmessung.
2-Leistungsmesser-Schaltung

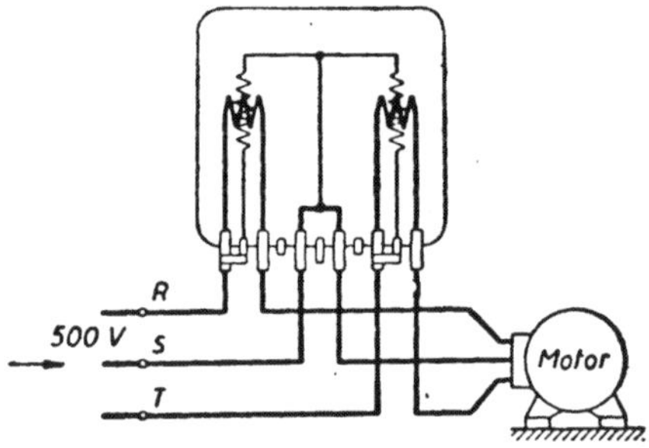


Abb. 181.
Drehstrom-kWh-Zähler.
2-Leistungsmesser-Schaltung

Die Gesamtleistung $N$ vom Netz an den Motor ergibt sich als die Summe der beiden Leistungsmesser-Ablesungen $N_1$ und $N_2$.

$$N = N_1 + N_2.$$

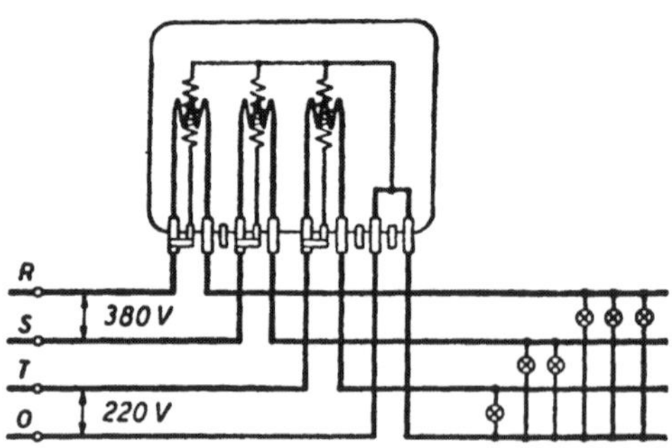


Abb. 182. 4-Leiternetz-Zähler

Für den Einbau in eine Schalttafel sind die beiden Leistungsmesser zu einem Meßgerät vereinigt, so daß eine unmittelbare Ablesung der gesamten Leistung möglich ist.

Bei *Drehstromzählern* erfolgt die kWh-Messung ebenfalls nach der 2-Leistungsmesser-Methode. Aus Abb. 181 ist der Anschluß und die Schaltung eines Drehstromzählers, wie er z. B. in einem Motorennetz von 500 V verwendet wird, ersichtlich.

Die 2-Leistungsmesser-Methode arbeitet auch bei unsymmetrischer Belastung des Drehstrom-Netzes. Für ein *4-Leiternetz* (220/380 V, für

Licht und Kraft) ist jedoch, wegen der unsymmetrischen Belastung der einzelnen Stränge, ein Zähler mit der in Abb. 182 dargestellten *3-Leistungsmesser-Schaltung* zu verwenden. Auf einer gemeinsamen Welle sind 3 Zählerscheiben, beeinflußt von den 3 Strom- bzw. Spannungsspulen. Bei Hochspannung d. h. über 1000 V und für Ströme über 100 A erfolgt der Anschluß von Zählern über sog. Meßwandler (Abb. 195).

### Polzahl von Drehstrom-Generatoren

Die Polzahl von Drehstrom-Generatoren richtet sich wie beim Einphasen-Generator nach der Drehzahl der Antriebsmaschine und der Frequenz. Es gelten die Beziehungen

$$\text{Frequenz} = \frac{\text{Umdrehung je Minute} \cdot \text{Polpaarzahl}}{60}$$

$$\boxed{\text{Polpaarzahl} = \frac{60 \cdot \text{Frequenz}}{\text{Umdrehungen je Minute}}}$$

$$p = \frac{60 \cdot f}{n}.$$

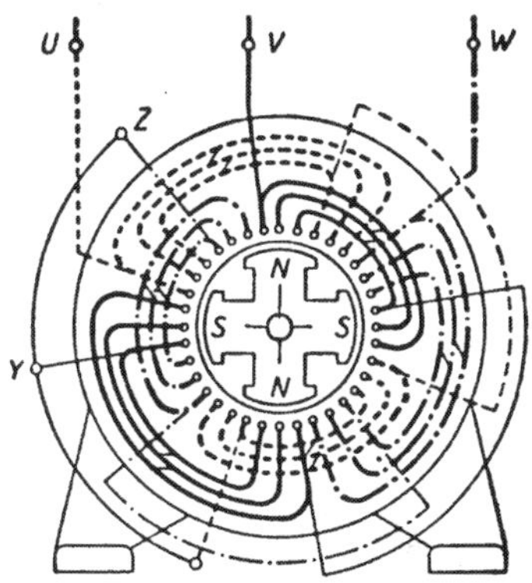


Abb. 183. Drehstrom-Generator, 4polig, 36 Nuten

Abb. 183 zeigt die Anordnung und Schaltung der Spulen bei einem 4poligen Generator. Die mittlere Spulenweite beträgt $\frac{1}{4}$ des Statorumfangs. Drei Teilspulen bilden zusammen eine Spule. Die Spulenanfänge U, V, W sind gegenseitig um $^2/_3$ einer Polteilung versetzt. Die 3 Stränge sind in Stern geschaltet.

Der für die Läuferwicklung erforderliche Gleichstrom wird durch eine auf der Generatorwelle angeordnete Gleichstrommaschine, der sog. Erregermaschine erzeugt. Drehstrom-Generatoren obiger Ausführung werden als *Drehstrom-Synchron-Generatoren* bezeichnet.

# Umspanner (Transformatoren)

Mit Umspannern kann Wechselstrom auf beliebige Spannungen umgeformt werden. Dies findet z. B. Anwendung, um die in Kraftwerken erzeugte Energie mit großer Spannung fortzuleiten, denn es ergibt sich dadurch, wie folgende Rechnung zeigt, eine kleinere Stromstärke und dadurch ein kleinerer Leitungsquerschnitt.

Die zu übertragende Leistung eines Drehstromkraftwerkes betrage z. B. 20000 kW bei $\cos\varphi = 1$ Stromstärke in der Übertragsleitung:

Übertragungsspannung 3 kV $I = \frac{20000}{1,73 \cdot 3} = 3850$ A

Übertragungsspannung 15 kV $I = \frac{20000}{1,73 \cdot 15} = 770$ A

Übertragungsspannung 60 kV $I = \frac{20000}{1,73 \cdot 60} = 192$ A

Übertragungsspannung 110 kV $I = \frac{20000}{1,73 \cdot 110} = 105$ A.

Umspanner finden ferner Anwendung, wenn der Verbraucher nicht unmittelbar an die übliche Netzspannung angeschlossen werden kann, wie z. B. Reklame-Leuchtröhren, Schweißapparate, Lichtbogenöfen usw.

## Einphasen-Umspanner

### Allgemeines

Wie aus Abb. 184 ersichtlich, besteht der Umspanner im wesentlichen aus dem *lamellierten Eisenkörper* und zwei voneinander völlig getrennten *Wicklungen.*

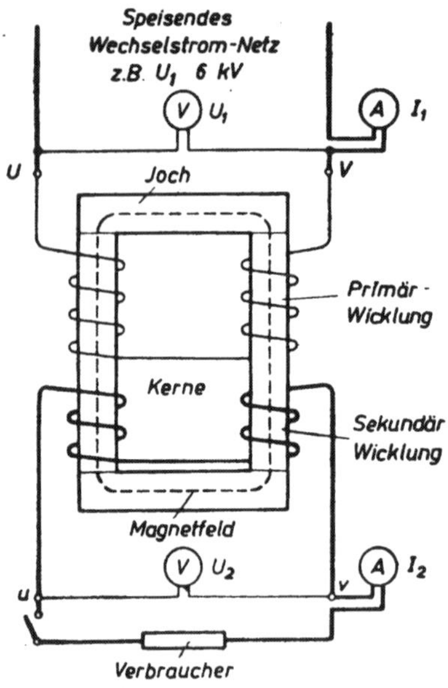


Abb. 184. Einphasen-Transformator

Die *Primärwicklung* ist jene Wicklung, die elektrische Leistung aufnimmt, d. h. an das speisende Wechselstromnetz angeschlossen ist.

Die *Sekundärwicklung* ist jene Wicklung, die elektrische Leistung abgibt.

*Leerlauf.* Im sogenannten Leerlauf ist die Sekundärwicklung geöffnet, d. h. stromlos. Es fließt in der primären Wicklung infolge der starken induktiven Wirkung (s. S. 113) nur ein kleiner Strom, der ein Magnetfeld vom eingezeichneten Verlauf zur Folge hat. Dieses verändert sich entsprechend dem primären Wechselstrom $I_1$ und hat daher in der Primärspule eine Selbstinduktionsspannung zur Folge, die beinahe gleich groß ist wie die primäre Netzspannung, ihr jedoch entgegenwirkt.

Das gleiche Feld induziert auch Spannung in der Sekundärwicklung. Hat diese z. B. gleiche Windungszahl wie die Primärwicklung, so ist also die sekundäre Spannung $U_2$ gleich groß wie $U_1$. Ist die sekundäre Windungszahl größer oder kleiner, so ist auch $U_2$ größer oder kleiner.

Aus Obigem ergibt sich, daß durch entsprechende Wahl der primären und sekundären Windungszahlen $w_1$ und $w_2$ eine beliebige Spannungsumformung möglich ist. Der sekundär erzeugte Wechselstrom ist von gleicher Frequenz wie primär.

$$\text{Übersetzung des Transformators } ü = \frac{U_1}{U_2}$$

*Im Leerlauf verhalten sich also die Spannungen primär und sekundär wie die primären und sekundären Windungszahlen.*

$$\boxed{\frac{U_1}{U_2} = \frac{w_1}{w_2}}$$

*1. Beispiel:* Die Primärwicklung eines Einphasen-Umspanners ist für Anschluß an 6000 V und hat 3000 Windungen. Gesucht sekundäre Windungszahl für Anschluß an 230 V.

Lösung: $$w_2 = w_1 \cdot \frac{U_2}{U_1} = 3000 \cdot \frac{230}{6000} = 115 \text{ Windungen.}$$

*Belastung.* Wird die Sekundärseite z. B. auf einen Widerstand belastet, so fließt sekundär der Induktionsstrom $I_2$. Nach früherem (s. S. 87) ist der Induktionsstrom so gerichtet, daß er der Änderung des induzierenden Feldes entgegenwirkt. Da letzteres durch den Primärstrom erzeugt wird, so umfließt also $I_2$ den Eisenkern gerade im umgekehrten Sinn wie $I_1$. Der sekundäre Strom $I_2$ wirkt also schwächend auf das Magnetfeld, wodurch die in der Primärspule induzierte, gegen das Netz gerichtete Spannung abnimmt und daher $I_1$ größer wird.

Bei zunehmender Belastung wächst dann $I_1$ im gleichen Maß wie $I_2$ und der primären Leistungsaufnahme $N_1$ entspricht die sekundäre Leistungsabgabe $N_2$. Dabei ist der *cos φ auf der Primär- und Sekundärseite praktisch gleich.*

Wegen der Eisen- und Wicklungsverluste ist $N_2$ kleiner als $N_1$. Da Reibungs- und Lüfterverluste wegfallen, ist der *Wirkungsgrad sehr hoch* (95 ··· 98%). Es gilt daher angenähert die Beziehung:

$$N_1 = N_2 \qquad \boxed{U_1 \cdot I_1 = U_2 \cdot I_2}$$

Die *Belastbarkeit eines Umspanners* wird stets durch die Scheinleistung *in kVA angegeben,* da die Aufnahme oder Abgabe in kW noch vom $\cos\varphi$ abhängig ist (s. S. 118).

*2. Beispiel:* Ein 50 kVA Einphasen-Umspanner hat 6 kV primär und 230 V sekundär. Gesucht der primäre und sekundäre Vollaststrom.

Lösung: $U_1 \cdot I_1 = U_2 \cdot I_2 = 50000$ VA

$$I_1 = \frac{50000}{6000} = 8{,}3 \text{ A} \qquad I_2 = \frac{50000}{230} = 217 \text{ A}.$$

## Ausführung von Umspannern

*Kernumspanner.* Am gebräuchlichsten ist die Ausführung als sog. Kernumspanner mit Röhrenwicklung, wie Abb. 185 darstellt. Der *Eisenkörper* ist aus *Transformatorenblech* zusammengesetzt. Die 0,3 bis 0,5 mm dicken Bleche sind gegenseitig durch Papier isoliert. Der Blechkörper wird durch Rohrnieten oder Schrauben zusammengepreßt (s. S. 91). Joch und Kern stoßen stumpf aufeinander; bei kleineren Umspannern werden die Joch- und Kernbleche meistens zusammengeschachtelt. Die röhrenförmigen Rundspulen sind vom Kern und gegenseitig durch Isolationszylinder getrennt. Die Niederspannungswicklung ist meistens innen angeordnet.

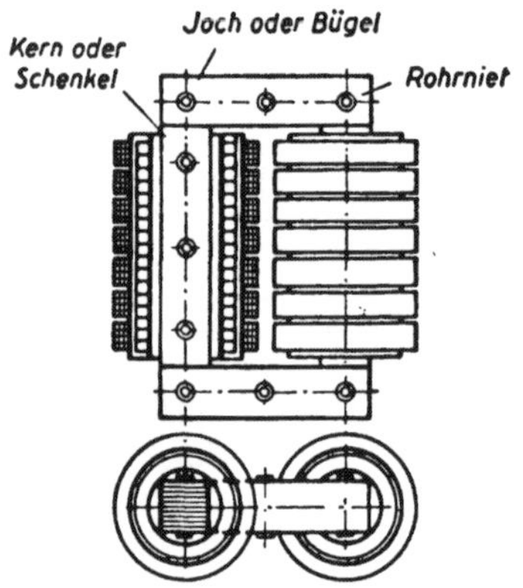

Abb. 185. Einphasen-Kernumspanner

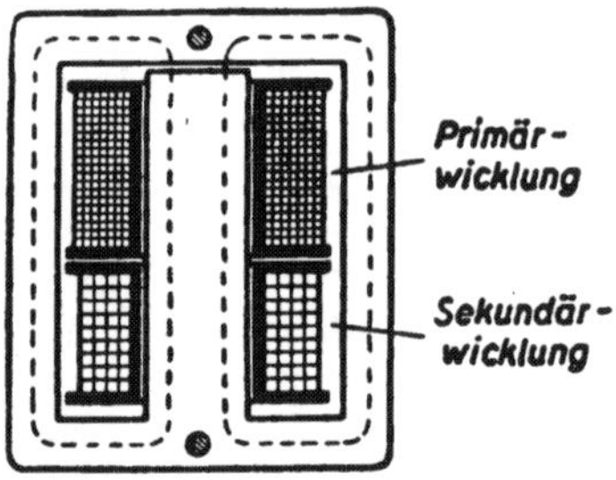

Abb. 186. Einphasen-Mantelumspanner

*Mantelumspanner* werden meistens nur für kleinere Leistungen und Spannungen, wie z. B. für Klingel- und Schweißumspanner usw. ausgeführt. Wie aus Abb. 186 ersichtlich, sind Primär- und Sekundärwicklungen nur auf einem Kern angeordnet. Die Trennfuge ermöglicht es, die Bleche in die fertige Spule einzuschichten.

Umspanner größerer Leistung werden als sog. *Ölumspanner* ausgeführt. Bei diesen ist der eigentliche Umspanner in einen mit Mineralöl gefüllten Blechkessel gestellt. Man erzielt so eine gute Isolierung und Kühlung. Durch Vergrößerung der Kesseloberfläche (gewelltes Blech, Kühlröhren) wird die Kühlung noch wirksamer gemacht.

## Sparumspanner

Sparumspanner haben, wie Abb. 187 zeigt, nur eine Wicklung für die primäre und sekundäre Spannung.

Die ganze Wicklung ist z. B. an ein Netz von 220 V angeschlossen. Benötigt man z. B. für eine besondere Lampe nur 132 V, d. h. $^3/_5$ von 220 V, so wird bei $^3/_5$ der gesamten Windungszahl der sekundäre Anschluß $v$ angebracht.

Ist z. B. $I_2 = 5$ A, d. h. die Leistungsaufnahme der Lampe $N_2 = 5 \cdot 132 = 660$ W, so wird $I_1 = 660 : 220 = 3$ A.

Da die Windungen U—v gemeinschaftlich zur Primär- und Sekundärwicklung gehören, so fließen darin $I_1$ und $I_2$ in entgegengesetzter Richtung (wie bei zwei getrennten Wicklungen).

Der Wicklungsteil U—v ist also nur für $I_2 - I_1 = 5 - 3 = 2$ A zu bemessen. Im Abschnitt V—v fließen 3 A.

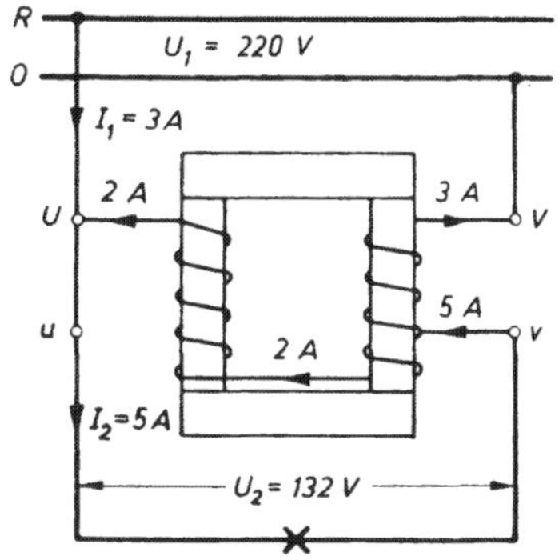

Abb. 187.
Schaltung eines Sparumspanners

Bei Ausführungen mit getrennten Wicklungen wäre die ganze primäre Wicklung für 3 A, die ganze sekundäre Wicklung für 5 A zu bemessen. Sparumspanner ergeben somit eine Ersparnis an Kupfer und kleinere Wicklungsverluste; dies ist jedoch nur der Fall bei kleiner Übersetzung.

In obigem Beispiel könnte das Netz auch an den Wicklungsteil U—v angeschlossen werden; zwischen U—V ergibt sich dann eine größere Spannung als die Netzspannung. Sparumspanner sind auch für Drehstrom ausführbar. Klingel- und Spielzeugumspanner dürfen nicht als Sparumspanner ausgeführt werden, weil sonst das Netz in unmittelbarer Verbindung mit dem Verbraucher ist.

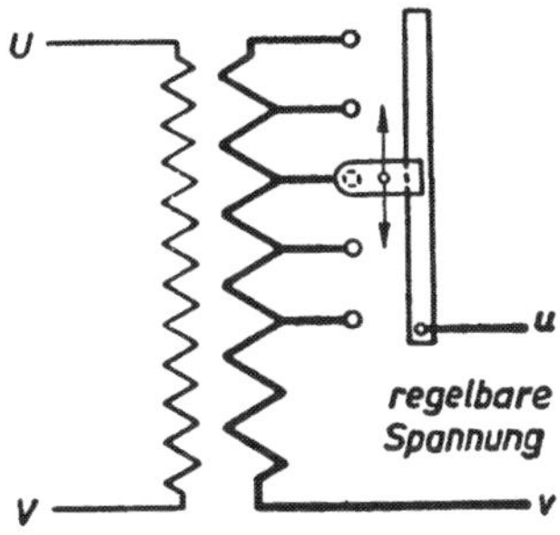

Abb. 188. Schaltung eines Stufenumspanners

## Stufenumspanner

Stufenumspanner verwendet man, um z. B. die Sekundärspannung auf verschiedene Werte regeln zu können. Es erfolgt dies, wie Abb. 188 zeigt, mittels des Stufenschalter durch Änderung der sekundären Windungszahl. Der Stufenschalter ist ähnlich dem Zellenschalter (s. S. 70) ausgeführt und schaltet unterbrechungslos von Stufe zu Stufe.

**Drosselspulen**

Drosselspulen verwendet man in Wechselstromkreisen an Stelle eines Vorschaltwiderstandes (s. S. 17). Gegenüber diesem haben sie den Vorteil, beinahe keine Leistung zu verbrauchen.

Wie aus Abb. 189 ersichtlich, entspricht die Ausführung derjenigen eines Einphasenumspanners, jedoch ohne Sekundärwicklung. Beim Stromdurchgang hat das Magnetfeld, wie beim unbelasteten Umspanner (s. S. 128), eine gegen das Netz gerichtete Spannung zur Folge, so daß für die in Reihe geschaltete Bogenlampe nur noch die erforderlichen 50 V wirksam sind.

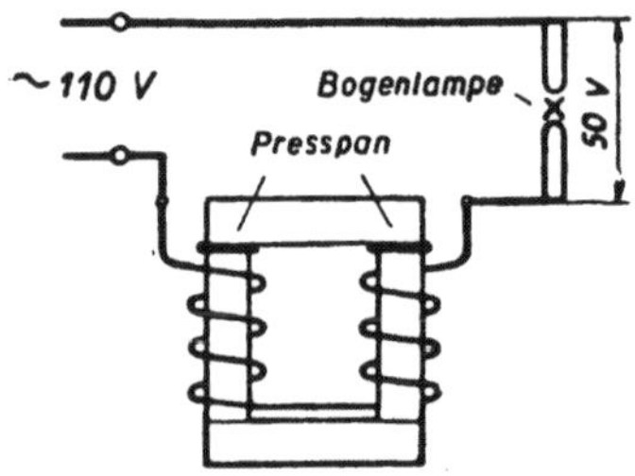

Abb. 189. Drosselspule

Im Feldlinienweg wird durch Preßspan-Zwischenlagen ein Luftspalt vorgesehen. Verringert man diesen durch Herausnehmen von Zwischenlagen, so ergibt sich ein stärkeres Magnetfeld und eine größere induktive Gegenspannung der Drosselspule, so daß der Stromdurchgang kleiner wird; eine gegenteilige Wirkung ergibt sich bei Vergrößerung des Luftspaltes. Es läßt sich also damit der Widerstand der Drosselspule bzw. die Spannung an der Bogenlampe einstellen.

Nachteilig ist, daß sich infolge der induktiven Wirkung eine starke Phasenverschiebung, d. h. ein kleiner cos $\varphi$ ergibt, was z. B. bei Verwendung eines Vorschaltwiderstandes oder eines Sparumspanners nicht der Fall ist.

## Drehstrom-Umspanner

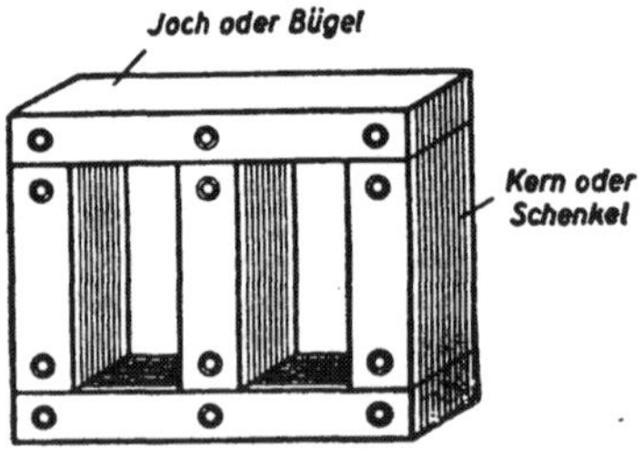

Abb. 190. Eisenkörper zu Drehstrom-Umspanner

**Ausführung**

Drehstrom-Umspanner werden in der Regel als Kernumspanner ausgeführt. Entsprechend den 3 Phasen sind 3 Kerne erforderlich, wie aus Abb. 190 ersichtlich. Auf jedem der Kerne oder Schenkel ist je eine Primär- und eine Sekundärwicklung angeordnet. Die Ausführung als Stufenumspanner oder als Sparumspanner ist auch bei Drehstrom üblich.

**Schaltung**

Die drei Phasen können in *Stern* oder *Dreieck* geschaltet werden. Nach den „Regeln für Transformatoren“, VDE 0532 und den genormten

Schaltzeichen DIN VDE 714 können Umspanner durch *zwei verschiedene Darstellungen gezeichnet* werden, wie es in den nachstehenden Schaltbildern angedeutet ist. Weiterhin können, vor allem für Übersichtsschaltpläne, bei denen es auf die innere Schaltung von Maschinen, Umspannern und Geräten nicht ankommt, Umspanner durch zwei ineinander verschlungene Kreise dargestellt werden, wie es in den Abb. 194 und 195 geschehen ist. In diesem Schaltzeichen ist symbolisch die Verkettung des primären und sekundären Stromkreises durch den magnetischen Fluß wiedergegeben.

*Stern-Stern-Schaltung* Symbol: ⅄/⅄

Die primären und sekundären Wicklungen sind je in Stern geschaltet (Abb. 191). Die Anschlüsse erhalten die eingetragenen Klemmenbezeichnungen.

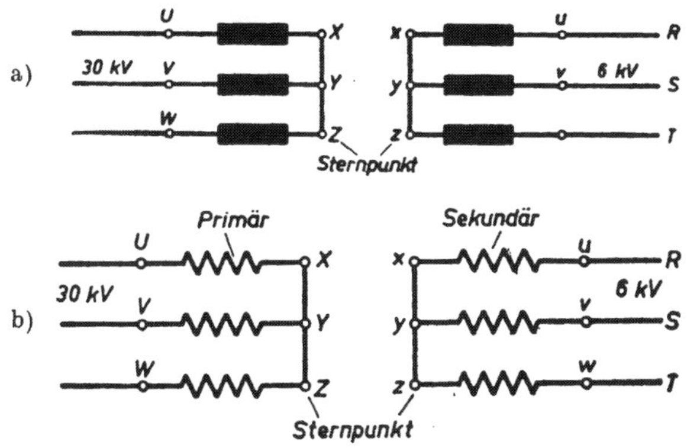


Abb. 191. Drehstrom-Umspanner. Stern-Stern-Schaltung

a) Vorzugsweise Darstellung

b) Wahlweise Darstellung

nungen. Diese Schaltung findet z. B. Anwendung für Umspanner in Kraftverteilungsanlagen.

*Dreieck-Stern-Schaltung mit Nulleiter* Symbol: Δ/⅄

Für Licht- und Kraftnetze ist die Sekundärseite des Umspanners mit Sternschaltung auszuführen. Primär ist eine Dreieckschaltung (Abb. 192). Diese bewirkt bei unsymmetrischer Belastung der 3 Hauptleiter einen primärseitigen Belastungsausgleich. Ferner wird mit der Dreieck-Schaltung erreicht, daß selbst bei Belastung nur eines Hauptleiters die 3 Sternspannungen (220 V) praktisch gleich bleiben, was bei Stern-Stern-Schaltung nicht der Fall ist.

a)

b)

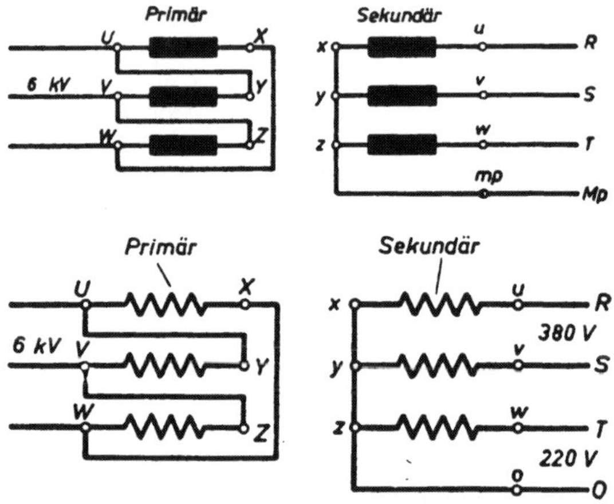


Abb. 192. Drehstrom-Umspanner. Dreieck-Stern-Schaltung
a) Vorzugsweise Darstellung b) Wahlweise Darstellung

*Stern-Zickzack-Schaltung mit Nulleiter* Symbol:

An Stelle der Dreieck-Stern-Schaltung werden Umspanner für Licht- und Kraftnetze vielfach mit Stern-Zickzack-Schaltung ausgeführt. Wie

a)

b)

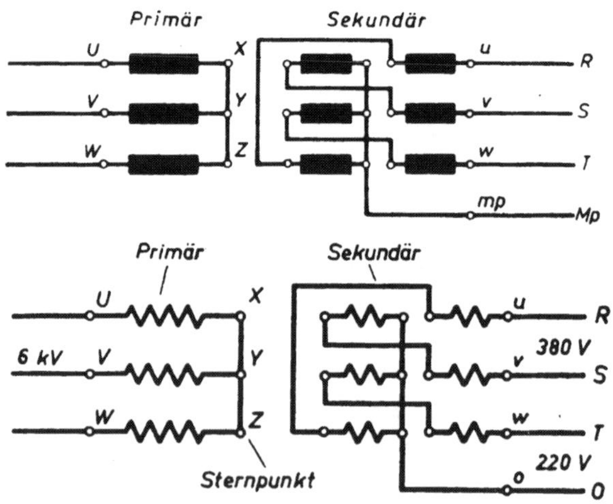


Abb. 193. Drehstrom-Umspanner. Stern-Zickzack-Schaltung
a) Vorzugsweise Darstellung b) Wahlweise Darstellung

aus Abb. 193 ersichtlich, ist jede Strangwicklung in zwei Hälften unterteilt, die auf verschiedenen Kernen angeordnet sind. Auch diese Schaltung ergibt bei unsymmetrischer Belastung der Sekundärseite einen Belastungsausgleich auf die 3 Phasen primär; die 3 Sternspannungen (220 V) bleiben praktisch gleich, selbst bei voller Belastung nur eines Hauptleiters.

Gegenüber der Dreieck-Stern-Schaltung ist von Vorteil, daß die Hochspannungsseite mit Sternschaltung ausführbar ist.

## Meßwandler

Meßwandler verwendet man besonders in Hochspannungsanlagen, um Meßgeräte, Zähler, Relais usw. getrennt von Hochspannung anschließen zu können.

### Stromwandler

Stromwandler sind einphasige Umspanner, deren Primärwicklung vom zu messenden Strom durchflossen ist. Meßgeräte, Spulen von Relais usw. sind in Reihe zur Sekundärwicklung zu schalten (Abb. 194).

Der Sekundärstrom ist proportional dem Primärstrom. Die Übersetzung ist meistens so gewählt, daß beim primären Nennstrom sekundär 5 A fließen. Im Betrieb müssen sekundärseitig die zugehörigen Meßgeräte usw. stets angeschlossen sein, oder es ist die Sekundärwicklung kurzzuschließen.

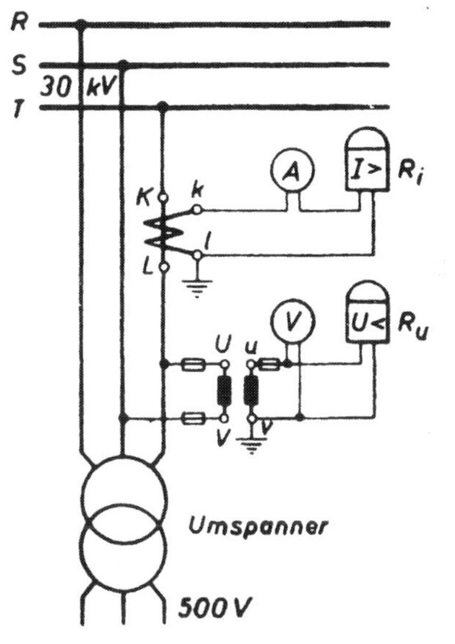

Abb. 194.
Schaltung von Meßwandlern

### Spannungswandler

Spannungswandler sind ein- oder dreiphasige Umspanner, deren Primärwicklung an die zu messende Hochspannung angeschlossen ist. Die Sekundärspannung ist proportional der Primärspannung. Die Übersetzung ist meistens so gewählt, daß bei der primären Nennspannung sich eine Sekundärspannung von 100 V ergibt.

An die sekundäre Wicklung sind die verschiedenen Meßgeräte, Relaisspulen (R) usw. parallel anzuschließen (Abb. 194). Zum Schutze gegen etwaige Überlast, z. B. bei

Zerstörung eines Meßgerätes usw., ist der Spannungswandler primärseitig abzusichern.

Eine Klemme der Sekundärwicklung von Meßwandlern ist aus Sicherheitsgründen zu erden.

Abb. 195 zeigt die Schaltung für den Anschluß eines Drehstromzählers (Zweileistungsmesser-Schaltung) in einem 6-kV-Netz. Die Stromspulen sind über Stromwandler, die Spannungsspulen über Spannungswandler angeschlossen.

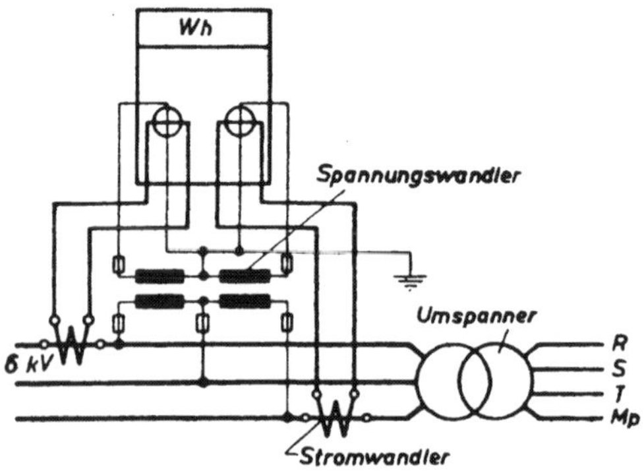


Abb. 195. Anschluß eines Drehstromzählers über Meßwandler

Ähnlich wie bei den Meßgeräten sind in den „Regeln für Wandler", VDE 0414 sowohl für Spannungs- als auch für Stromwandler je nach Verwendungszweck 6 Genauigkeitsklassen vorgeschrieben, die auf dem Leistungsschild der Wandler angegeben sein müssen.

## Anlagen mit Umspannern

### Wechselstrom-Energieübertragung

Die Verteilung elektrischer Energie erfolgt meistens mit Wechselstrom, insbesondere mit Drehstrom, da diese Stromarten eine einfache Span-

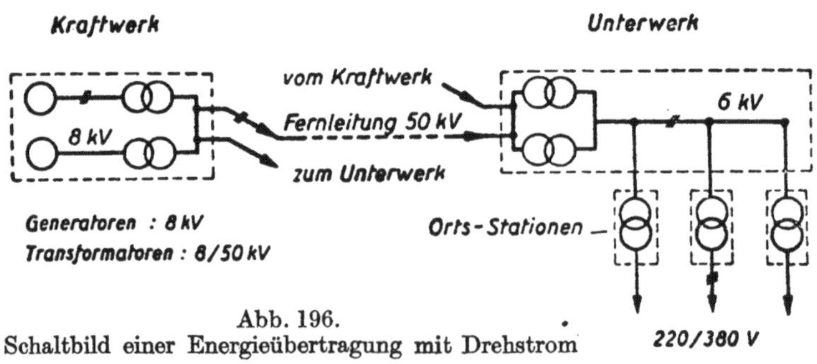


Abb. 196.
Schaltbild einer Energieübertragung mit Drehstrom

nungsumformung mit Umspannern ermöglicht. Das grundsätzliche Schaltbild einer *Drehstrom-Energieübertragung*, einpolig dargestellt, ist aus Abb. 196 ersichtlich.

Im *Kraftwerk* wird die in Drehstrom-Generatoren erzeugte Energie mit Umspannern auf eine für Fernleitung geeignete Spannung umgewandelt; die Generatorspannung beträgt je nach Generatorleistung 3 bis 15 kV. Um eine Gefährdung durch Blitzschlag zu vermeiden, werden die Generatoren meistens nur über Umspanner an die Fernleitung angeschlossen.

In dem im Schwerpunkt des Verbrauchergebiets gelegenen großen *Abspann-* oder *Unterwerk,* welches zur Sicherstellung der Energielieferung meistens noch an andere Kraftwerke angeschlossen ist, wird dann z. B. auf 6 kV heruntertransformiert und von da aus die Energie über Kabel- oder Freileitung kleineren *Orts-Umspannern* zugeführt.

Für diese Anlagen sind die „Vorschriften nebst Ausführungsregeln für die Errichtung von Starkstromanlagen mit Betriebsspannungen von 1000 V und darüber", VDE 0101 zu beachten.

**Schaltung einer Orts-Umspannerstation**

Abb. 197 zeigt das Schaltbild einer Orts-Umspannerstation, z. B. für die Versorgung einer kleineren Gemeinde mit Licht- und Kraftstrom.

Der Anschluß erfolgt an Freileitung oder Kabel. Bei Freileitungsanschluß wird vor Eingang in das Umspannerhäuschen vielfach noch ein Überspannungs-Ableiter als Blitzschutz vorgesehen. Dieser soll bei Blitzschlag die Überspannung an Erde ableiten. Trennschalter sind erforderlich, um die Anlage sichtbar von der Zuleitung zu trennen. An Stelle des Leistungsschalters (Ölschalter oder ölloser Schalter) mit Überstromauslösern werden vielfach auch nur Hochspannungssicherungen vorgesehen.

Die Verteilung in der Gemeinde erfolgt mit Vierleiternetz für 220/380 V. Der Umspanner hat daher Dreieck-Stern-Schaltung mit Nulleiter. In der Station wird der Nulleiter an die Wasserleitung angeschlossen. Um zu verhindern, daß bei allfälligem Stromübertritt auf Anlageteile, die normalerweise spannungslos sind, gefährliche Spannungen auftreten, ist ferner eine besondere Schutzerdung vorzusehen. An diese sind anzuschließen: Gehäuse von Maschinen, Umspannern und Geräten, Schaltgerüste und leitende Gebäudeteile wie z. B. eiserne Pfeiler, Fachwerke usw. Die Leiter der Schutzerde sind blank zu verlegen und dürfen nicht isoliert befestigt werden.

Auf Niederspannungsseite sind wegen der ungleichen Belastung der Hauptleiter 3 Strommesser vorgesehen. Die Spannungsmessung erfolgt durch einen umschaltbaren Spannungsmesser. In den abgehenden Leitungen sind Sicherungen vorzusehen; der Nulleiter darf jedoch nicht abgesichert werden (s. S. 169).

Die Niederspannungs-Freileitungen erhalten vielfach auch einen Blitzschutz. Wird auf der Freileitung der geerdete Nulleiter zuoberst angeordnet, so erfolgen Blitzeinschläge meistens in diesen und haben dann im allgemeinen keine Gefährdung zur Folge. Bei Kabelleitungen ist ein Blitzschutz nicht erforderlich.

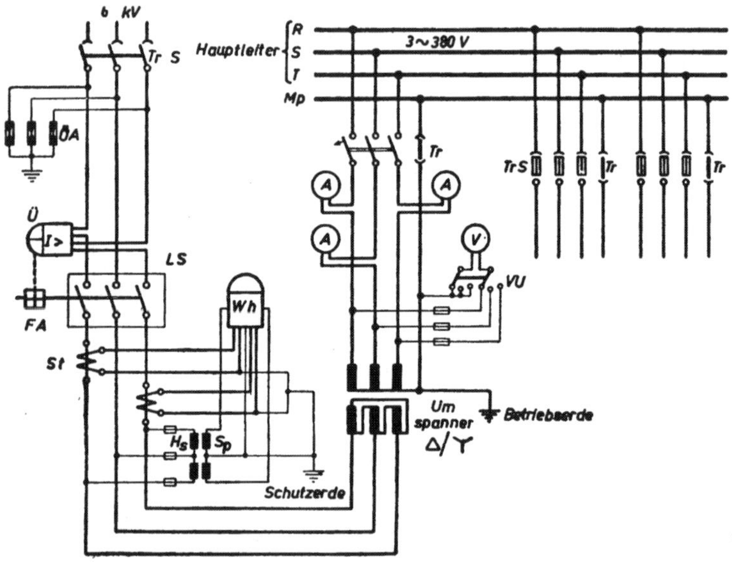


| | | | |
|---|---|---|---|
| Tr | Trennlasche | Sp | Spannungswandler |
| ÜA | Überspannungsableiter | $H_s$ | Hochspannungs-Sicherung |
| LS | Leistungsschalter | Sch | Dreipol. Überstromschalter |
| Ü | Überstrom-Auslöser | Tr S | Trenn-Sicherungen |
| St | Stromwandler | VU | Spannungsmesser-Umschalter |

Abb. 197. Schaltbild einer Orts-Umspannerstation

Die Energiemessung erfolgt meistens hochspannungsseitig mit Zähleranschluß über Wandler, wie in Abb. 195 dargestellt. Falls die Energiemessung niederspannungsseitig ausgeführt wird, ist der in Abb. 182 dargestellte Zähler für das 4-Leiternetz anzuwenden.

# Asynchrone Wechselstrommotoren

## Drehstrom-Asynchronmotoren

### Allgemeines

Der *Ständer* dieser Motoren ist ähnlich ausgeführt wie der Ständer eines Drehstromgenerators. Entsprechend den 3 Phasen sind also im Ständer 3 Wicklungszweige angeordnet, die in Stern oder in Dreieck geschaltet werden.

Der *Läufer* ist entweder als Kurzschlußanker oder als Schleifringanker ausgeführt.

Zwischen Läufer und Ständer besteht keine unmittelbare Verbindung; nur die Ständerwicklung wird an das Netz angeschlossen. Die in der Läuferwicklung fließenden Ströme kommen durch Induktionswirkung des Ständermagnetfeldes zustande, weshalb der Motor auch als *Induktionsmotor* bezeichnet wird.

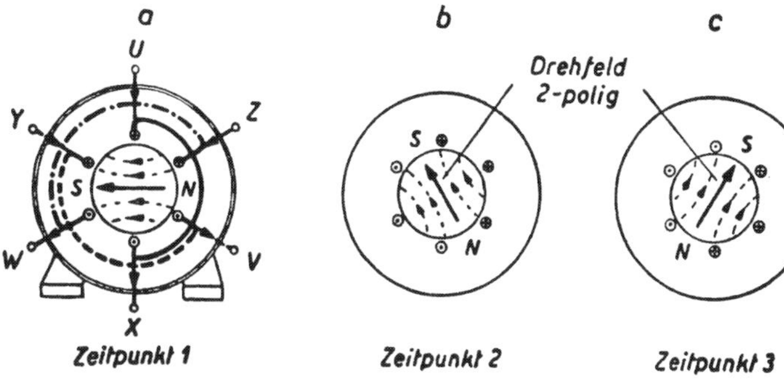


Abb. 198. Drehfeld beim Drehstrom-Asynchronmotor

*Drehfeld.* Durch das Zusammenwirken der 3 Phasen des Ständers entsteht ein sog. magnetisches Drehfeld. In Abb. 198a ist z. B. die Wicklungsanordnung für einen 2poligen Motor dargestellt. Die 3 Strangwicklungen sind in Stern geschaltet.

Bei Anschluß an ein Drehstromnetz haben die Ströme z. B. im Zeitpunkt 1 (Abb. 198a) die eingezeichnete Richtung. Letztere ergibt sich aus dem Verlauf der 3 Strangströme (Abb. 199). Es entsteht also ein 2poliges Magnetfeld. Wie ersichtlich, hat sich infolge Änderung der eingezeichneten Ströme die Magnetfeld-Achse im Zeitpunkt 2 um $^1/_6$, im Zeitpunkt 3 um $^2/_6$ des Umfangs im Uhrzeigersinn gedreht (Abb. 198b und c).

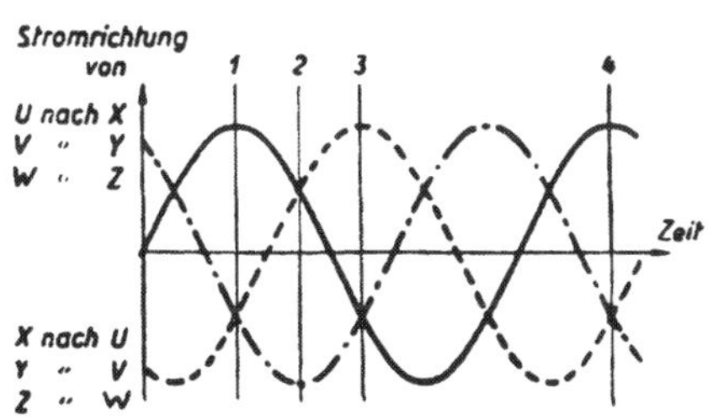


Abb. 199. Drehstrommotor. Gegenseitiger Verlauf der Phasenströme

Verfolgt man die weitere Lage des Magnetfeldes, so zeigt sich, daß es im Zeitpunkt 4, d. h. also nach einer Periode gerade eine Umdrehung gemacht hat. Die Pole dieses Magnetfeldes sind also nicht stillstehend, sondern am Umfang des Ständers umlaufend; man bezeichnet es daher als Drehfeld.

Wird die in Abb. 200 dargestellte Ständerwicklung an Drehstrom angeschlossen, so ergibt sich ein 4poliges Drehfeld.

Für eine ganze Umdrehung des Drehfeldes sind jetzt aber 2 Perioden erforderlich.

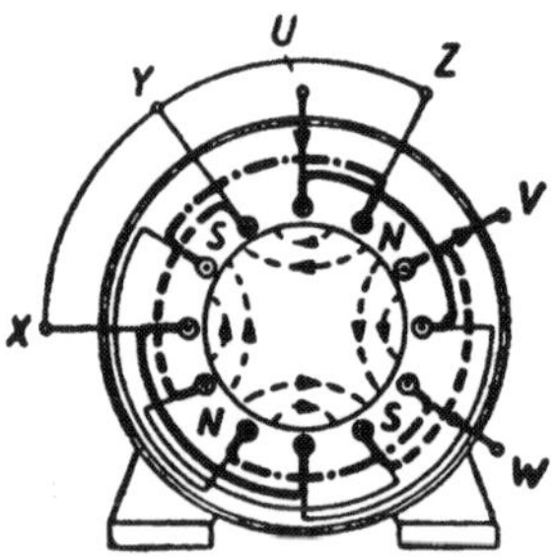

Abb. 200.
4poliges Drehfeld

Beim 6polig gewickelten Ständer (Spulenweite = $^1/_6$ des Ständerumfangs) entspricht einer Umdrehung des Drehfeldes die Dauer von 3 Perioden.

**Regel:**

*Für eine Umdrehung des Drehfeldes dauert es halb soviele Perioden als der Motor Pole hat.*

Es ergibt sich daraus folgende Beziehung zur Berechnung der minutlichen Umdrehungszahl des Drehfeldes:

$$\text{Umdrehungen des Drehfeldes je Minute} = \frac{60 \cdot \text{Frequenz}}{\text{Polpaarzahl}}$$

$$n = \frac{60 \cdot f}{p}.$$

Dieser Zusammenhang entspricht demjenigen, wie er beim Drehstromgenerator (S. 127) gefunden wurde.

*Beispiel:* Ein 6polig gewickelter Motor ist an ein Netz von 50 Hz angeschlossen. Welches ist die minutliche Drehzahl des Drehfeldes?

Lösung: $$n = \frac{60 \cdot f}{p} = \frac{60 \cdot 50}{3} = \frac{120 \cdot 50}{6} = 1000 \frac{U}{\text{min}}.$$

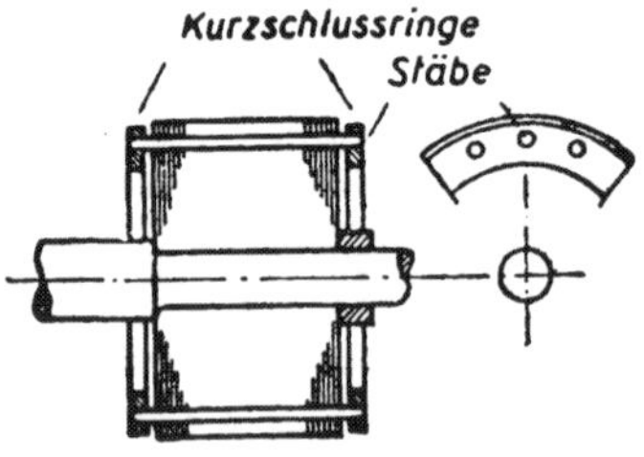

Abb. 201.
Kurzschluß-Läufer

## Kurzschlußläufer-Motoren

In die Läufernuten sind Kupferstäbe eingelegt, die beiderseitig durch Kupferringe miteinander verbunden bzw. kurzgeschlossen sind (Abb. 210).

Diese Ausführung wird auch als *Käfiganker* bezeichnet.

Meist werden heute die Stäbe und Ringe aus einer Aluminiumlegierung unmittelbar in den fertig geblechten Läufer gegossen.

Bewegt sich das Drehfeld über die stillstehenden Läuferleiter hinweg, so fließen darin Induktionsströme. Auf die im Drehfeld gelegenen, stromdurchflossenen Läuferleiter wird daher eine Kraft ausgeübt (s. S. 85). Der Läufer wird dadurch im gleichen Sinn wie das Drehfeld in Bewegung gesetzt und läuft immer rascher.

Erreicht der Läufer dieselbe Umdrehungszahl wie das Drehfeld, so ist er mit diesem gleich schnell laufend oder synchron. Dabei werden aber die Läuferstäbe nicht mehr vom Drehfeld geschnitten, und es fließen darin keine Induktionsströme; eine Kraftwirkung auf den Läufer kommt somit nicht zustande.

Da aber auch der unbelastete Läufer zur Überwindung der Lager- und Luftreibung Antriebskraft braucht, kann also der Läufer die synchrone Drehzahl gar nicht erreichen, sondern er läuft in bezug auf das Drehfeld stets etwas langsamer, d. h. *asynchron.*

Der Unterschied zwischen Drehfeld- und Läuferdrehzahl ist die sog. Schlupfdrehzahl; sie wird meistens in Prozenten angegeben, bezogen auf die minutliche Drehfeld-Drehzahl. Diesen Wert bezeichnet man als den *Schlupf.*

Bei Leerlauf ist der Schlupf $s$ sehr gering. Er wird mit steigender Belastung größer und erreicht bei Vollast etwa folgende Werte:

| | | | |
|---|---|---|---|
| ½ kW-Motor | Schlupf | ungefähr | 8% |
| 1 ,, | ,, | ,, | 7% |
| 3 ,, | ,, | ,, | 5% |
| 10 ,, | ,, | ,, | 4% |
| größere Motoren | ,, | ,, | 3 ... 2%. |

Der Kurzschlußläufer-Motor ist am einfachsten, billigsten und betriebssichersten. Nachteilig ist jedoch der große Anlaufstrom, davon herrührend, daß sich beim Einschalten der Motor wie ein Umspanner verhält, dessen Sekundärwicklung, in diesem Fall der Läufer, kurzgeschlossen ist. Wie aus folgenden Angaben ersichtlich, bleibt zudem die Anzugskraft, trotz großem Anlaufstrom, der fast ausschließlich Blindstrom ist (s. S. 117), verhältnismäßig klein.

| Polzahl des Motors . . . | 2 | 4 | 6 | 8 |
|---|---|---|---|---|
| Anlaufstrom . . ungefähr | 6,5 | 5,5 | 4,5 | 4 mal Vollaststrom |
| Anzugskraft . . ungefähr | 2 | 1,5 | 1,4 | 1,4 mal Zugkraft bei Vollast |

Bei Anwendung des Kurzschlußläufer-Motors ist daher zu berücksichtigen, ob der Anlaufstromstoß zulässig und ob die Anzugskraft genügend ist.

Meistens bestehen Werkvorschriften, bis zu welcher Leistung Kurzschlußläufer-Motoren bei unmittelbarem Einschalten angeschlossen werden dürfen. In großen Netzen sind Motoren bis zu 15 kW, unter Umständen sogar bis 30 kW, zulässig. Größere Kurzschlußläufer-Motoren ergeben bei unmittelbarem Einschalten einen unzulässigen Anlaufstromstoß im Netz. Durch Stern-Dreieck-Anlauf ergibt sich eine Verbesserung. Sehr große Kurzschlußläufer-Motoren bis zu einigen 1000 kW werden mit *Anlaßumspanner* (Stufenumspanner, s. Abb. 188).

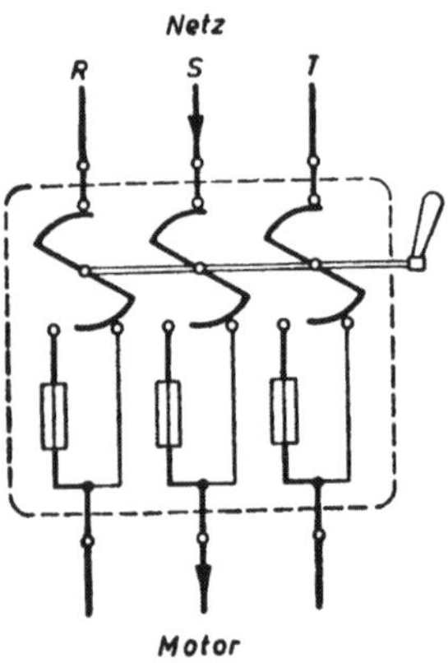


Abb. 202. Motorschalter für Anlauf mit überbrückten Sicherungen

Um bei unmittelbarem Anlauf der Kurzschlußläufer-Motoren zu verhindern, daß die für den Vollaststrom bemessenen Sicherungen beim Anlauf nicht abschmelzen, werden die *Sicherungen während dem Anlauf überbrückt.* Das Schaltbild eines solchen Motorschalters ist aus Abb. 202 ersichtlich. Manche Werke verlangen, daß auch noch besondere Anlaufsicherungen eingebaut werden.

## Stern-Dreieck-Anlauf

Dieses, für Kurzschlußläufer-Motoren angewandte Anlaßverfahren bezweckt eine Herabsetzung des Anlaufstromes. Die Ständerwicklung ist im Betrieb (Lauf) in Dreieck geschaltet. Für den Anlauf wird die Wicklung in Stern angeschlossen.

Wie aus Abb. 203 ersichtlich, erhält dadurch beim Anlauf eine Phasenwicklung 1,73mal weniger Spannung als bei Lauf, womit der Anlaufstrom etwa 2,5mal kleiner wird. Nach Erreichen der vollen Dreh-

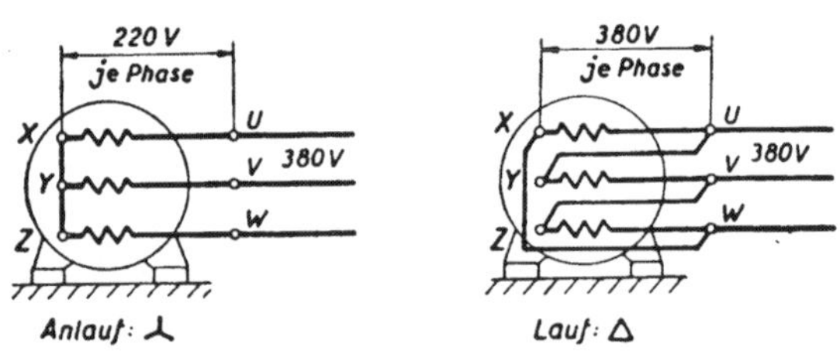


Abb. 203. Spannungsverhältnisse bei Stern-Dreieck-Anlauf

zahl erfolgt die Umschaltung von Stern auf Dreieck mittels sog. *Stern-Dreieck-Schalter* (Abb. 204).

Bei diesem Verfahren ergibt sich jedoch nur ungefähr ⅓ der normalen Anzugskraft, so daß es sich nur dort eignet, wo die angetriebene Maschine unbelastet anlaufen kann.

Für Stern-Dreieck-Anlauf ist die Ständerwicklung von vornherein so auszuführen, daß sie im Betrieb in Dreieck geschaltet ist.

Wird in Reihe zum Ständer ein Anlaßwiderstand geschaltet (Abb. 205), so kann damit der Einschaltstrom auf den zum Anlauf erforderlichen Wert herabgesetzt werden, wobei jedoch auch die Anzugskraft wesent-

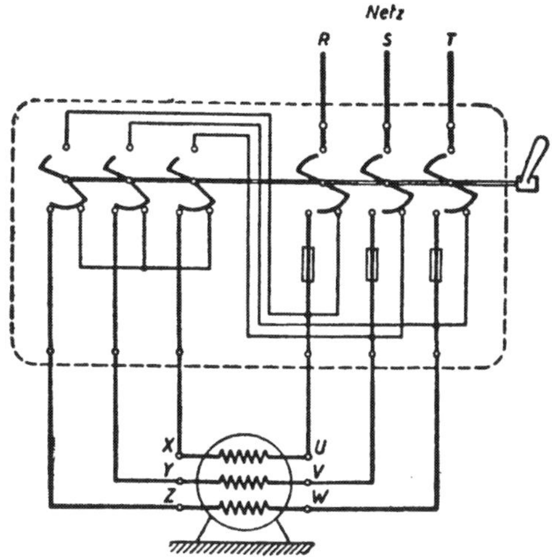


Abb. 204. Schaltbild zum Stern-Dreieck-Schalter

lich kleiner wird. Diese Schaltung wird vielfach z. B. bei kleineren Lüfter-Motoren verwendet, da durch Vorschalten des Anlassers auch die Drehzahl geregelt werden kann. Diese Regelart ist einfach, jedoch unwirtschaftlich, da von der aufgenommenen Leistung ein Teil im Anlaßwiderstand verloren geht.

a)

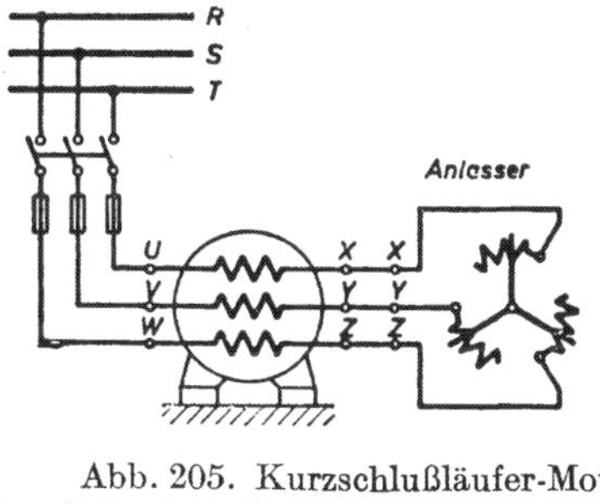


b)

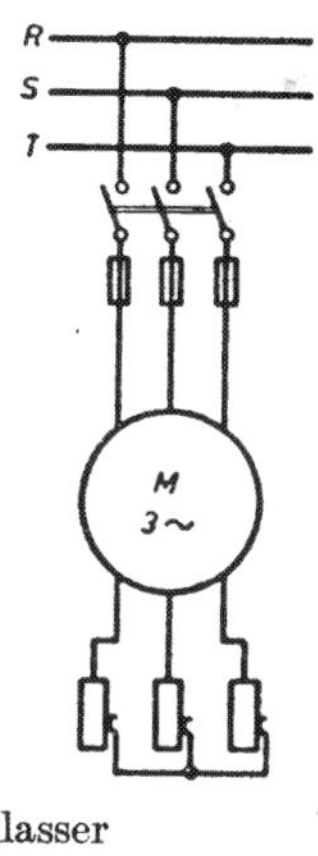


Abb. 205. Kurzschlußläufer-Motor mit Anlasser
a) grundsätzliche Anordnung b) genormtes Schaltbild

## Schleifringläufer-Motoren

Bei Drehstrommotoren mit Schleifringläufer erhält der Läufer eine dreiphasige Wicklung, ähnlich der Ständerwicklung. Die Läuferwicklung in Stern oder Dreieck geschaltet, ist an 3 *Schleifringe* geführt und über Bürsten an einen *Anlaßwiderstand* angeschlossen (Abb. 206).

Damit kann beim Anlauf der Läufer- und Ständerstrom beliebig begrenzt werden. Mit zunehmender Drehzahl wird der Anlasser stufenweise abgeschaltet; schließlich werden bei größeren Motoren die Schleifringe durch eine *Kurzschlußvorrichtung* unmittelbar untereinander verbunden und die Bürsten abgehoben. Die Läuferwicklung ist dann in sich kurzgeschlossen. Nach dem Abstellen ist die Kurzschluß- und Bürstenabhebevorrichtung sowie der Anlasser wieder in Anlaufstellung zu bringen.

a) 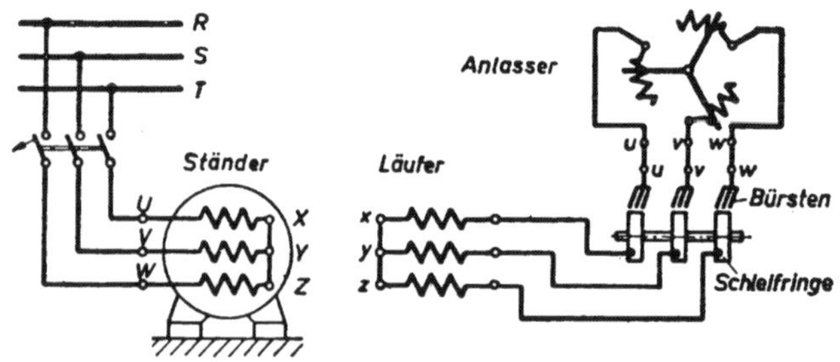


b) 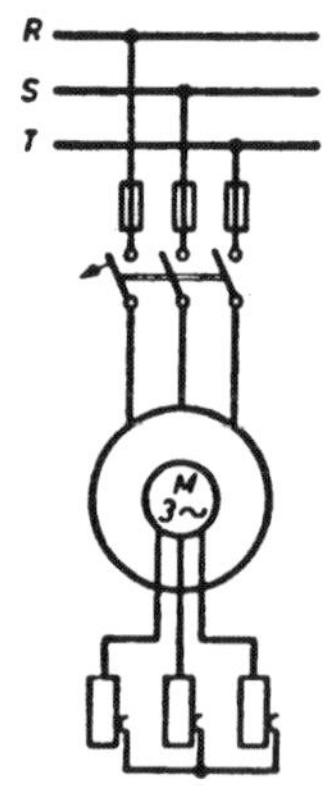


Abb. 206. Schaltbild zu Drehstrommotor mit Schleifringanker
a) grundsätzliche Anordnung b) genormtes Schaltbild

Wie aus nachstehenden Angaben ersichtlich, ergibt dieser Motor, im Vergleich zum Anlaufstrom, eine größere Anzugskraft als der Kurzschlußanker-Motor. Der Widerstand der ersten Anlaßstufe wird je nach dem erforderlichen Anzugsmoment bemessen.

| | | | | |
|---|---|---|---|---|
| Anlaufstrom . . ungefähr | 1,0 | 1,7 | 2,2 | 2,8 mal Vollaststrom |
| Anzugskraft . . ungefähr | 1,0 | 1,5 | 2,0 | 2,5 mal Zugkraft bei Vollast |

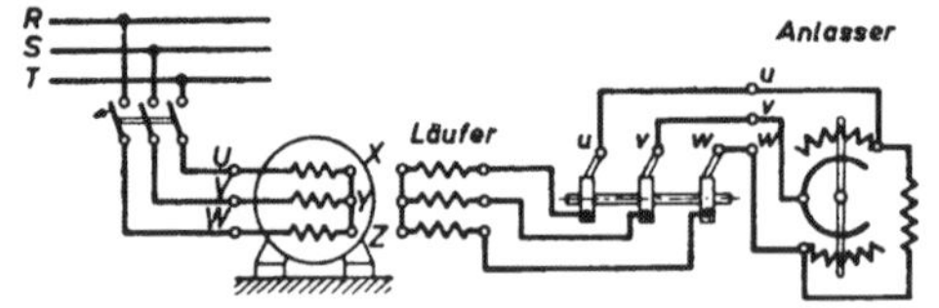


Abb. 207.
Anlaßwiderstand nur in 2 Phasen regelbar

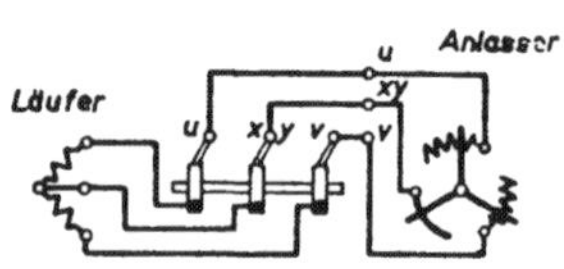


Abb. 208.
2phasiger Schleifringanker

Um eine billigere Anlasserausführung zu erhalten, werden vielfach auch nachstehende Schaltungen gemacht. Bei der Ausführung gemäß Abb. 207 ist der regelbare Anlaßwiderstand nur in 2 Läufersträngen vorgesehen. Abb. 208 zeigt schematisch die Schaltung eines Läufers, der nur 2phasig gewickelt ist.

Abb. 209 zeigt einen Schnitt durch einen Schleifringläufer-Motor mittlerer Leistung. Die auf der Welle verschiebbare Muffe hat 3 Kontakte

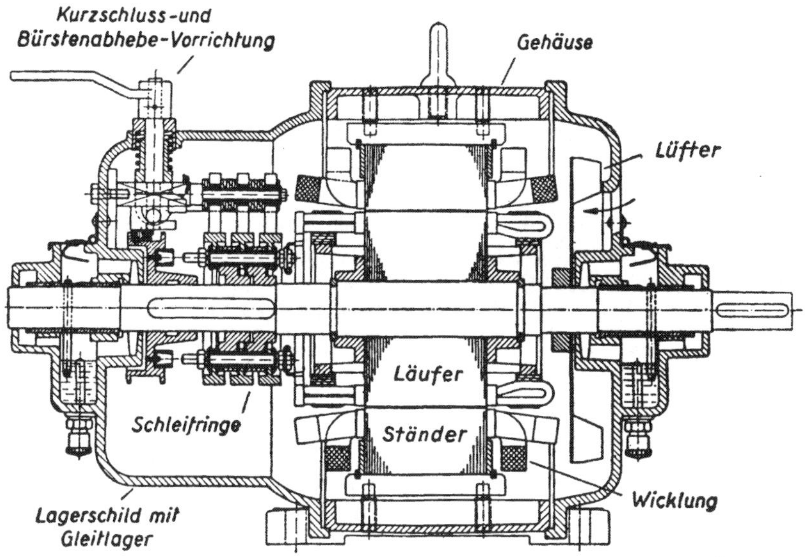


Abb. 209. Schnitt durch Drehstrom-Asynchronmotor mit Schleifringläufer

zum Kurzschließen der Läuferwicklung; mit dem gleichen Betätigungsgriff werden die Bürsten von den Schleifringen abgehoben.

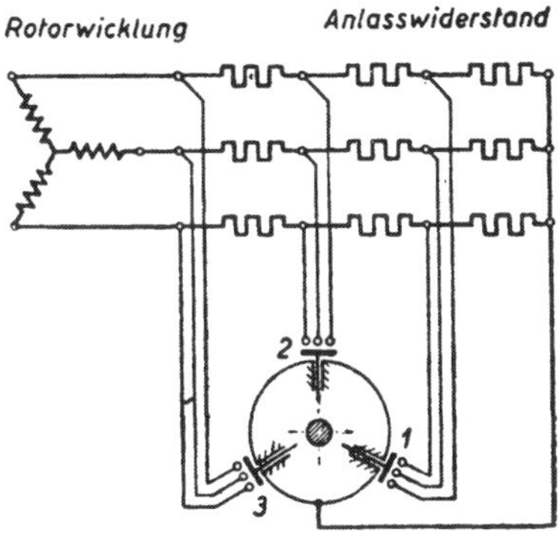


Abb. 210. Läuferschaltung mit Zentrifugal-Anlasser

### Fliehkraftanlasser-Motoren

Die Läuferwicklung ist gleich ausgeführt wie bei einem Schleifringanker. Der Anlaßwiderstand ist jedoch auf dem Läufer angeordnet und wird bei zunehmender Drehzahl selbsttätig abgeschaltet, wobei die Schaltkontakte durch die Fliehkraft betätigt werden (Abb. 210).

Im Stillstand ist der ganze Widerstand vorgeschaltet. Mit steigender Drehzahl schließen nacheinander die Kontakte 1, 2 und 3. Anlaufstrom und Anzugskraft verhalten sich wie beim Schleifringläufer-Motor.

Solche Motoren finden Anwendung bei ungeschultem Personal, öfterem Anlassen, in selbsttätigen Anlagen oder wenn der Motor entfernt von der Einschaltstelle aufgestellt ist. Bei stoßweisen Überlastungen kann eine so große Drehzahlabnahme entstehen, daß die Fliehkraftschalter öffnen und dadurch der Anlaßwiderstand wieder eingeschaltet wird. Erfolgt in einem solchen Fall die Abschaltung des Motors nicht rechtzeitig, so hat dies eine unzulässige Erwärmung des Anlaßwiderstandes zur Folge. Diese Motoren werden heute nur noch selten angewandt.

### Doppelkäfigläufer-Motoren

Im Läufer sind 2 Kurzschlußkäfige angeordnet. Der äußere Käfig besteht aus dünnen Messingstäben, der innere aus dickeren Kupferstäben. Die Stäbe sind wie beim Kurzschlußläufer beiderseitig durch Ringe miteinander verbunden.

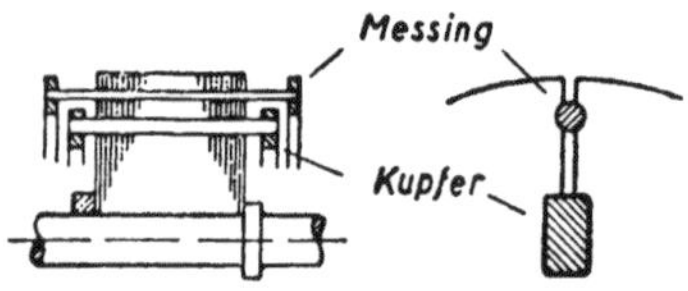

Abb. 211. Doppelkäfig-Läufer

Beim Anlauf haben die im Läufer fließenden Ströme eine größere Frequenz als im Lauf, weil das Drehfeld gegenüber dem Läufer noch viel schneller umläuft. Der innere Käfig hat nun bei der größeren Läuferfrequenz einen viel größeren induktiven Widerstand als der äußere Käfig, so daß die Läuferströme beim Anlauf zunächst vorwiegend in den, einen großen ohmschen Widerstand aufweisenden Messingstäben verlaufen. Mit zunehmender Drehzahl wird jedoch die Läuferfrequenz und damit der induktive Widerstand des inneren Käfigs kleiner. Da dieser einen sehr geringen ohmschen Widerstand hat, fließen daher im Lauf die Läuferströme zur Hauptsache im Kupferkäfig. Diese Anordnung ergibt also beim Anlauf einen zur Herabsetzung des Anlaufstromes genügend großen Läuferwiderstand (Außenkäfig), der mit zunehmender Drehzahl von selbst kleiner wird (Innenkäfig). Gegenüber Kurzschlußläufer-Motoren erreicht man damit einen kleineren Anlaufstrom, wie aus folgenden Angaben ersichtlich ist.

| Polzahl des Motors . . . | 2 | 4 | 6 | 8 |
|---|---|---|---|---|
| Anlaufstrom . . ungefähr | 4,5 | 4 | 4 | 3,8 mal Vollaststrom |
| Anzugskraft . . ungefähr | 1,9 | 1,7 | 1,6 | 1,5 mal Zugkraft bei Vollast |

Diese Motoren werden daher für größere Leistungen als Kurzschlußläufer-Motoren zugelassen. Doppelkäfigläufer-Motoren finden besondere

Anwendung, wo große Anzugskraft erforderlich, wie z. B. für den Antrieb von Kompressoren, Pumpen, Aufzügen usw. Zur weiteren Verringerung des Anlaufstromes kann auch Stern-Dreieck-Anlauf vorgesehen werden.

Eine ähnliche Wirkung wie beim Doppelkäfig wird mit dem *Tiefnutanker* erreicht. Es ist dies ein Kurzschlußläufer mit hohen Stäben bzw. tiefen Nuten (Abb. 212).

Abb. 212. Stab des Tiefnutläufer-Motors

**Drehrichtungs-Änderung**

Zur Umkehr der Drehrichtung eines Asynchronmotors sind zwei beliebige Motorzuleitungen des Drehstromnetzes zu vertauschen, wie dies aus Abb. 213 ersichtlich.

Falls bei einem Motor mit Stern-Dreieck-Anlauf die Umkehr der

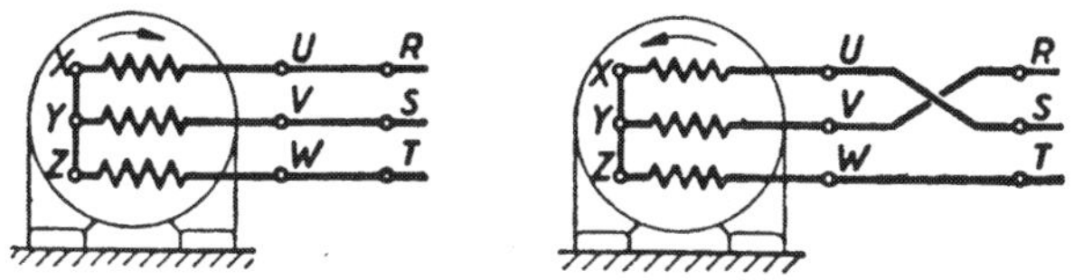


Abb. 213. Umkehr der Drehrichtung

Drehrichtung durch eine Änderung in den Verbindungsleitungen zwischen Stern-Dreieck-Schalter und Motor zu bewirken ist, dann sind 2 Leitungspaare gegenseitig zu vertauschen (Abb. 214). Einfacher ist es, 2 Netzleitungen zu vertauschen.

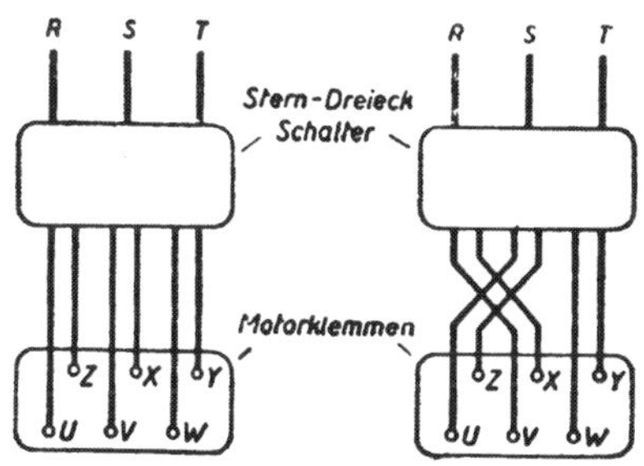


Abb. 214. Umkehr der Drehrichtung bei Motor mit Stern-Dreieck-Anlauf

**Drehzahl-Regelung**

Bei *Schleifringläufer-Motoren* kann durch Einschalten des Anlaßwiderstandes in den Läuferstromkreis die Umdrehungszahl bis auf ungefähr 40% der Nenndrehzahl heruntergeregelt werden. Die vom Motor aufgenommene Leistung wird dabei jedoch zum Teil im Anlaßwiderstand verbraucht. Diese Regelung ist also mit Verlusten verbunden, d. h. unwirtschaftlich. Der zur Drehzahl-Regelung verwendete Widerstand wird auch als *Schlupfwiderstand* bezeichnet.

Bei *Kurzschlußläufer-Motoren* kann die Drehzahl durch Vorschalten von Widerstand in Reihe zum Ständer geregelt werden; dies verursacht jedoch zusätzliche Verluste (s. S. 143).

*Polumschaltbare Motoren.* Vielfach genügt für einen Antrieb auch nur die Einstellung auf bestimmte Drehzahlen. In einem solchen Fall können *polumschaltbare Motoren* verwendet werden. Bei diesen ist die Ständerwicklung mittels Schaltwalze auf 2 Polzahlen, z. B. auf 4 und 8 Pole umschaltbar. Dadurch erhält man 2 wirtschaftliche Drehzahlen. Zusätzliche Verluste ergeben sich nicht. Polumschaltbare Motoren finden z. B. zum Antrieb von Werkzeugmaschinen Anwendung.

*Frequenzregelung.* Eine weitere Möglichkeit der Drehzahlregelung von Kurzschlußläufermotoren ist die, dem Motor veränderliche Frequenzen zuzuführen. Diese werden einem regelbaren Frequenz- oder Perioden-Umformer entnommen. Beim Antrieb von Spinnereimaschinen wird von der Frequenzregelung Gebrauch gemacht.

Hinsichtlich Einfachheit und Wirtschaftlichkeit der Drehzahl-Regelung sind Gleichstrom-Motoren den Asynchron-Motoren überlegen.

### Umschaltung auf verschiedene Spannungen

Die 3 Phasen einer Ständerwicklung können in Dreieck oder Stern geschaltet werden. Ist bei Dreieckschaltung der Motor z. B. an 220 V

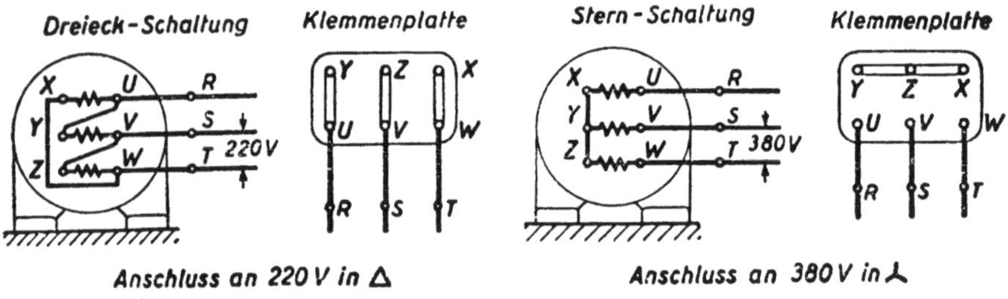


Abb. 215. Umschaltung eines Drehstrommotors auf zwei Spannungen

anzuschließen, so hat für Sternschaltung der Anschluß an eine 1,73mal größere Spannung d. h. 380 V zu erfolgen (Abb. 215).

Wie aus Abb. 215 ersichtlich, bleibt für beide Schaltungen die Spannung je Phase unverändert, nämlich 220 V. Durch diese Umschaltung von Dreieck auf Stern kann somit ein Drehstrommotor für zwei verschiedene Spannungen verwendet werden. Die Motorleistung bleibt dabei gleich.

Um für die Umschaltung einfache Verbindungen auf dem Klemmenbrett zu erhalten, sind die Wicklungsanschlüsse meistens nach obiger Anordnung ausgeführt.

**Betriebseigenschaften**

Aus den in Abb. 216 dargestellten Kurven ist das Verhalten der Drehzahl, des $\cos\varphi$, des Stromes und des Wirkungsgrades in Abhängigkeit der Leistungsabgabe ersichtlich. Die eingetragenen Werte wurden durch einen *Belastungsversuch* ermittelt. Der Motor wird zu diesem Zweck abgebremst und Drehzahl, Stromaufnahme, Spannung, Leistungsaufnahme und Leistungsabgabe gemessen.

Die *Drehzahl* $n$ bleibt praktisch konstant.

Der *Wirkungsgrad* $\eta$ ist zwischen Halblast und Vollast beinahe konstant. Dies ist günstig mit Rücksicht auf Belastungsschwankungen. Unter Halblast nimmt $\eta$ stark ab.

Der *cos* $\varphi$ ist bei Vollast 0,81 und sinkt auf 0,18 im Leerlauf.

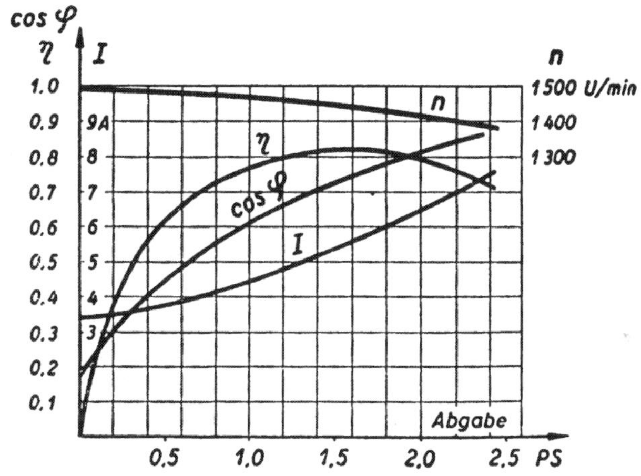


Abb. 216. Verhalten des Drehstrommotors bei Belastung

Mit Rücksicht auf $\eta$ und $\cos\varphi$ arbeitet ein teilweise belasteter Motor nicht wirtschaftlich. Es ist daher nachteilig, einen Motor größer zu wählen, als unbedingt erforderlich, weil er sonst nicht mit größtem $\eta$ und $\cos\varphi$ arbeitet.

Der *Strom* $I$ nimmt im Vergleich zur Leistung anfänglich nur langsam zu; bei 0,5 kW ist $I = 3{,}8$ A, bei 1 kW ist $I = 4{,}3$ A. Dieses Verhalten ist auf das gleichzeitige starke Anwachsen des $\cos\varphi$ zurückzuführen.

*Leistungsfaktor-Verbesserung.* Sind z. B. in einer Fabrik mehrere Asynchron-Motoren angeschlossen, so sind sie im allgemeinen nicht ständig mit Vollast im Betrieb. Ist ihre durchschnittliche Belastung so niedrig, daß der mittlere $\cos\varphi$ der Anlage niedrig wird, so kann infolge des $\cos\varphi$-Tarifes der Rechnungsbetrag für die verbrauchte elektrische Arbeit unter Umständen bedeutend höher werden (s. S. 119). In einem solchen Fall wird der Abnehmer den $\cos\varphi$ mittels Kondensatoren verbessern. Diese werden entweder an einige größere Motoren angeschlossen (Abb. 217) oder es wird für die ganze Anlage eine Kondensatorenbatterie vorgesehen. Falls der Kondensator sich nicht auf Motorwicklung entladen kann, sind besondere Entladewiderstände vorzusehen.

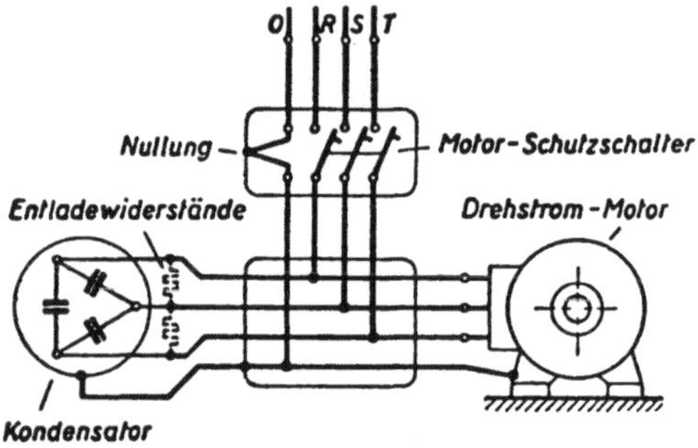

Abb. 217. Drehstrommotor mit Kondensator zur $\cos\varphi$-Verbesserung

Meistens wird der $\cos\varphi$ nicht auf den Wert 1, sondern höchstens auf ungefähr 0,95 verbessert. Bleibt sich der Leistungsbedarf der Anlage gleich, so ist nach der $\cos\varphi$-Verbesserung der Strom in den Zuleitungen kleiner. Es könnten somit an die gleiche Leitung noch weitere Verbraucher angeschlossen werden.

### Hauptsächliche Störungen an Drehstrommotoren

*Motor läuft nicht an:* Prüfen, ob Sicherungen durchgebrannt oder schlecht angezogen sind. Bei Schleifringläufer-Motoren auch Bürstenauflage, Anlasser und Anlasserzuleitungen mit Leistungsprüfer auf etwaigen Leitungsbruch prüfen.

*Motor läuft erst an, wenn Anlasser teilweise eingeschaltet,* dann aber mit Ruck: Ursache ist Unterbrechung in den ersten Anlasserstufen oder Anlasser-Kontakte sind angeschmort.

*Beim Einschalten brennen Sicherungen durch:* Dies weist auf Kurzschluß hin. Leitungen vom Schalter zum Motor und zum Anlasser sowie Ständer- und Läuferwicklung auf Schluß prüfen. Untersuchen ob Schluß nicht etwa zwischen Schleifringen oder Bürsten.

*Windungsschluß einer Strangwicklung* verursacht starkes Brummen und große Stromaufnahme. Windungsschluß im Läufer wirkt sich gleich aus. Vom Windungsschluß betroffene Spule erwärmt sich stark.

*Langsamer Anlauf des Motors und starker Drehzahlabfall* bei Belastung weist auf Unterbrechung in einem Läuferstrang hin; bei Kurzschlußläufer-Motoren Unterbrechung im Käfig. Wicklungen mit Prüflampe untersuchen. Bürstenauflage und Kurzschlußkontakte sowie Leitungen zwischen Motor und Anlasser und diesen selbst nachsehen.

*Zu große Drehzahlabnahme beim Anlassen* und plötzliche Drehzahlzunahme beim Einlegen der Kurzschlußvorrichtung rührt von zu kleinem Leitungsquerschnitt zwischen Motor und Anlasser her. Ergibt sich die Drehzahlabnahme erst bei Belastung, so ist ein Strang der Ständerwicklung oder eine Ständerzuleitung unterbrochen. Sicherungen nachprüfen.

*Zu starke Erwärmung des Motors* rührt meistens von Überlastung her; es ist auch zu prüfen ob der Läufer streift. Zu hohe Lagertemperatur (bis 80° C zulässig) kann auf Klemmen der Schmierringe (Kontrolle bei Ingangsetzung) oder auf zu starken Riemenzug zurückzuführen sein.

## Einphasen-Asynchronmotoren

### Allgemeines

Unterbricht man an einem im Lauf sich befindlichen Drehstrommotor eine Zuleitung, so läuft er bei nicht zu starker Belastung auch so weiter. Dies entspricht einem 2poligen oder einphasigen Anschluß des Motors (Abb. 218).

Es ergibt sich daraus, daß asynchrone Motoren auch für Einphasen-Wechselstrom ausführbar sind. Wird jedoch ein stillstehender Motor

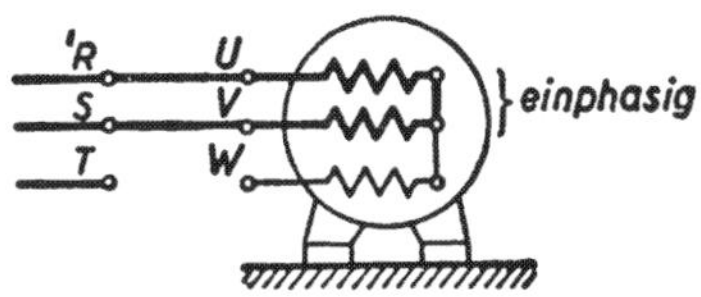


Abb. 218. Drehstrommotor, einphasig angeschlossen

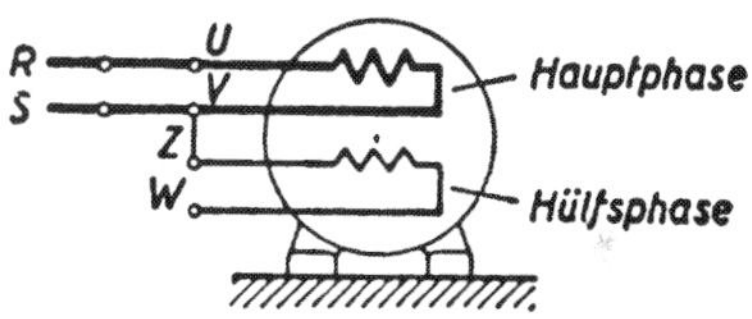


Abb. 219. Einphasen-Asynchromotor. Haupt- und Hilfsphase

in obiger einphasiger Schaltung angeschlossen, so läuft er nicht an. Dies rührt davon her, daß bei einphasigem Anschluß kein Drehfeld entsteht. Ein solches kommt erst zustande, wenn außer der Einphasenwicklung (*Hauptphase*) noch eine zweite Wicklung (*Hilfsphase*) vorgesehen wird (Abb. 219). Die Ströme von Haupt- und Hilfsphase zusammen ergeben jedoch nur ein Drehfeld, wenn sie gegeneinander phasenverschoben sind.

Da nach dem Anlauf der Motor mit der Hauptphase allein weiterläuft, wird dann die Hilfsphase meistens abgeschaltet.

Die Ausführung des Läufers bleibt sich gleich, wie bei Drehstrom-Motoren. Da aber Einphasen-Motoren meistens nur für kleine Leistungen in Frage kommen (größere Motoren werden an 380 oder 500 V Drehstrom angeschlossen) wird der Läufer meistens als Kurzschlußläufer ausgeführt.

## Anlaufschaltungen für Einphasen-Motoren

Die zum Anlauf des Einphasen-Asynchronmotors erforderliche Phasenverschiebung zwischen dem Strom der Haupt- und Hilfsphase wird durch die nachstehend beschriebenen Schaltungen erreicht.

*Ohmscher Widerstand in Reihe zur Hilfsphase* (Abb. 220). Infolge des ohmschen bzw. induktionsfreien Widerstandes ist der Strom in der Hilfsphase weniger phasenverschoben, als der Strom in der Hauptphase. Der Widerstand ist meistens unmittelbar am Motorgehäuse angebaut. Vielfach ist Hilfsphase selbst mit genügendem Widerstand ausgeführt (sog. Widerstands-Hilfsphase). Nach dem Anlauf wird die Hilfsphase mit dem Fliehkraftschalter selbsttätig abgeschaltet. Betriebseigen-

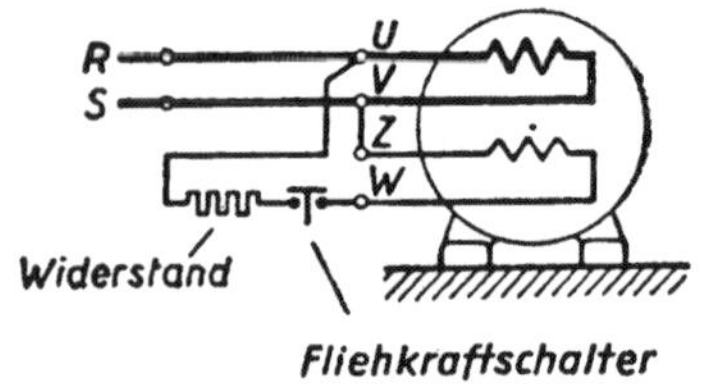


Abb. 220. Einphasen-Asynchronmotor. Anlauf mit Widerstand in Hilfsphase

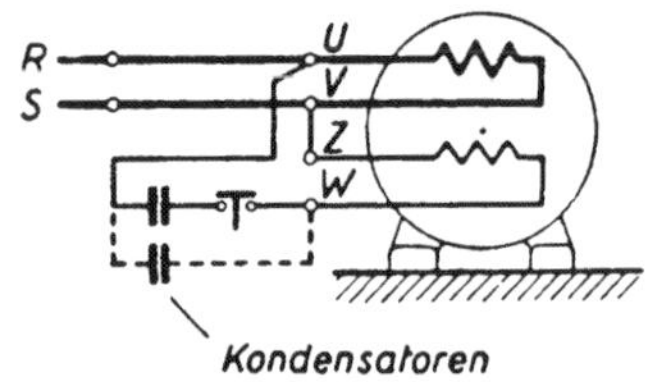


Abb. 221. Einphasen-Asynchronmotor. Anlauf mit Kondensator

schaften: Anzugskraft ungefähr 1mal Vollastzugkraft, Anlaufstrom mit Kurzschlußläufer ungefähr 4mal Vollaststrom, cos $\varphi$ bei Vollast ungefähr 0,75.

*Drosselspule in Reihe zur Hilfsphase.* Schaltung wie nach Abb. 220, jedoch mit Drosselspule an Stelle des Widerstandes. Dadurch hat der Strom in der Hilfsphase eine wesentlich größere Phasenverschiebung als der Strom der Hauptphase. Diese Schaltung wird besonders bei größeren Motoren mit Schleifringläufer angewendet. Nach Anlauf ist Hilfsphase abzuschalten. Betriebseigenschaften: Anzugskraft mit Schleifringläufer bis 2mal Vollastzugkraft, wobei Anlaufstrom ungefähr 2mal Vollaststrom; cos $\varphi$ bei Vollast ungefähr 0,85.

*Kondensator in Reihe zur Hilfsphase* (Abb. 212). Infolge des Kondensators ist der Strom der Hilfsphase gegenüber dem Strom der Hauptphase voreilend. Motoren in dieser Schaltung werden auch als *Kondensatormotoren* bezeichnet.

Beim *Motor mit Anlaufkondensator* wird dieser nach dem Anlauf abgeschaltet. Der Kondensator ist besonders für große Anzugskraft bemessen.

Betriebseigenschaften: Anzugskraft bis 2,5mal Vollastzugkraft, Anlaufstrom mit Kurzschlußanker ungefähr 3mal Vollaststrom, cos $\varphi$ bei Vollast ungefähr 0,65.

Beim *Motor mit Betriebskondensator* bleibt dieser dauernd eingeschaltet. Der Fliehkraftschalter fällt weg. Schaltung wie in Abb. 221 punktiert eingezeichnet. Der Kondensator ist so bemessen, daß bei Vollast $\cos\varphi = 1{,}0$. Dadurch werden jedoch die Anlaufverhältnisse ungünstiger, so daß die Anzugskraft nur ungefähr $\frac{1}{2}$ der Vollastzugkraft beträgt.

Beim *Motor mit Doppelkondensator* (Abb. 221) sind für den Anlauf 2 Kondensatoren eingeschaltet. Nach Anlauf bleibt nur der eine dauernd angeschlossen. Es ergibt sich dadurch eine große Anzugskraft (2,5mal Vollastzugkraft) und im Betrieb ist bei Vollast $\cos\varphi = 1$.

Wegen des günstigen Leistungsfaktors werden in neuerer Zeit Einphasenmotoren fast ausschließlich mit Kondensatoren betrieben.

## Drehrichtungs-Änderung

Zur Änderung der Drehrichtung sind entweder die Anschlüsse der Hilfsphase (Abb. 222a und 222b) oder der Hauptphase (Abb. 222c) zu vertauschen.

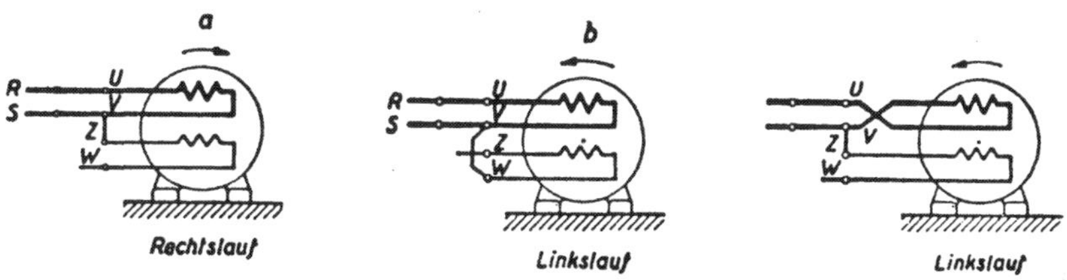


Abb. 222. Einphasen-Asynchronmotor, Drehrichtungsänderung

## Anschluß von Drehstrommotoren als Einphasenmotoren

In der Regel kann jeder Drehstrom-Asynchronmotor auch als Einphasen-Asynchronmotor verwendet werden. Vielfach sind auch die Einphasenmotoren nicht besonders als solche ausgeführt, sondern es werden dazu normale Drehstrommotoren verwendet, besonders wenn eine spätere Umschaltung auf Drehstrom in Aussicht genommen ist.

Wie aus Abb. 223 und Abb. 224 ersichtlich, bilden 2 Strangwicklungen die Hauptphase, die dritte Strangwicklung dient als Hilfsphase. Als Einphasenmotor ist jedoch die Leistung nur ungefähr $^2/_3$ derjenigen als Drehstrommotor.

Ist der Drehstrommotor für eine Betriebsspannung von z. B. 220 V in Dreieck geschaltet, so hat der Anschluß als Einphasenmotor ebenfalls an 220 V zu erfolgen (Abb. 223).

Ist der Drehstrommotor für eine Betriebsspannung von z. B. 220 V in Stern geschaltet, so hat der Anschluß als Einphasenmotor ebenfalls an 220 V zu erfolgen (Abb. 224).

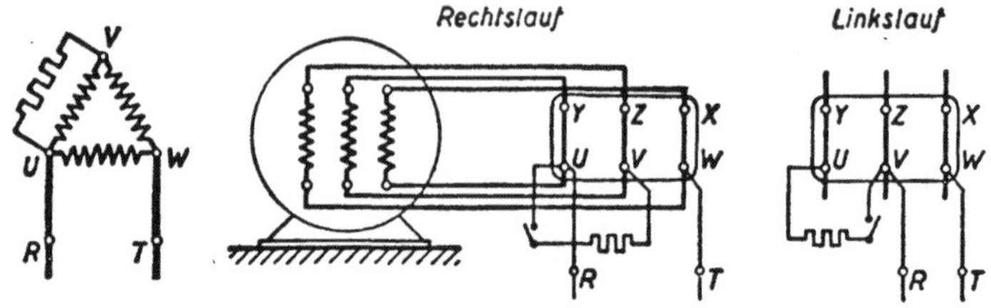

Abb. 223. Drehstrommotor in Dreieckschaltung, als Einphasenmotor geschaltet

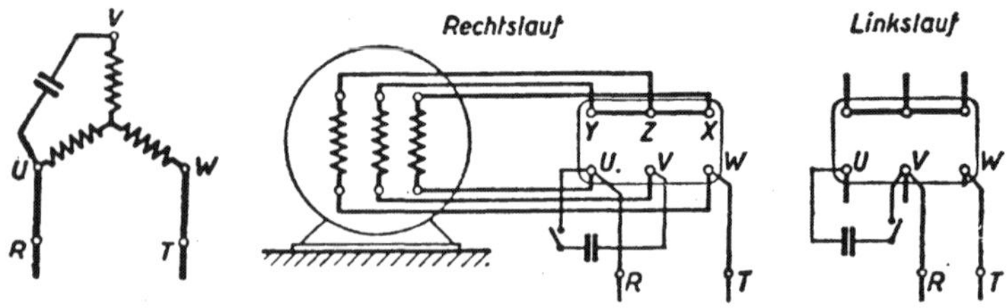

Abb. 224. Drehstrommotor in Sternschaltung, als Einphasenmotor geschaltet

Zur Erzielung der Phasenverschiebung zwischen den Strömen in Haupt- und Hilfsphase wird ein Widerstand oder meistens ein Kondensator vorgesehen.

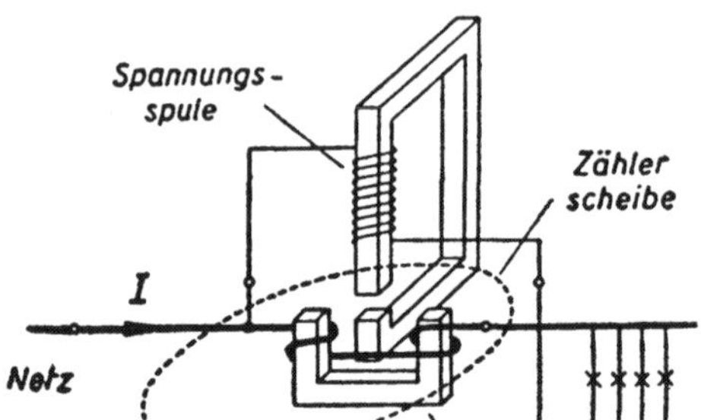

Abb. 225. Wechselstrom kWh-Zähler

Nach Anlauf wird Hilfsphase abgeschaltet, doch ist dies nicht unbedingt erforderlich, weil jede Phase des Drehstrommotors für den Dauerbetrieb bemessen ist.

**Wechselstrom kWh-Zähler**

Bei den kWh-Zählern für Wechselstrom wird das auf die Zählerscheibe ausgeübte Drehmoment in ähnlicher Weise wie beim Einphasenmotor erzeugt. Die Stromspulen entsprechen der Hauptphase, die Spannungsspule entspricht der Hilfsphase (Abb. 225). Infolge der vielen Windungen ist letztere stark induktiv, so daß ihr Strom gegenüber dem Belastungsstrom $I$ nacheilend bzw. phasenverschoben ist. Die Zählerscheibe wirkt wie ein Kurzschlußläufer.

### Einphasen-Asynchronmotoren kleiner Leistung

Einphasen-Asynchronmotoren werden auch nach der in Abb. 226 dargestellten Anordnung ausgeführt. Das von der Ständerspule erzeugte Wechselstrom-Magnetfeld hat in der Scheibe sowie in den beiden Kurzschlußringen Ströme vom eingezeichneten Verlauf zur Folge. Zwischen dem Strom in den Kurzschlußringen und den Strömen in der Scheibe ergibt sich eine Kraftwirkung, wodurch die Scheibe in Drehung ver-

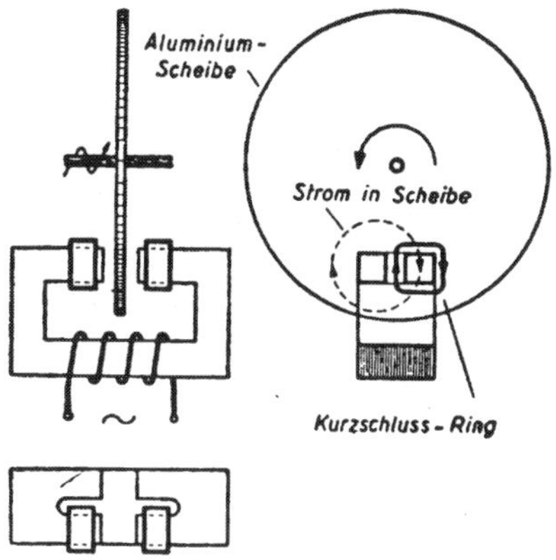


Abb. 226.
Ferraris-Motor

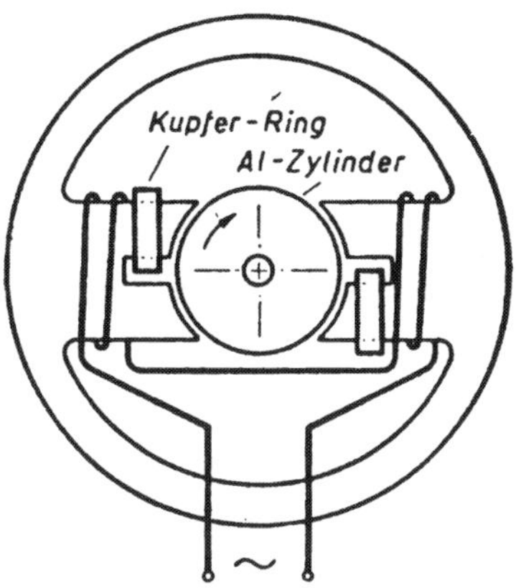


Abb. 227. Einphasen-Asynchronmotor für kleine Leistungen

setzt wird. In obiger Ausführung wird dieser Motor in Relais verwendet; er wird als *Ferraris-Motor* bezeichnet.

Als *Kleinmotor* (für Grammophonantrieb usw.) wird der Läufer zylindrisch ausgeführt, z. B. als Aluminiumzylinder oder auch wie ein Kurzschlußanker. Der Ständer hat sog. ausgeprägte Pole, auf denen je ein Kurzschlußring angeordnet ist (Abb. 227). Dadurch wird ein Teil des magnetischen Flusses gegenüber dem anderen phasenverschoben, wodurch ein Drehmoment auf den Aluminiumzylinder ausgeübt wird.

# Wechselstrom-Kollektormotoren

## Einphasen-Reihenschlußmotor

*Schaltung* und Wirkungsweise sind gleich wie beim Gleichstrom-Reihenschlußmotor (s. S. 107). Der *Läufer* ist wie der Anker eines Gleichstrommotors ausgeführt. Der *Ständer* ist aus Blechen zusammengesetzt, weil das darin verlaufende Magnetfeld durch Wechselstrom erzeugt wird

(Wirbelströme, s. S. 90). Größere Motoren haben keine besonderen Polkerne mit Polspulen, sondern es ist die Ständerwicklung in Nuten angeordnet. Abb. 229 zeigt einen derart ausgeführten 2poligen Ständer.

Die *Betriebseigenschaften* des Einphasen-Reihenschlußmotors sind ähnlich wie die des Gleichstrom-Reihenschlußmotors. Er besitzt also großes Anzugsmoment und mit zunehmender Belastung nimmt die Drehzahl beträchtlich ab. Dieses Verhaltens wegen ist der Einphasen-Reihenschlußmotor für Fahrzeuge sehr geeignet. Es findet aber auch viel Anwendung als *Allstrom-* oder *Universal-Motor* für Gleich- und Wechselstrom zum Antrieb von Handbohrmaschinen, Nähmaschinen, Staubsaugern, Küchenmaschinen usw. Gegenüber dem Asynchronmotor hat er den Vorteil, daß Drehzahlen bis ungefähr 20000 U/min möglich sind. Dies ergibt kleinere und leichtere Motoren, geeignet zum Einbau in Elektrowerkzeuge usw.

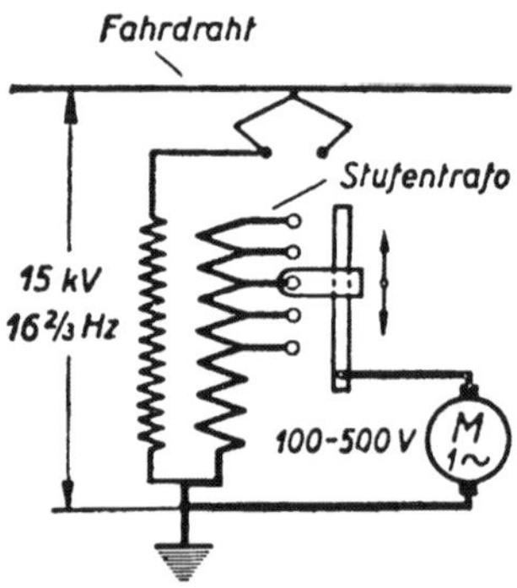

Abb. 228. Schaltung der Vollbahn-Lokomotiv-Motoren

Die *Bayerischen elektrischen Vollbahnen* sind mit Einphasen-Wechselstrom elektrifiziert worden. Der Antrieb der Lokomotiven erfolgt durch Einphasen-Reihenschluß-Kollektormotoren. Die Spannung zwischen Fahrdraht und Schiene beträgt 15 kV; sie wird in einem auf der Lokomotive mitgeführten Umspanner auf die Motorspannung von ungefähr 500 V heruntertransformiert. Das Anlassen der Motoren sowie die Regelung der Drehzahl bzw. der Fahrgeschwindigkeit erfolgt durch Änderung der Motorspannung (von ungefähr 100...500 V) mit dem Stufenumspanner (Abb. 228). Anlaßwiderstände, wie z. B. bei der Straßenbahn, sind daher nicht erforderlich.

Daten einiger Triebfahrzeuge:

Schnellzug-Lokomotive: 4 Triebachsen, insgesamt 6 Achsen, Einzelachsantrieb, je Triebachse 1 Motor von 660 kW, zusammen 2640 kW, höchste Geschwindigkeit 120 km/h.

Aussichtstriebwagen: 2 Triebachsen, insgesamt 4 Achsen, Einzelachsantrieb, je Triebachse 1 Motor von 175 kW, zusammen 350 kW. Geschwindigkeit 120 km/h.

Mit Rücksicht auf einen funkenfreien Lauf der Einphasen-Reihenschlußmotoren muß, an Stelle der üblichen Frequenz von 50 Hz, eine kleinere Frequenz, nämlich $16^2/_3$ Hz verwendet werden. Dies erforderte die Aufstellung bahneigener Werke wie z. B. die Hälfte des Walchesee-werkes, Kraftwerk Muldenstein. Von den Kraftwerken aus erfolgt die Verteilung zu den Unterwerken mit 60 oder 100 kV.

## Repulsions-Motor

Dieser Motor ist für Anschluß an Einphasen-Wechselstrom. Der *Ständer* und *Läufer* sind gleich ausgeführt wie beim Einphasen-Reihenschlußmotor. Es wird jedoch nur die Ständerwicklung an das Netz angeschlossen, während die Ankerwicklung über die Stromwenderbürsten kurzgeschlossen ist (Abb. 229). Die Bürsten sind am Stromwenderumfang verschiebbar.

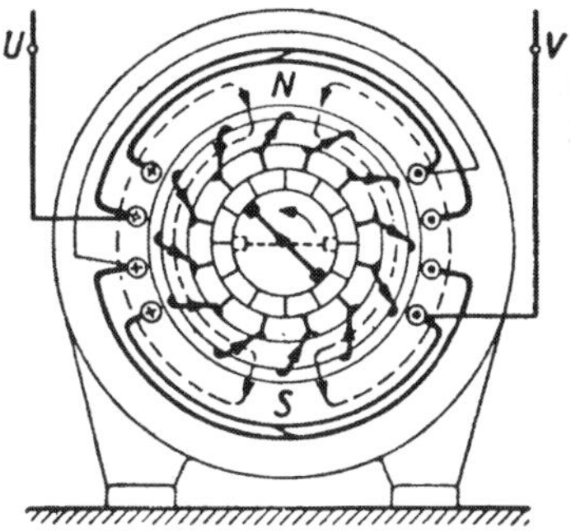

Abb. 229 Repulsions-Motor

Das veränderliche Ständerfeld induziert in der Läuferwicklung eine Spannung. Stehen die kurzgeschlossenen Bürsten in der neutralen Zone (in Abb. 229 punktiert eingezeichnet), so heben sich die in der Ankerwicklung induzierten Spannungen gegenseitig auf und in den Läuferleitern fließt kein Strom. In dieser Bürstenstellung wird daher auf den Läufer kein Drehmoment ausgeübt und eine Drehung des Ankers kommt nicht zustande. Verschiebt man die Bürsten z. B. nach rechts, so heben sich die in der Läuferwicklung induzierten Spannungen nur noch teilweise auf und im Anker und über die Bürstenverbindung fließt ein Strom. Es entsteht ein Drehmoment; aus Abb. 229 ergibt sich, daß der Anker im eingezeichneten Sinn umlaufen muß. Durch weiteres Verschieben der Bürsten wächst das Drehmoment und damit auch die Drehzahl.

Verschiebt man die Bürsten, von der neutralen Stellung ausgehend im umgekehrten Sinn, so kehrt die *Drehrichtung* um. Bei diesem Motor erfolgt also das Anlassen, die stufenlose Drehzahlregelung und die Umkehr der Drehrichtung lediglich durch Bürstenverschiebung.

Die Drehzahl ist, außer von der Bürstenstellung, auch wesentlich von der Belastung abhängig, ähnlich wie dies beim Reihenschlußmotor der Fall ist.

Dieser Motor findet dort Anwendung, wo ein stoßfreies Anlaufen oder eine weitgehende und feinstufige Regelung der Drehzahl erforderlich ist, wie z. B. zum Antrieb von Druckereimaschinen, Spinnmaschinen. Da er jedoch das Drehstromnetz unsymmetrisch belastet, ist er häufig durch die im folgenden Abschnitt erwähnten Drehstrom-Kollektormotoren verdrängt worden.

## Drehstrom-Kollektormotoren

Der *Ständer* ist von gleicher Ausführung wie beim Drehstrom-Asynchronmotor. Der *Läufer* ist wie ein Gleichstromanker gewickelt. Bei einem 2poligen Motor schleifen auf dem Kollektor 3 um 120° versetzte Bürstenreihen, die am Umfang verschiebbar sind.

Beim *Drehstrom-Reihenschluß-Kollektormotor* sind Ständer und Läufer, meist unter Zwischenschaltung eines Umspanners, in Reihe geschaltet. Durch Bürstenverschiebung kann die Drehzahl, ähnlich wie beim Repulsionsmotor, stufen- und verlustlos geregelt werden. Sie ist wie beim Gleichstrom-Reihenschlußmotor vom Drehmoment abhängig, d. h. bei großer Belastung ist die Drehzahl niedrig, bei kleiner dagegen hoch, sog. Reihenschlußverhalten.

Der *Drehstrom-Nebenschluß-Kollektormotor* zeigt dagegen wie der Gleichstrom-Nebenschlußmotor eine von der Belastung unabhängige, nahezu gleichbleibende Drehzahl, sog. Nebenschlußverhalten.

Der Läufer des Drehstrom-Nebenschluß-Kollektormotors trägt meist zwei getrennte Wicklungen deren eine, wie beim Asynchronmotor, an 3 Schleifringe, die andere, wie beim Gleichstrommotor, an einen Stromwender angeschlossen ist. Auf dem Stromwender sind 3, 6 oder mehr Bürstensätze symmetrisch angeordnet. Das Drehstromnetz ist an die 3 Schleifringe angeschlossen. Neben diesem läufergespeisten Motor werden auch noch andere Bauarten hergestellt.

Die Drehzahlregelung ist feinstufig in sehr weiten Grenzen verlustlos möglich. Von allen Elektromotoren hat der Drehstrom-Nebenschluß-Kollektormotor den größten Drehzahlregelbereich.

Drehstrom-Kollektormotoren sind teurer und größer als Asynchron- oder Gleichstrom-Motoren gleicher Leistung und erfordern auch mehr Unterhalt. Wenn jedoch die Drehzahl der angetriebenen Arbeitsmaschine an sehr vielen Betriebsstunden des Jahres geregelt werden muß, ist durch die verlustlose Drehzahlregelung häufig der Antrieb mit Drehstrom-Kollektormotoren wirtschaftlicher als mit anderen Elektromotoren.

# Motorschutz

*Motoren sind vor allem gegen schädliche Erwärmung der Wicklung zu schützen.* Das Verhalten der Schutzvorrichtung soll jedoch so sein, daß die zulässige Überlastbarkeit des Motors nicht beeinträchtigt wird. Der Motorschutz muß somit nur dann ansprechen, wenn die Wicklung ihre höchstzulässige Temperatur (ungefähr 90° C) erreicht hat. Am besten wird dies erreicht, wenn die vom Motorenstrom durchflossene Schutzvorrichtung sich hinsichtlich Erwärmung und Abkühlung gleich verhält wie die Motorwicklung.

Eine Gefährdung der Motorwicklung ergibt sich durch *mechanische Überlastung* des Motors, ferner bei *Unterbrechung eines Hauptleiters.* In diesem Fall läuft der Drehstrommotor als Einphasenmotor weiter und nimmt, auch unterhalb seiner normalen Leistung, einen Strom auf, der die Nennstromstärke übersteigen kann. Auch *Eisenschluß* einer Motorphase kann eine Überlastung des betreffenden Wicklungszweiges verursachen, da dann über den geerdeten Nulleiter ein Fehlerstrom fließt. Damit der Motorschutz jede Phase erfaßt, muß er daher in jeden Hauptleiter eingebaut werden.

Als Motorschutz verwendet man Sicherungen und sog. Motorschutzschalter.

## Sicherungen

Gemäß den „Vorschriften, Regeln und Normen für die Konstruktion und die Prüfung von Installationsmaterial bis 750 V Netzspannung", VDE 0610, §§ 52 und 53 gelten für die üblichen Schmelzsicherungen hinsichtlich Ansprechzeit folgende Forderungen:

*Prüfströme für Schmelzeinsätze*

| 1 | 2 | 3 |
|---|---|---|
| Nennstrom A | Kleinster Prüfstrom | Größter Prüfstrom |
| 6 bis 10 | 1,5 × Nennstrom | 2,10 × Nennstrom |
| 15 „ 25 | 1,4 × Nennstrom | 1,75 × Nennstrom |
| 35 „ 200 | 1,3 × Nennstrom | 1,60 × Nennstrom |

Die Schmelzeinsätze bis 60 A müssen mindestens 1 Stunde, Schmelzeinsätze über 60 bis 100 A mindestens 2 Stunden den kleinsten Prüfstrom aushalten. Mit dem größten Prüfstrom belastet, müssen sie innerhalb der gleichen Zeit abschmelzen.

Das versuchsmäßig gewonnene Verhalten der normalen Schmelzsicherung ist in Abb. 230, Kurve b, graphisch dargestellt.

Aus Kurve a ist ersichtlich, in welchem Maß ein Motor überlastet werden kann, ohne die zulässige Wicklungstemperatur zu überschreiten. Es ist dabei angenommen, daß der Motor bereits im betriebswarmen Zustand ist bzw. solange mit Vollast im Betrieb war, bis seine Wicklungstemperatur nicht mehr ansteigt. So könnte z. B. der Motor den 2,5fachen Nennstrom noch während ungefähr 15 Sekunden aushalten; die zugehörige Sicherung spricht bei diesem Strom jedoch bereits nach 1 Sekunde an. Eine kleinere Überlast, z. B. den 1,4fachen Nennstrom, hält der Motor ungefähr 5 Minuten aus; die Sicherung spricht bei diesem Strom jedoch erst nach etwa 1 Stunde an.

Aus diesem Vergleich ergibt sich, daß im Bereich, wo Kurve b oberhalb Kurve a verläuft, der Motor durch die Sicherung ungeschützt ist; wo die Kurve b unterhalb Kurve a verläuft, spricht die Sicherung an, ohne daß der Motor gefährdet ist. Kurve c zeigt das Verhalten einer sog.

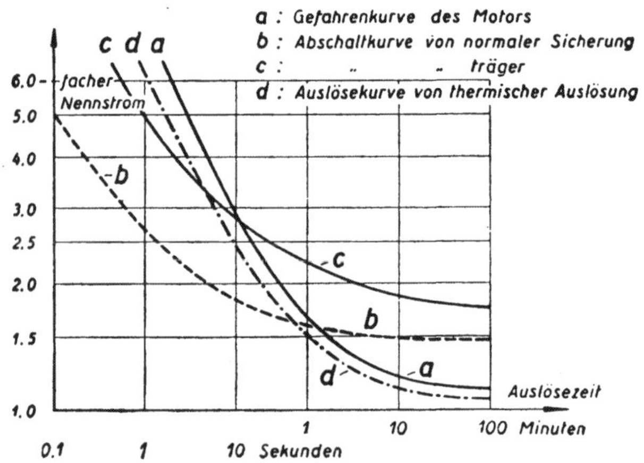


Abb. 230. Strom-Zeit-Kurven

*trägen Sicherung*; bei größerem Überstrom hat diese eine längere Ansprechzeit.

Wird die träge Sicherung mit kleinerem Nennstrom als der Motor gewählt, so bietet sie auch bei kleiner Überlast noch Schutz und ermöglicht andererseits, die kurzzeitige Überlastbarkeit des Motors teilweise auszunützen. Sicherungen werden meistens nur als Grobschutz vorgesehen.

## Motorschutzschalter

Der Schutz des Motors gegen schädliche Erwärmung erfolgt durch *thermische Relais*, welche durch den Motorstrom beheizt werden. Man verwendet dazu *Bimetallstreifen*, bestehend aus zwei aufeinandergewalzten Metallen mit verschiedener Wärmeausdehnung. Der Streifen ist vom Motorstrom durchflossen oder auch durch einen kleinen Widerstand beheizt. Infolge der ungleichen Ausdehung der beiden Metalle biegt sich der Streifen und betätigt auf diese Weise die Schalterauslösung. Die Formänderung ist abhängig von der Erwärmung des Streifens bzw. vom Motorstrom.

In Abb. 230, Kurve d, ist der Zusammenhang zwischen Strom und Auslösezeit eines Bimetallstreifens dargestellt; Kurve a gibt die Überlastbarkeit des Motors an. Aus dem Vergleich der beiden Kurven ist ersichtlich, daß der Motor bei jeder Überlast geschützt und eine fast völlige Ausnützung seiner Überlastbarkeit möglich ist.

Das Schaltbild eines Motorschutzschalters ist aus Abb. 231 ersichtlich. Die thermischen Auslöser werden in 2, besser in allen 3 Hauptleitern eingebaut.

Die Einstellung der thermischen Auslöser hat auf den Nennstrom (Vollaststrom) des Motors zu erfolgen. Bei größerem Überstrom, z. B. infolge Kurzschluß, Erdschluß usw. ist eine sofortige Abschaltung erforderlich. Dies wird erreicht durch eine *elektromagnetische Schnellauslösung*; diese Auslöser sind in jeden Hauptleiter einzubauen. Als Kurzschluß-Schutz werden auch Sicherungen verwendet.

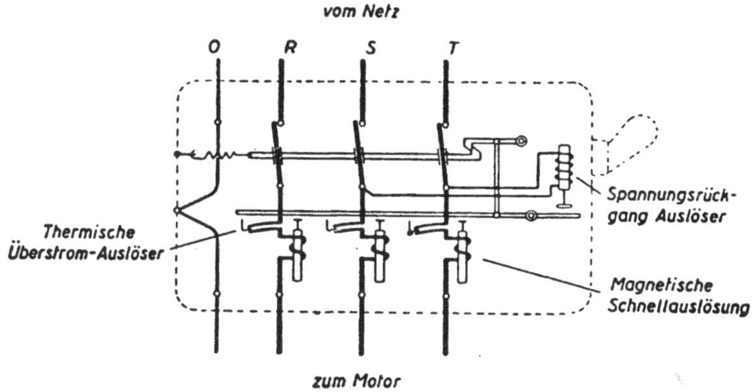


Abb. 231. Schaltbild eines Motorschutzschalters

Vielfach wird noch eine *Nullspannungsauslösung* vorgesehen. Sobald die Spannung ausbleibt oder unter einen kleinsten Wert sinkt, wird dadurch der Schalter ausgelöst und damit ein unbeabsichtigter Anlauf des Motors bei plötzlicher Wiederkehr der Spannung verhindert. Die Nullspannungsauslösung kann auch zur *Fernauslösung* verwendet werden, indem dieser Stromkreis mittels Druckknopf unterbrochen wird.

Motorschutzschalter müssen mit einer Freiauslösung versehen sein; d. h. der Schalter muß auch dann auslösen können, wenn der Schaltergriff festgehalten wird. Eine Verriegelung bezweckt, daß der Deckel des Schaltkastens nur in der Ausschaltstellung geöffnet werden kann und daß in offenem Zustande ein Einschalten nicht ohne weiteres möglich ist. Unter Spannung stehende Teile sollen durch eine Schutzüberdeckung der zufälligen Berührung entzogen sein.

# Verteilungsnetze und Leitungsbemessung
# Schutzmaßnahmen

## Verteilungsnetze und Leitungsbemessung

### Allgemeines

Die Bemessung von Leitungen hat mit Rücksicht auf den *Spannungsverlust* und die *Erwärmung* zu erfolgen. Bei Freileitungen ist auch die mechanische Festigkeit von Bedeutung.

In Lampenzuleitungen darf der Spannungsverlust $U_V$ bei voller Belastung höchstens 3% der Netzspannung betragen, da sonst Helligkeitsschwankungen bemerkbar sind. In Motorzuleitungen sind bis 5% Spannungsverlust zulässig (s. S. 12).

In den „Vorschriften nebst Ausführungsregeln für die Errichtung von Starkstromanlagen mit Betriebsspannungen unter 1000 V“, VDE

*Belastungstafel für isolierte Leitungen*

| Nennquerschnitt | Mit Kupferleitern | | | | Mit Aluminiumleitern | |
|---|---|---|---|---|---|---|
| | Höchste dauernd zulässige Stromstärke | Nennstromstärke für entsprechende Schmelzsicherung | Höchste dauernd zulässige Stromstärke | Nennstromstärke für entsprechende Schmelzsicherung | Höchste dauernd zulässige Stromstärke | Nennstromstärke für entsprechende Schmelzsicherung |
| mm² | A | A | A | A. | A | A |
| 0,75 | — | — | 10 | 6 | — | — |
| 1 | 12 | 6 | 17 | 10 | — | — |
| 1,5 | 16 | 10 | 21 | 15 | — | — |
| 2,5 | 21 | 15 | 27 | 20 | 17 | 10 |
| 4 | 27 | 20 | 35 | 25 | 22 | 15 |
| 6 | 35 | 25 | 48 | 35 | 28 | 20 |
| 10 | 48 | 35 | 66 | 60 | 38 | 25 |
| 16 | 66 | 60 | 90 | 80 | 53 | 35 |
| 25 | 90 | 80 | 110 | 100 | 72 | 60 |
| 35 | 110 | 100 | 140 | 125 | 90 | 80 |
| 50 | 140 | 125 | 175 | 160 | 110 | 100 |
| 70 | 175 | 160 | 215 | 200 | 140 | 125 |
| 95 | 215 | 200 | 260 | 225 | 175 | 160 |
| 120 | 255 | 225 | 305 | 260 | 205 | 200 |
| 150 | 295 | 260 | 350 | 300 | 235 | 225 |
| 185 | 340 | 300 | 400 | 350 | 270 | 260 |
| 240 | 400 | 350 | 480 | 430 | 320 | 300 |
| 300 | 470 | 430 | 570 | 500 | 375 | 350 |

0100 sind für die höchste dauernd zulässige Stromstärke und die Nennstromstärke der zugehörigen Schmelzsicherungen von isolierten Kupfer- und Aluminiumleitungen in § 20 Belastungstafeln angegeben. Einen Auszug daraus gibt nebenstehende Tabelle.

Querschnitte bis und mit 16 mm² werden meist als Massivdraht, Querschnitte ab 25 mm² als steifes Seil ausgeführt.

**Zweileiternetz**

Angewendet für Gleichstrom und Einphasen-Wechselstrom. Licht- und Kraftbelastung wird an die gleichen Leitungen angeschlossen.

*1. Beispiel:* An eine 25 m lange Kupferleitung sind z. B. 20 Lampen mit je 0,5 Stromaufnahme angeschlossen (Abb. 232). Netzspannung 110 V. Wie groß ist der Leitungsquerschnitt auszuführen, damit der Spannungsverlust höchstens 2% der Netzspannung beträgt?

Lösung: $U_V$ = Spannungsverlust $l$ = einfache Leitungslänge in m
$\varkappa$ = Leitfähigkeit $q$ = Leitungsquerschnitt in mm²
$R$ = Leitungswiderstand $I$ = größter Belastungsstrom

$$U_V = R \cdot I \qquad R = \frac{2 \cdot l}{\varkappa \cdot q} \qquad U_V = \frac{2 \cdot l}{\varkappa \cdot q} \cdot I.$$

Erforderlicher Leitungsquerschnitt:

$$\boxed{q = \frac{2 \cdot I \cdot l}{\varkappa \cdot U_V}}$$

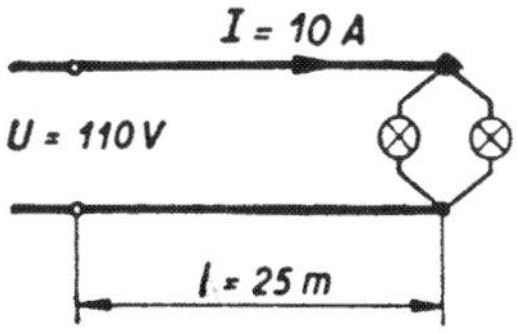

Abb. 232. Zweileiternetz

Für obiges Beispiel wird somit: $U_V = 2\%$ von $110\,\text{V} = 2{,}2\,\text{V}$

$$q = \frac{2 \cdot 10 \cdot 25}{56 \cdot 2{,}2} = 4\ \text{mm}^2.$$

Mit Rücksicht auf die Feuersicherheit würde für 10 A ein Querschnitt von 1,5 mm² genügen.

*2. Beispiel:* An einer Steigleitung sind mehrere Stockwerkanschlüsse vorhanden, wie dies aus Abb. 233 ersichtlich. Mit Rücksicht auf den zulässigen Spannungsverlust in der Steigleitung berechnet sich der Leitungsquerschnitt wie folgt:

$$\boxed{q = \frac{2}{\varkappa \cdot U_V}(I_1 \cdot l_1 + I_2 \cdot l_2 + I_3 \cdot l_3 + \cdots)}$$

$U_V$ = Spannungsverlust in der Steigleitung bis zum obersten Anschluß.

Für die in Abb. 233 eingetragenen Werte erhält man, wenn $U_V = 2\%$ von 220 V = 4,4 V betragen darf:

$$A = q = \frac{2}{56 \cdot 4{,}4} (6 \cdot 8 + 10 \cdot 12 + 9 \cdot 16) = 2{,}5 \text{ mm}^2.$$

Mit Rücksicht auf den vorgeschriebenen Spannungsverlust würde ein Querschnitt von 2,5 mm² genügen. Da jedoch der Gesamtstrom im untersten Abschnitt der Steigleitung 25 A beträgt, ist mit Rücksicht auf die Feuersicherheit ein Querschnitt von 6 mm² erforderlich. Von den meisten Elektrizitätswerken ist für die Hauptleitung ein Mindestquerschnitt von 6 mm², in kleineren Anlagen von 4 mm² vorgeschrieben.

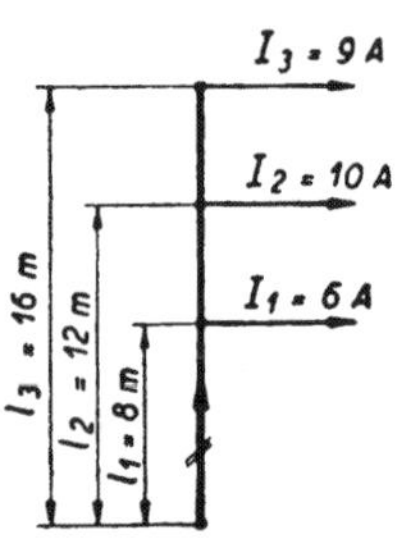


Abb. 233. Zweileiternetz. Steigleitung mit Abzweigungen

### Dreileiternetz

Angewendet vor allem für Gleichstrom und seltener Einphasen-Wechselstrom. Die Verteilung erfolgt mit 2 Spannungen, z. B. 220 V für Lampen und 440 V für Motoren. Zur Verteilung sind insgesamt 3 Leiter nötig, nämlich die beiden *Außenleiter* und ein *Mittelleiter* (Abb. 234). Bei Wechselstrom wird der Mittelleiter an die Mitte der Sekundärwicklung des Umspanners angeschlossen. Lampen werden zwischen Mittelleiter und beiden Außenleitern angeschlossen. Bei symmetrischer Belastung der Außenleiter fließt kein Strom im Mittelleiter.

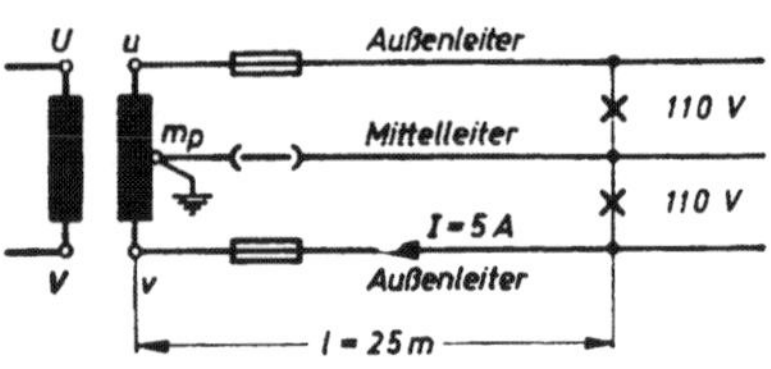


Abb. 234. Dreileiternetz

3. *Beispiel:* An das Dreileiternetz nach Abb. 234 werden insgesamt 20 Lampen mit einer Stromaufnahme von je 0,5 A angeschlossen. Der Leitungsquerschnitt ist so zu bemessen, daß der Spannungsverlust 2% beträgt.

Lösung: Es werden je 10 Lampen zwischen Mittelleiter und beide Außenleiter geschaltet. Bei dieser symmetrischen Belastung fließt kein Mittelleiterstrom. Die Verhältnisse sind daher wie bei einer Zweileiteranlage von 220 V und einem Außenleiterstrom $I = 5$ A. Somit $U_V = 2\%$ von 220 V = 4,4 V, und

$$q = \frac{2 \cdot I \cdot l}{\varkappa \cdot U_V} = \frac{2 \cdot 5 \cdot 25}{56 \cdot 4{,}4} = 1 \text{ mm}^2.$$

Verglichen mit dem Zweileiternetz (s. S. 163), von gleicher Leitungslänge und gleicher Anzahl angeschlossener Lampen, wird somit beim Dreileiternetz der Querschnitt 4mal kleiner.

Bei unsymmetrischer Belastung der Außenleiter fließt im Mittelleiter ein Strom entsprechend der Differenz der Außenleiterströme. Damit dies stets möglich ist, darf der Mittelleiter nicht abgesichert werden.

Der Mittelleiter wird mit $^1/_2$ oder $^2/_3$ des Querschnitts eines Außenleiters verlegt. Trotz den 3 Leitungen ergibt sich aber gegenüber dem Zweileitersystem eine Leiterersparnis von 50 . . . 67%.

Abb. 235 zeigt die Ausführung des Gleichstrom-Dreileiter-Systems mit mehreren Stromabnahmestellen, z. B. in einem mehrstöckigen Haus.

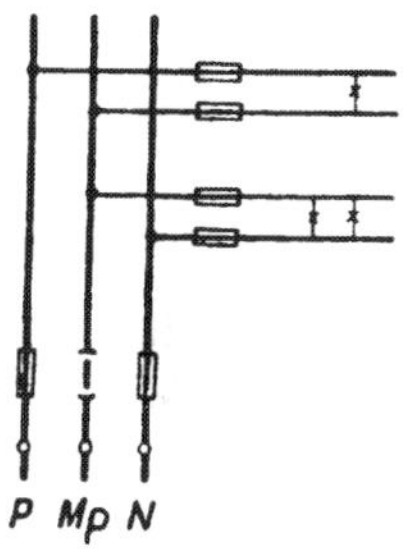

Abb. 235. Gleichstrom-Dreileiternetz

**Drehstromnetz für Kraft**

Es ist dies ein *Dreiphasennetz* zum Anschluß von Drehstrommotoren, Umspannern und größeren Wärmegeräten. Die Verteilung erfolgt durch die 3 Hauptleiter.

Der mit Rücksicht auf den vorgeschriebenen Spannungsverlust erforderliche Leitungsquerschnitt berechnet sich aus der Beziehung:

$$\boxed{q = \frac{1{,}73 \cdot I \cdot l \cdot \cos\varphi}{\varkappa \cdot U_V}}$$

Spannungsverlust $U_V = U_N - U_M$ (s. Abb. 236).

*4. Beispiel:* Ein 10 PS-Drehstrommotor für 500 V und mit $\cos\varphi = 0{,}83$, $\eta = 0{,}87$ ist an eine Kupferleitung von 40 m anzuschließen. Mit welchem Querschnitt ist diese auszuführen für 5% Spannungsverlust?

Lösung:

$$I = \frac{10 \cdot 735}{1{,}73 \cdot 500 \cdot 0{,}83 \cdot 0{,}87} = 11{,}8 \text{ A}$$

$$U_V = 5\% \text{ von } 500 \text{ V} = 25 \text{ V}$$

$$q = \frac{1{,}73 \cdot 11{,}8 \cdot 40 \cdot 0{,}83}{56 \cdot 25} = 0{,}48 \text{ mm}^2.$$

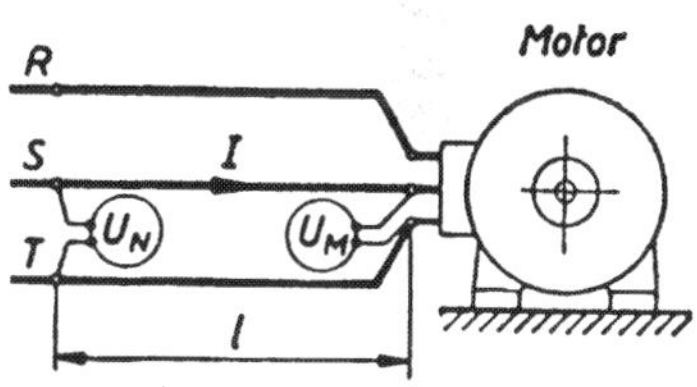

Abb. 236. Drehstromnetz für Kraft

Mit Rücksicht auf die Feuersicherheit ist für 11,8 A jedoch ein Querschnitt von 2,5 mm² zu wählen. Diese Drehstromnetze sind in Deutschland seltener. Dagegen bestehen in älteren Stadtnetzen Teile mit 3×220 V, also ohne Sternpunkt- oder Nulleiter.

**Drehstromnetz für Licht und Kraft**

Die Verteilung erfolgt durch 4 Leiter, nämlich *3 Haupt-* und *1 Sternpunkt-* oder *Nulleiter* (s. Abb. 175); wird meistens als 4-Leiternetz bezeichnet. Es stehen 2 Spannungen zur Verfügung, und zwar in der

Regel 220 V für Lampen (zwischen den Hauptleitern und dem Nulleiter, sog. Sternspannung) und 380 V für Drehstrommotoren (Drehstromspannung). Diese Verteilerspannungen sollen einheitlich verwendet werden.

Für den einphasigen Anschluß von Lampen, Wärmegeräten usw. erfolgt die Berechnung des Leitungsquerschnittes in gleicher Weise wie für ein Zweileiternetz von 220 V. Für den Anschluß von Motoren erfolgt die Berechnung wie für ein Drehstromnetz von 380 V.

## Berührungsschutz in Niederspannungsnetzen

Bei Isolationsfehlern können Metallteile, die normalerweise spannungslos sind, unter Spannung kommen, z. B. Gehäuse von Geräten und Maschinen. Nach den VDE-Vorschriften wird diese Spannung als *Berührungsspannung* bezeichnet. Das Berühren solcher Teile muß jedoch, ohne Gefährdung von Personen, möglich sein. Es sind daher entsprechende Schutzmaßnahmen zu treffen.

Praktische Anwendung finden nach den „Errichtungsvorschriften für Starkstromanlagen mit Betriebsspannungen unter 1000 V" folgende Maßnahmen: Isolierung, Schutzerdung, Nullung, Schutzschaltung, Kleinspannung.

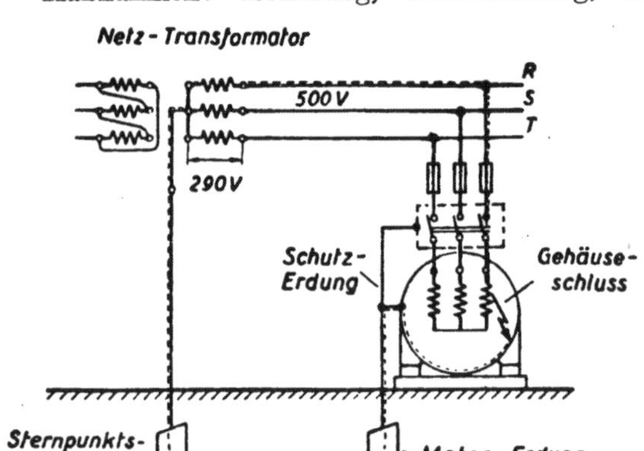

Abb. 237. Schutzerdung

### Isolierung

Soweit es möglich ist, werden auch alle nicht zum Stromkreis gehörenden Metallteile allseitig mit Isolierstoff umgeben.

### Schutzerdung

Gehäuse von Maschinen, Umspannern und Geräten, Gerätegestelle usw. sind zu erden, d. h. durch eine möglichst kurze starke Leitung mit einem im Erdreich versenkten Metallteil, dem sog. *Erder* zu verbinden.

Weist der Anschlußteil, z. B. der Motor, einen Isolationsfehler auf, so fließt der punktiert eingezeichnete *Fehlerstrom* (Abb. 237). Der Übergang vom Erder auf Erde oder von Erde auf den Erder entspricht einem gewissen *Erdungswiderstand.*

In Abb. 238 sind die im Fehlerstromkreis liegenden Erdungswiderstände $R_1$ und $R_2$ schematisch eingezeichnet.

Ist z. B. $R_1 = 7\,\Omega$ und $R_2 = 8\,\Omega$, so ergibt sich, unter Vernachlässigung der übrigen Widerstände:

$$\text{Fehlerstrom } I = \frac{290}{7+8} = \frac{290}{15} = 19{,}2\ \text{A}.$$

Zwischen den Punkten A und B ist somit folgende Spannung: $U_{A-B} = R_2 \cdot I = 8 \cdot 19{,}2 = 152$ V. Der zwischen A und B angeschlossene Spannungsmesser zeigt also 152 V an. Die Berührungsspannung ist 152 V. Die gleiche Spannung ist auch auf eine das Gehäuse berührende Person wirksam. Die Rechnung zeigt:

*Bei Erdung eines Verbrauchers ist es keineswegs so, daß bei Isolationsfehler das Gehäuse des Anschlußteils keine Spannung gegen Erde aufweist.*

Die „Leitsätze für Schutzmaßnahmen in Starkstromanlagen mit Betriebsspannungen unter 1000 V", VDE 0140 verlangen, daß die Schutzerdung so auszuführen ist, daß bei Isolationsfehler, sog. *Körperschluß*, entweder der Fehlerstrom mindestens gleich dem Abschaltstrom des Überstromschutzes (Schmelzsicherung oder Selbstschalter) wird, oder, wenn das nicht möglich ist, wenigstens keine höhere Berührungsspannung als 65 V bestehen bleibt. Das ist der Fall, wenn der Erdungswiderstand

a) in Netzen mit geerdetem Netzpunkt nicht größer ist als

$$\frac{\text{halbe Spannung gegen Erde}}{\text{Abschaltstrom}}$$

b) in Netzen ohne geerdeten Netzpunkt nicht größer als

$$\frac{65\ \text{V}}{\text{Abschaltstrom}}.$$

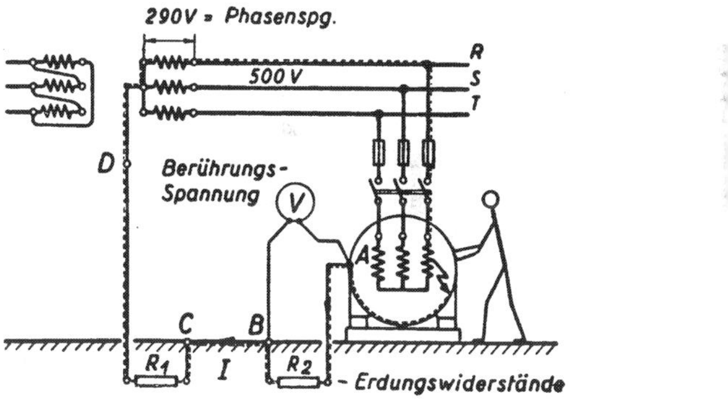


Abb. 238. Schutzerdung, Erdungswiderstand

Für das Beispiel der Abb. 238 müßte die Schmelzsicherung des Motors bei den angenommenen Werten der Erdungswiderstände nach der Formel unter a) mindestens einen Abschaltstrom von

$$I_A = \frac{0{,}5 \cdot 220}{4} = 27{,}5\ \text{A}$$

haben, d. h. es wäre eine Sicherung mit einer Nennstromstärke von höchstens 15 A zu verwenden.

Die Berührungsspannung $U_{A-B}$ ist im wesentlichen von den beiden Erdungswiderständen $R_1$ und $R_2$ abhängig. Je besser also die Nullpunktserdung, d. h. je kleiner $R_1$, um so kleiner muß also der Widerstand $R_2$ der Erdung des Anschlußteils sein, damit die Berührungsspannung nicht größer als 65 V wird. Ein so kleiner Erdungswiderstand ergibt sich jedoch nur, wenn ein Anschluß an ein ausgedehntes Wasserleitungssystem möglich ist.

Schutzerdung ist in der Regel nur dort anwendbar, wo ausgedehnte Wasserleitungsnetze zur Verfügung stehen.

Ist $R_2$ im Vergleich zu $R_1$ so bemessen, daß die Berührungsspannung höchstens 65 V beträgt, so ergibt sich an der Erdungsstelle des System-Nullpunktes, zwischen den Punkten C—D, eine Spannung von $U_{CD} = 220 - 65 = 155$ V. Das Berühren dieser Erdleitung wäre also sehr gefährlich; sie ist als unter Spannung stehend zu betrachten und isoliert auszuführen.

Würde man den Netz-Nullpunkt nicht erden, d. h. also das Netz von Erde völlig isolieren, so scheint es zunächst, daß bei Isolationsfehlern (Körperschluß) beim Berühren des Gehäuses kein Strom durch den Körper fließen sollte. Dem ist jedoch nicht so, da der Strom seinen Weg über den Isolationswiderstand der Anlage, und bei Wechselstrom auch über die Kapazität, gebildet aus Leitungen und Erde, nimmt. Aus diesen und anderen Gründen ist es daher Vorschrift, in Wechselstrom-Niederspannungs-Anlagen den Netzpunkt unmittelbar zu erden.

### Nullung

Vom geerdeten Netzpunkt (Sternpunkt) geht ein im ganzen Leitungsnetz durchgeführter Nulleiter aus (4-Leiter-Netz s. S. 165). Die Gehäuse aller angeschlossenen Maschinen und Geräte werden genullt, d. h. mit dem Nulleiter verbunden. Farbe des Nulleiters: hellgrau.

Statt über Erde fließt der Fehlerstrom durch den Nulleiter; die gesamten Widerstände im Fehlerstromkreis sind verhältnismäßig klein. Meistens ist daher der Fehlerstrom genügend groß, um die betreffende Sicherung oder den Überstromschalter in kürzester Zeit zum Abschmelzen bzw. Abschalten zu bringen, womit die Berührungsspannung verschwindet. In Verbindung mit einem Schalter mit Überstrom-Auslösung wird der Verbraucher allpolig abgeschaltet.

Bei Nichtansprechen der Sicherung weisen jedoch auch alle übrigen am Nulleiter angeschlossenen Gehäuse, obwohl sie nicht defekt sind, eine unter Umständen gefährliche Berührungsspannung auf. Leiterquerschnitt und Sicherungen müssen daher so abgestimmt sein, daß bei Gehäuseschluß die Sicherungen unbedingt abschmelzen. Nulleiter-Drähte sind ferner so auszuführen, daß eine Unterbrechung ausgeschlossen erscheint; niemals darf im Nulleiter ein Schalter oder eine Sicherung vorkommen.

Der Nulleiter ist nicht nur in den Abspannwerken, sondern an möglichst vielen geeigneten Stellen zu erden bzw. an das Wasserleitungsnetz anzuschließen. Dadurch kann auch die Berührungsspannung auf höchstens 65 V herabgesetzt werden.

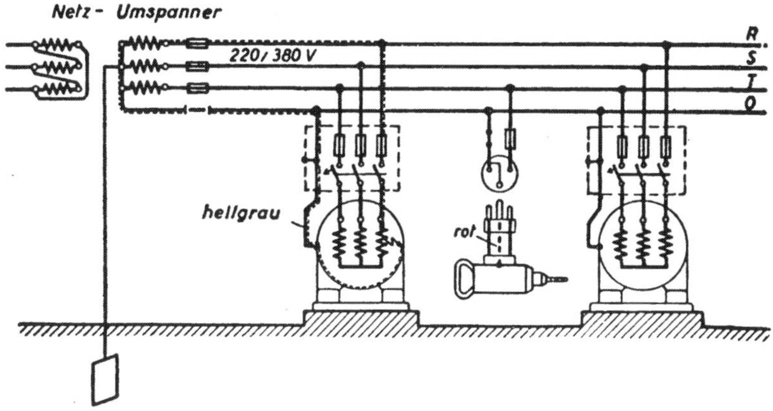


Abb. 239. Nullung

Bei einphasigem Anschluß von Verbrauchern im 220/380-V-Netz werden diese zwischen Null- und Hauptleiter geschaltet. Der Nulleiter dient dann zugleich zur Stromführung.

**Schutzschaltung**

Dem Anschlußteil ist ein selbsttätiger Schalter vorgeschaltet. Weist der Anschlußteil infolge Isolationsfehlers eine gewisse Berührungsspannung auf, so wird der fehlerhafte Verbraucher sofort vom Netz abgeschaltet.

Wie aus der Abb. 240 ersichtlich, ist die Auslösespule zwischen dem Gehäuse des zu schützenden Motors und einem Erder angeschlossen. Die auf die Spule wirkende Spannung entspricht der Berührungsspannung.

Bei Versagen des Schutzschalters kann, infolge des verhältnismäßig großen Widerstandes der geerdeten Auslöserspule, eine Berührungsspannung bis zur Höhe der Phasenspannung wirksam sein. Der Schalter muß dauernd überwacht werden; mit der Prüftaste kann das Ansprechen nachgeprüft werden. Der Schalter kann in der Regel mit einer Überstromauslösung vereinigt werden.

In allen geerdeten, genullten oder schutzgeschalteten Netzen müssen die Steckvorrichtungen zum Anschluß ortsveränderlicher Verbraucher (z. B. Handbohrmaschine) mit einem dritten Kontakt versehen sein. Über seine Ausführung bestehen ganz bestimmte Vorschriften, z. B. muß bei Einführen des Steckers der Schutzkontakt eher zur Berührung kommen als die spannungsführenden Teile. Man bezeichnet solche Steckvorrichtungen als „*Schuko*"-Steckvorrichtungen (*Schut*z*ko*ntakt). Die Leitungsschnur zum ortsveränderlichen Verbraucher muß bei 2poligem Anschluß 3, bei 3poligem dagegen 4 Adern enthalten. Als Schutzleiter ist die rote Ader zu verwenden, die am Gehäuse des Gerätes angeschlossen wird.

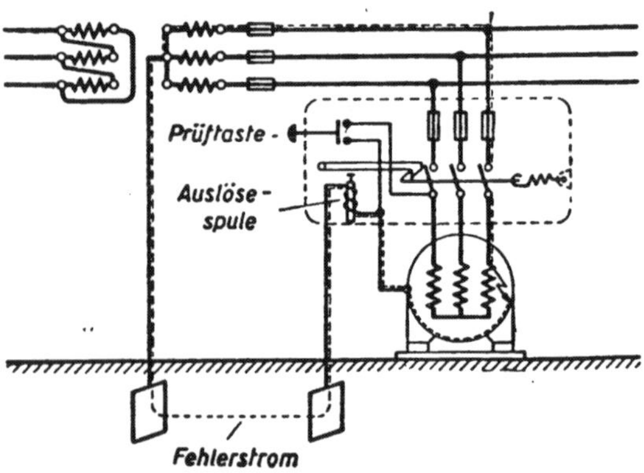


Abb. 240. Schutzschaltung

**Kleinspannung**

In Räumen, in denen durch Feuchtigkeit, sehr hohe Temperaturen oder chemische Dünste oder Dämpfe der Körperwiderstand der darin arbeitenden Menschen sehr herabgesetzt ist, darf zum Anschluß von ortsveränderlichen Verbrauchern nur *Kleinspannung* von höchstens 42 V verwendet werden. Man entnimmt diesen besonderen Schutzumspannern.

## Die Gefahren des elektrischen Stromes für den menschlichen Körper

**Der elektrische Unfall**

Da z. Z. in Deutschland keine einheitliche Unfallstatistik besteht, ist im folgenden aus der benachbarten Schweiz eine solche wiedergegeben, da sich aus früheren Jahren erfahrungsgemäß ihre Ergebnisse mit denen in Deutschland deckten. Die nachstehende Tabelle unterrichtet über die Zahl der in den Jahren 1935 bis 1944 in Niederspannungs- und Hochspannungsanlagen (Bahnanlagen nicht mitgerechnet) verunglückten Personen. Die Angaben sind der jährlich vom Eidgenössischen Starkstrominspektorat veröffentlichten Unfallstatistik entnommen.

*Zahl der Unfälle durch Nieder- und Hochspannung*

| Jahr | *Niederspannung* (bis 1000 V) | | | | *Hochspannung* (über 1000 V) | | | |
|---|---|---|---|---|---|---|---|---|
| | bis 250 V | | 250 ... 1000 V | | 1000 ... 10000 V | | über 10000 V | |
| | verletzt | tot | verletzt | tot | verletzt | tot | verletzt | tot |
| 1935 | 31 | 16 | 18 | 1 | 8 | 1 | 6 | 3 |
| 1936 | 18 | 3 | 28 | 4 | 7 | 5 | 4 | 2 |
| 1937 | 38 | 12 | 31 | 6 | 15 | 1 | 8 | 4 |
| 1938 | 41 | 11 | 36 | 3 | 25 | 7 | 5 | 2 |
| 1939 | 42 | 19 | 23 | 1 | 8 | 4 | 11 | 5 |
| 1940 | 26 | 11 | 19 | 3 | 11 | 3 | 5 | 5 |
| 1941 | 52 | 11 | 43 | 7 | 17 | 10 | 10 | 4 |
| 1942 | 52 | 14 | 44 | 1 | 16 | 7 | 14 | 6 |
| 1943 | 82 | 17 | 51 | 2 | 27 | 7 | 9 | 10 |
| 1944 | 80 | 10 | 53 | 5 | 13 | 7 | 8 | 6 |

Wie daraus ersichtlich, verunglückten durch Niederspannung mehr Personen als durch Hochspannung. Es ist also durchaus falsch, zu glauben, daß das Inberührungkommen mit Niederspannungsanlagen, wie z. B. das Licht- und Kraftnetz von 220/380 V, harmlos und ungefährlich sei.

Maßgebend für die Gefährlichkeit des elektrischen Stromes ist nicht die Spannung, sondern der durch den Körper fließende Strom; $^1/_{10}$ Ampere kann bereits tödliche Wirkung haben.

Beim menschlichen Körper liegt der größte Widerstand in der Haut; er hat Werte von 2000 bis 20000 $\Omega$. Durch Schweißbildung, nasse Hände, feuchtes Schuhwerk, wird der Widerstand an der Berührungsstelle wesentlich herabgesetzt. Unter solchen Umständen fließt daher, beim Berühren spannungsführender Teile, ein größerer Strom. Besonders gefährdend ist es, vom Bad aus elektrische Verbraucher, z. B. Strahler, zu berühren.

In nassen Räumen (Molkereien, Metzgereien, Gerbereien, Färbereien, Dampfkesselanlagen usw.) sollen, wie schon beim Schutz gegen zu hohe Berührungsspannung erwähnt, besonders die ortsveränderlichen Verbraucher an eine möglichst kleine Spannung (weniger als 42 V) angeschlossen werden. Auch elektrische Spielzeuge sollen mit Kleinspannung betrieben werden.

Sehr gefährlich ist es, wenn Herz und Lunge vom Strom beeinflußt werden. Dies ist z. B. der Fall, wenn der Stromdurchgang von einer Hand zur anderen Hand, von den Armen zu den Beinen oder vom Kopf zu den Beinen erfolgt. Der Strom verursacht ein Zusammenziehen der Muskeln. Diese Krampfwirkung verhindert vielfach ein Loslassen der erfaßten, unter Spannung stehenden Teile. Wird die Brustmuskulatur davon betroffen, so hört die Atemtätigkeit auf und es tritt Erstickung ein. Bei Einfluß des elektrischen Stromes auf das Herz wird die natürliche Herztätigkeit gelähmt.

Die Untersuchung bisheriger Unfälle ergibt, daß bei Niederspannung meistens Einwirkung auf das Herz, bei Hochspannung hingegen meistens eine Einwirkung auf die Atmungsorgane resultierte. Bei Schädigung des Atemzentrums ist vielfach durch künstliche Atmung eine Rettung möglich; eine Herzschädigung (Niederspannung) ist selten zu beheben.

Infolge der Wärmeentwicklung des elektrischen Stromes treten, besonders bei Hochspannung, an den Stromübertragungsstellen Verbrennungen auf. Diese heilen sehr schlecht und haben öfters das Absterben des betroffenen Gliedes zur Folge.

### Verhütung elektrischer Unfälle

Zur Vermeidung elektrischer Unfälle sind besonders folgende Punkte zu beachten:

*Installationen sind vorschriftsgemäß und sachgemäß auszuführen.* Für die Ausführung gilt das gesamte VDE-Vorschriftenwerk.

*Ungeeignete und fehlerhafte Verbraucher sind auszuscheiden.* Besonders tragbare Verbraucher, wie Steh- und Handlampen, Handbohrmaschinen usw., verursachen viele Unfälle, indem entweder eine Berührung der metallenen Fassung möglich ist oder keine zuverlässige Erdung der Metallgehäuse erfolgte. Zum Anschluß von ortsveränderlichen Verbrauchern stehen eine Reihe von Anschlußschnüren zur Verfügung, die je nach der Schwere der mechanischen Beanspruchung auszuwählen sind.

*Beachtung der Vorsichtsmaßnahmen bei Arbeiten an elektrischen Anlagen.* Aus der Statistik ergibt sich, daß ungefähr die Hälfte aller elektrischen Unfälle Monteure und Hilfsmonteure betrifft. Unachtsamkeit, Mißachtung der Gefahr, Bequemlichkeit, ungenügende Verständigung zwischen dem im Netz arbeitenden Personal und den einzelnen Schaltwerken, sind meistens die Ursachen der Unfälle.

*Grundregel: Vor Ausführung von Arbeiten die betreffenden Anlageteile allpolig abschalten.*

Sofern bei Bauarbeiten durch elektrische Freileitungen eine Gefährdung möglich, ist die Leitung durch das zuständige Elektrizitätswerk verschalen zu lassen.

### Hilfeleistung

Über die Hilfeleistung bei elektrischen Unfällen merke man sich folgendes:

1. *Arzt und Elektrizitätswerk benachrichtigen.*

2. *Der Verunglückte ist der weiteren Einwirkung des elektrischen Stromes zu entziehen.* Wenn möglich ist also die Leitung sofort abzu-

schalten, andernfalls ist der Verunglückte aus dem Bereich der Leitung zu entfernen. Der Retter muß dabei auf seinen eigenen Schutz bedacht sein. Bei Niederspannung hat er sich genügend vom Boden zu isolieren. Bei Hochspannung kann eine Entfernung nur durch geschultes Personal ausgeführt werden.

3. Hat der Verunglückte nur Verbrennungen, ohne Störung von Herz- und Lungentätigkeit, so warte man auf das Eintreffen des Arztes. Wunden nicht berühren.

4. *Wiederlebungsversuche.* Ist der Verunglückte bewußtlos und atmet nicht mehr, so ist sofort mit Wiederbelebungsversuchen zu beginnen. Vorerst beengende Kleidungsstücke lösen, für Zutritt frischer Luft sorgen. Verunglückten auf Rücken legen, Polster, .zusammengerollte Jacke od. dgl. unter Schulter. Mund öffnen und auf etwaige Fremdkörper untersuchen, Zunge hervorziehen, festhalten oder festbinden, damit sie Atemweg nicht versperrt.

*Künstliche Atmung* ausführen: Hinter dem Kopf des Verunglückten niederknien, Arme unterhalb der Ellbogen ergreifen und stark auf Brustkorb pressen, hierauf langsam heben über den Kopf hinaus und nach ungefähr 2 Sekunden wieder in Anfangstellung zurückkehren und stark auf Brustkorb pressen. In regelmäßigem Tempo weiterfahren, ungefähr 20mal in der Minute. Als Hilfsmittel empfiehlt sich das Bespritzen des Kopfes und Oberkörpers mit kaltem Wasser. Die künstliche Beatmung soll, falls erforderlich, stundenlang (bis zu 4 Stunden) fortgesetzt werden.

5. Nach letzten Schweizer Forschungen *verabfolge man dem Verunglückten* sofort bei Bewußtlosigkeit, sobald er daraus erwacht, *1 Teelöffel doppelkohlensaures Natron in* $^1/_8$ *Liter Wasser.* Diese Verabreichung soll 24 bis 36 Stunden lang stündlich wiederholt werden. Weiter soll der Verunglückte 5 bis 6 Tage lang mit Flüssigkeit (Wasser mit etwas Kochsalz, Traubenzuckerlösung, Tee, Fruchtsäfte oder alkalische Wasser) trinken. Diese Flüssigkeitseinnahmen dienen zur Entgiftung der Nieren. Als Folge elektrischer Unfälle treten schwere innere Vergiftungen auf, die vor allem für die Nieren lebensgefährlich werden können.

# Gleichrichter

Darunter versteht man Geräte zur Umformung von Wechsel- bzw. Drehstrom in Gleichstrom. Sie werden z. B. angewendet als Ladegeräte von Sammlern, zur Speisung von Gleichstrombahnen (Straßenbahn), in elektrochemischen Betrieben zur Erzeugung des Gleichstromes für die Zersetzungszellen, usw. Gleichrichter beruhen auf der sog. Ventilwirkung, d. h. der Eigenschaft gewisser Schaltelemente, (elektrische Ventile), den Strom nur in einer Richtung, der sog. Durchlaßrichtung durchzulassen. Ein Stromfluß in umgekehrter Richtung kommt praktisch nicht zustande, man sagt, das Ventil sperrt den Stromdurchgang (Sperrichtung).

## Grundschaltungen

### Einweggleichrichtung

Abb. 241 zeigt die einfachste Schaltungsart. Der Gleichrichter, das elektrische Ventil, liegt in Reihe zur Sekundärwicklung eines Umspanners und zum Verbraucher. In diesem Kreis kann ein Strom nur in der Durchlaßrichtung fließen. Ist Klemme *1* positiv, so fließt der in Halbperiode *a* bzw. *c* eingezeichnete Strom *I*; in den Halbperioden *b* und *d* ist Klemme *2* positiv und das Ventil sperrt daher den Stromdurchgang, d. h. es ist jetzt *I* gleich Null. Der im Verbraucher fließende Strom ist demnach

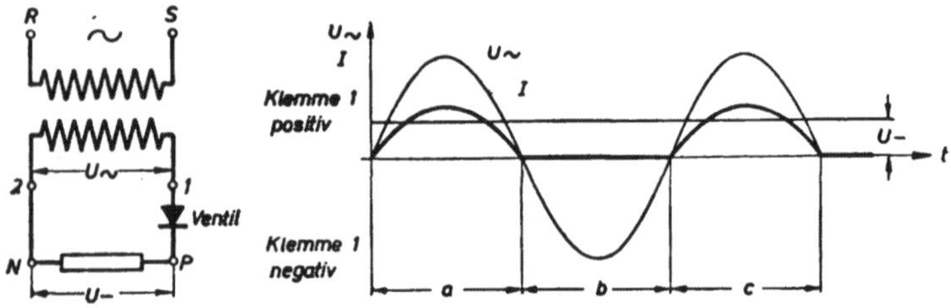


Abb. 241. Einweggleichrichtung
Dünne Kurve Wechselspannung ($U_\sim$), dicke Kurve Wechselstrom ($I$)

pulsierend, hat jedoch konstante Richtung, es ist somit ein Gleichstrom. In dieser Schaltung fließt z. B. nur während der positiven Halbwellen Strom; sie wird als *Einweg-Gleichrichtung* bezeichnet.

Wird an den Klemmen *P* und *N* ein Gleichstrom-Spannungsmesser (Drehspulinstrument) angeschlossen, so zeigt es eine mittlere Gleichspannung $U_-$ an. Diese ist von der Größe der Wechselspannung $U_\sim$ abhängig; je größer die notwendige Gleichspannung $U_-$, um so größer muß $U_\sim$ sein. Aus diesem Grund, d.h. zur Anpassung von $U_\sim$ an $U_-$, ist ein Umspanner nötig; ferner dient er zur galvanischen Trennung der Gleichstromseite vom Wechselstromnetz.

### Zweiweg- oder Vollweggleichrichtung

Zur Verringerung der Pulsationen des Gleichstromes, sowie zur besseren Ausnützung des Umspanners werden Schaltungen gemacht, bei denen in jeder Halbwelle ein Strom im Verbraucher fließt. Man bezeichnet sie als *Zweiweg-* oder *Vollweg-Gleichrichtung.*

Im Gebrauch sind folgende Schaltungen:

## Gegentaktschaltung

*Gegentaktschaltung.* Abb. 242. Die Sekundärwicklung erhält eine gemeinsame Mittelanzapfung *2*, während Klemmen *1* und *3* zu je einem Ventil führen. Ist Klemme *1* positiv, so ist Klemme *3* negativ; die beiden Teilspannungen $U_{a\sim}$ und $U_{b\sim}$ geben somit den in Abb. 242b eingezeichneten Verlauf. In der Halbperiode *a* läßt das Ventil *a* Strom hindurch, während Ventil *b* sperrt; in der Halbperiode *b* ist es umgekehrt. Im Verbraucher fließt somit Strom in jeder Halbperiode; er wird abwechslungsweise vom Ventil *a* bzw. *b* durchgelassen. Die Pulsationen des Gleichstromes sind daher geringer und die gemessene Gleichspannung $U_{-}$ ist, im Vergleich zur Wechselspannung $U_{\sim}$, größer.

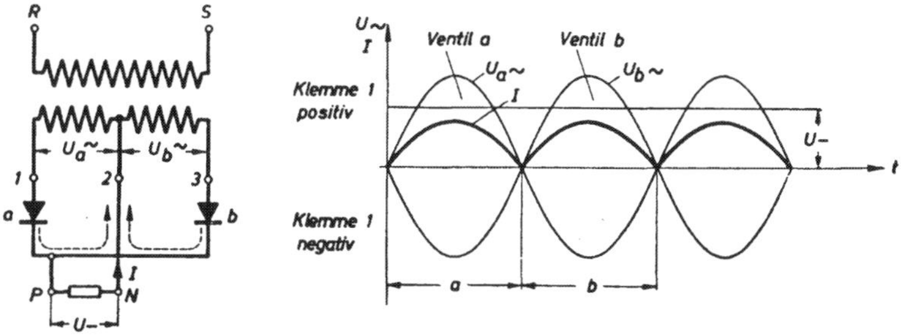


Abb. 242. Gegentaktschaltung

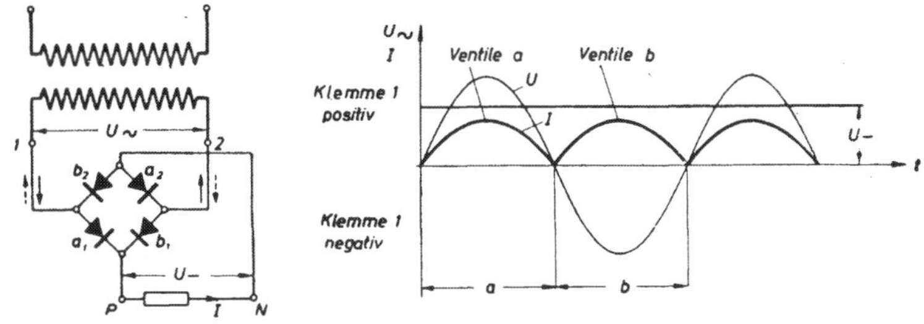


Abb. 243. Grätzschaltung

*Grätzschaltung,* Abb. 243. Dazu sind insgesamt 4 Ventile erforderlich. Ist die Klemme *1* positiv (Halbperiode *a*), so fließt Strom *I* durch Ventil $a_1$, den Verbraucher, durch Ventil $a_2$ zu Klemme *2* und durch die Umspannerwicklung zu Klemme *1* (→). Ist Klemme *2* positiv (Halbperiode *b*), so fließt Strom durch Ventil $b_1$, Verbraucher, Ventil $b_2$, zu Klemme *1* und durch die Umspannerwicklung (– – →). Jede Halbperiode kommt ein Stromfluß zustande und in bezug auf den Verbraucher ergibt sich die gleiche Wirkung, wie bei der Gegentaktschaltung.

**Anschluß an Drehstrom**

Nach den obigen Grundschaltungen erfolgt auch der Anschluß der Ventile an Dreiphasenwechselstrom. Bei der in Abb. 244 dargestellten

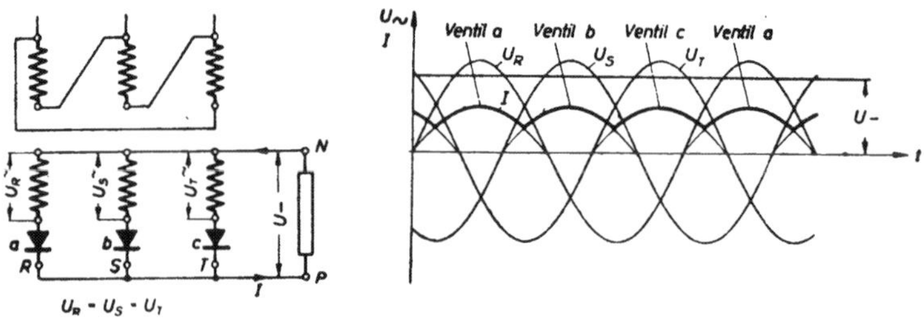


Abb. 244. Dreiphasen-Einwegschaltung

Schaltung entspricht jede Phase einer Einweggleichrichtung. Haben die Klemmen *R*, *S*, *T* positive Polarität, so fließt jeweils durch das betreffende Ventil und den Verbraucher Strom (Abb. 244b). Infolge des Zusammenwirkens der 3 Phasen werden die Pulsationen des Gleichstromes

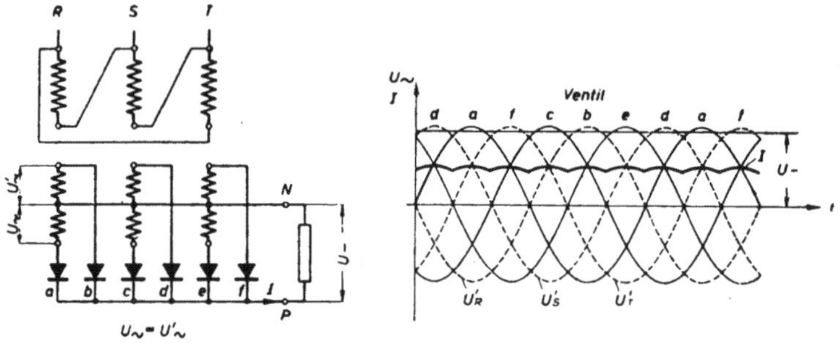


Abb. 245. Dreiphasen-Gegentaktschaltung

noch geringer als bei Zweiweggleichrichtung. Für Gleichrichter größerer Leistung wird meistens die in Abb. 245 dargestellte Schaltung angewendet. Jede Phase entspricht einer Einphasen-Gegentaktschaltung. Der Stromverlauf der einzelnen Ventile ist aus Abb. 245 b ersichtlich. Jedes Ventil leistet jeweils nur einen kurzzeitigen Beitrag bei der Stromabgabe an den Verbraucher. Die sekundärseitige Schaltung des Umspanners wird als Doppel-Sternschaltung bezeichnet.

Nachfolgende Zusammenstellung gibt den Zusammenhang an zwischen dem Effektivwert der Wechselspannung $U_{\sim}$ und der bei Leerlauf mit Drehspulinstrument gemessenen Gleichspannung $U_{-}$.

| Art der Schaltung | Abb. Nr. | $U_{\sim}$ V | $U_{-}$ V |
|---|---|---|---|
| Einweg | 241 | 100 | 45 |
| Gegentakt | 242 | 100 | 90 |
| Grätz | 243 | 100 | 90 |
| Dreiphasen-Einweg | 244 | 100 | 117 |
| Dreiphasen-Gegentakt | 245 | 100 | 132 |

$U_{\sim}$ = Effektivwert.

## Sperrschichtgleichrichter

Das als Ventil wirkende Schaltelement hat eine sog. Sperrschicht, welche den Stromdurchgang in der einen Richtung sperrt. Bei den früher verwendeten Elektrolyt- oder Naßgleichrichter erfolgt die Erzeugung der Sperrschicht elektrochemisch. Bei den *Trockengleichrichtern* wird die Sperrschicht aufgespritzt, oder durch einen chemischen Vorgang erzeugt. Trockengleichrichter finden infolge ihrer Einfachheit mannigfache Anwendung für Starkstrom- und Fernmelde-Anlagen.

### Selen-Gleichrichter

Abb. 246 zeigt einen Schnitt durch eine Selenzelle. Als Sperrschicht wirkt die auf einen sandgestrahlten und vernickelten Eisenscheibe aufge-

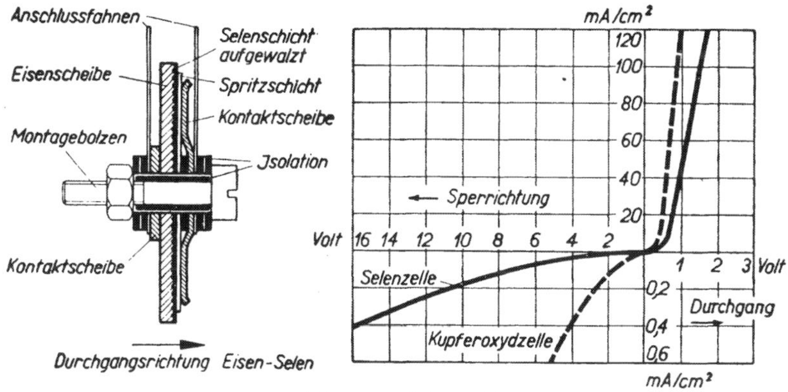


Abb. 246. Selen-Zelle

brachte ungefähr 0,1 mm dicke Selenschicht. Auf diese wird als Schutz und zur Vermittlung der Stromabnahme eine metallische Spritzschicht (Wismut) gebracht.

Die Durchlaßrichtung ist vom Eisen zum Selen; umgekehrt wird der Strom praktisch gesperrt. Wie aus der Kennlinie Abb. 246b ersichtlich, ergibt bei Durchgang einer Spannung von 1,5 V einen Strom von ungefähr 100 mA/cm²; bei Sperrung (umgekehrte Polarität) ergeben 15 V nur 0,38 mA/cm². Wird diese Spannung noch weiter erhöht, so entsteht schließlich ein Durchschlag der Sperrschicht. Zulässige Grenzweite der sog. Sperrspannung: 15 V bei Gleichstrom, 18 V effektiv bei Wechselstrom. Für höhere Spannungen sind entsprechend Zellen in Reihe zu schalten.

Auch in Durchgangsrichtung besteht ein gewisser Innenwiderstand, wodurch eine Erwärmung der Zelle entsteht. Zulässige Betriebstemperatur ungefähr 65° C; durch zwischengelegte dünne Kühlbleche, die über die Eisenscheibe beträchtlich vorstehen, kann die normale Belastbarkeit von 50 mA/cm² auf ungefähr 100 mA/cm² erhöht werden. Eine Scheibe von 112 mm Durchmesser ergibt so eine gesamte Strombelastung von ungefähr 7 A. Durch Parallelschaltung gleichartiger Elemente erhält man noch größere Nennströme. Wirkungsgrad, bei voller Ausnützung der Sperrspannung, ungefähr 75% einschließlich Umspanner.

### Kupferoxydul-Gleichrichter

Die grundsätzliche Ausführung einer Gleichrichterzelle ist aus Abb. 247 ersichtlich. Durch einen Glühprozeß erhält die Kupferscheibe einseitig einen Kupferoxydulüberzug ($Cu_2O$); dieser wirkt als Sperrschicht. Die darauf gepreßte Bleischeibe dient der Kontaktabnahme. Die Durchgangsrichtung ist vom Kupferoxydul zum Kupfer der Scheibe; Kennlinie s. Abb. 246b. Die zulässige Sperrspannung je Zelle beträgt 9,0 V (effektiv); höchste Betriebstemperatur ungefähr 50° C. Wirkungsgrad ungefähr 60%. Da die Selenzelle eine höhere Sperrspannung, einen besseren Wirkungsgrad und eine höhere Belastbarkeit aufweist, hat die Anwendung von $Cu_2O$-Gleichrichtern an Bedeutung verloren.

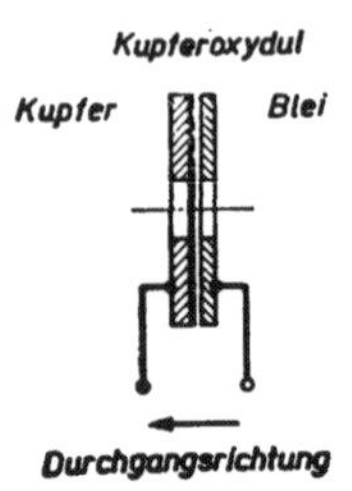

Abb. 247. Kupferoxydul-Zelle

## Glühkathodengleichrichter

Diese beruhen auf dem Prinzip der Elektronenröhren; deren wesentliche Bestandteile sind der luftleere Glaskolben mit den 2 Elektroden, nämlich: die Kathode und die Anode (Abb. 248). Die Kathode ist ein Metallfaden, der durch den Heizstrom (Anschluß an eine besondere Heizwicklung oder besonderen Heizumspanner) zum Glühen gebracht wird und dadurch Elektronen aussendet. Dies sind Träger negativer

Elektrizität. Ist die Gegenelektrode negativ, so werden die Elektronen von ihr abgestoßen (Abb. 248a); ist sie positiv, d. h. wirkt sie als Anode, so werden die Elektronen von ihr angezogen (Abb. 248b). Diese Elektronenwanderung an die Anode ist gleichbedeutend dem Fließen eines

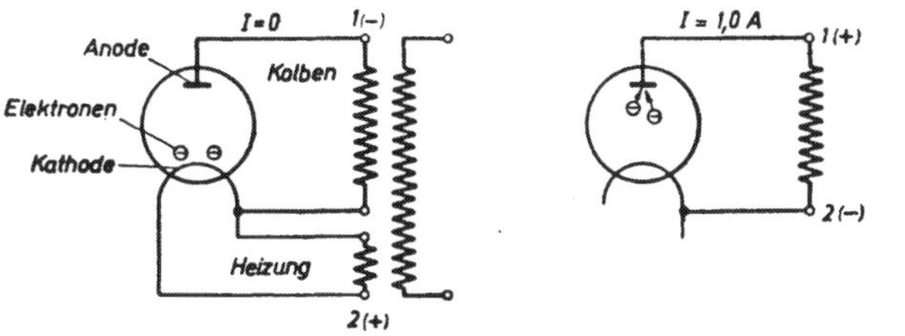


Abb. 248. Glühkathodengleichrichter — Einweggleichrichtung

Stromes $I$. Die Röhre wirkt somit als Ventil; bei positiver Anode fließt ein Strom hindurch, bei negativer Anode ist der Stromdurchgang gesperrt. Obige Schaltung entspricht der Einweggleichrichtung. Meistens werden jedoch Röhren mit 2 Anoden verwendet um eine Zweiweggleichrichtung zu erhalten. In Anwendung sind:

### Glühkathodengleichrichter mit Gasfüllung

In Abb. 249a ist eine Anwendung in Gegentaktschaltung dargestellt; die Strecken $a_1$-Kathode und $a_2$-Kathode entsprechen den beiden Ven-

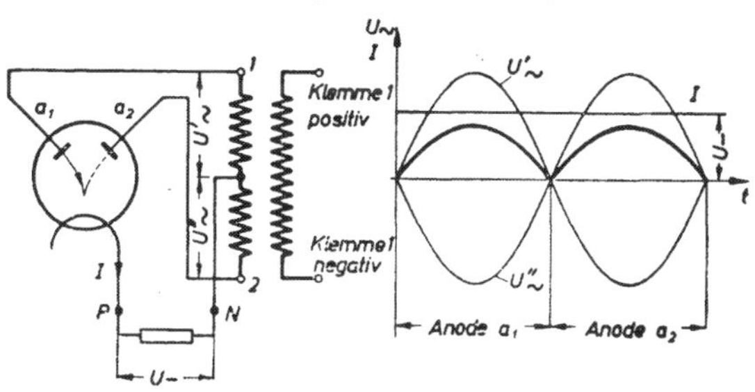


Abb. 249. Glühkathodengleichrichter-Gegentaktschaltung

tilen in Abb. 243. Ist $a_1$ positiv, so ist $a_2$ gleichzeitig negativ und umgekehrt; es fließt somit abwechslungsweise Strom über $a_1$ bzw. $a_2$.

Der Glaskolben enthält z. B. Argongas unter sehr geringem Druck. Die aus der Glühkathode austretenden Elektronen treffen auf Gasmoleküle, wobei aus diesem Atomverband neue Elektronen abgespalten werden, während das Atom einen positiven Ladungsüberschuß aufweist. Diese positiven Ladungsträger werden als Ionen bezeichnet; der

Vorgang heißt Stoß-Ionisation und ist mit einem Aufleuchten des Gases verbunden. Die so erzeugten Elektronen und Ionen beteiligen sich ebenfalls am Stromtransport, wodurch die Strombelastung gegenüber luftleeren Röhren wesentlich erhöht werden kann (bis 30 A je Kolben). Der innere Spannungsverlust beträgt ungefähr 20 V und ist unabhängig vom Belastungsstrom. Der Wirkungsgrad ist daher um so besser, je höher die Betriebsspannung (ungefähr 70% bei 100 V). Sperrspannung ungefähr 250 V effektiv. Lebensdauer ungefähr 2000 Brennstunden.

**Glühkathodengleichrichter mit Quecksilberdampf**

Außer dem Argongas ist noch etwas metallisches Quecksilber im Kolben, das kurz nach Inbetriebnahme verdampft. Dieser Hg-Dampf

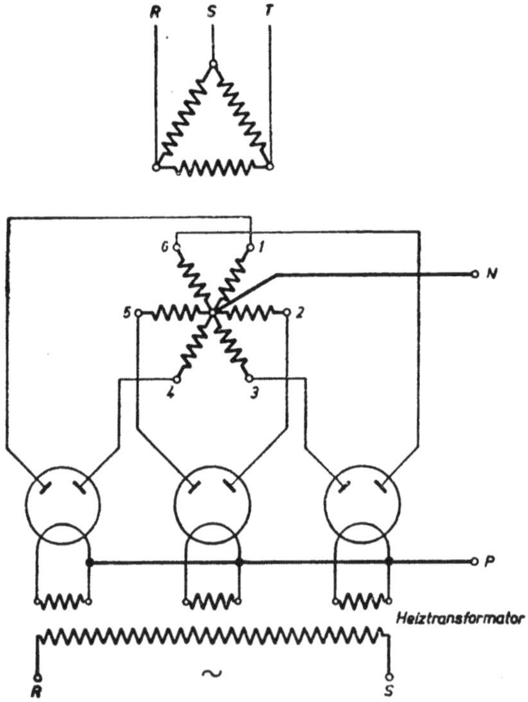


Abb. 250. Drehstromanschluß mit drei Röhren

enthält viele Elektronen, wodurch die Strombelastung noch mehr erhöht werden kann (ungefähr 60 A je Kolben). Spannungsverlust ungefähr 15 V; $\eta$ bei 100 V ungefähr 75%. Sperrspannung einige tausend Volt. Brenndauer ungefähr 3000 Stunden.

Bei Drehstromanschluß (Abb. 250) ist eine Gesamtbelastbarkeit $I$ bis ungefähr 150 A möglich. Diese Schaltung entspricht im Prinzip der Gegentaktschaltung nach Abb. 245. Je 2 Ventile sind in einer Röhre zusammengefaßt. Vor dem Einschalten des Gleichstromverbrauchers ist bei allen Glühkathoden-Gleichrichtern die vom Hersteller angegebene Anheizzeit unbedingt einzuhalten.

## Quecksilberdampf-Gleichrichter

### *Grundsätzliche Wirkungsweise*

Beim Quecksilberdampfgleichrichter verwendet man als Kathode flüssiges Quecksilber, das sich z. B. in einem Glaskolben mit hohem Vakuum befindet. Die Anoden sind aus Graphit oder metallisch. Durch einen künstlich zu erzeugenden Lichtbogen wird etwas Quecksilber verdampft und gleichzeitig, als Folge der hohen Lichtbogen-Temperatur an der Oberfläche des Quecksilbers werden Elektronen erzeugt (sog. Thermoemission). Dieser Vorgang heißt *Zündung*. Wird nun kurz nach der Zündung zwischen Anode und Kathode eine Wechselspannung angelegt, so kommt durch die Elektronen, jedesmal wenn die Anode positiv ist, ein Stromfluß zustande. Infolge des Quecksilberdampfes entstehen auch positive Ionen.

Der Stromdurchgang äußert sich durch das Entstehen eines Lichtbogens; er schnürt sich eng zusammen und ergibt daher beim Eintritt in das Kathoden-Quecksilber eine sehr hohe Stromdichte, bzw. eine hohe Temperatur (ungefähr 3000° C). Auf der Quecksilberoberfläche entsteht ein sehr heller, umherirrender Fleck, der sog. *Kathodenfleck*. An der Anode ergibt sich hingegen nur eine Temperatur von ungefähr 600° C, so daß dort keine Thermoemission zustande kommt. Beträgt der Lichtbogenstrom weniger als 5 A, so sinkt die Temperatur des Kathodenflecks so weit ab, daß die Thermoemission aufhört. Damit nun, unabhängig vom jeweiligen Belastungsstrom, ein Kathodenfleck dauernd besteht, wird mittels Hilfsanode ein besonderer Belastungsstromkreis mit einer Belastung von 5 A vorgesehen. Dieser Teil wird als die *Erregung* des Gleichrichters bezeichnet. Zwecks geringer Verluste wird die zugehörige Spannung nur ungefähr 50 V gemacht.

Der Spannungsverlust im Lichtbogen ist unabhängig von der Belastung und beträgt ungefähr 20 V. Der Wirkungsgrad eines Quecksilberdampfgleichrichters ist daher umso höher je größer die Betriebsspannung ($\eta$ bei 100 V ungefähr 78%; bei 1000 V ungefähr 95%). Quecksilberdampfgleichrichter kommen besonders für größere Leistungen in Frage, und der Anschluß erfolgt daher in der Regel an Drehstrom, und zwar in Gegentaktschaltung (Abb. 245). Für ganz große Ströme sind z. B. 6 einzelne Ventile vorgesehen (6 einzelne Gefäße mit je einer Anode und Kathode); üblicherweise sind jedoch alle 6 Anoden im gleichen Kolben mit einer gemeinsamen Kathode (Abb. 252). — Infolge des Spannungsverlustes im Lichtbogen ergeben sich Verluste; sie erwärmen den Gleichrichter. Um die zulässigen Temperaturen nicht zu überschreiten, ist bei größeren Einheiten eine Kühlung (Luft, Wasser) vorzusehen.

### Gleichrichter mit Glasgefäß

Die grundsätzliche Ausführung eines größeren Glas-Gleichrichters ist aus Abb. 251 ersichtlich; in der Regel sind 6 Anoden vorgesehen. Als Werkstoff verwendet man quarzreiches Hartglas. Nach Herstellung des Vakuums wird der Kolben am Absaugrohr abgeschmolzen; Einrichtungen (Vakuumpumpen) zur dauernden Aufrechterhaltung des Vakuums, wie dies bei Eisengefäßgleichrichtern der Fall ist, sind nicht notwendig. Lebensdauer ungefähr 10000 Stunden, worauf Regeneration möglich. Größe des Glasgefäßes, wegen Herstellungsschwierigkeiten begrenzt; höchstens ungefähr 1400 mm Höhe, wobei Grenzleistungen (6anodig) ungefähr 600 A und 1500 V. Die Anodenarme sind, wie aus Abb. 251 ersichtlich, geknickt. Es soll damit verhindert werden, daß Quecksilbertropfen unmittelbar auf die Anode spritzen; diese würden dort verdampfen und damit die Ventilwirkung aufheben (Rückzündung). Für die Erregung sind zwei separate Erregeranoden ($E_1$ und $E_2$) vorgesehen (Gegentaktschaltung); die Einstellung des Erregerstromes erfolgt durch den Belastungswiderstand $R$, meist jedoch durch eine Drosselspule.

Die Zündung erfolgt bei kleineren Glasgleichrichtern durch Kippen des Kolbens, wodurch Kathodenquecksilber zur Zündanode überläuft. Dadurch fließt im Zündstromkreis (Sekundärwicklung des Zündumspanner-Kathodenquecksilbers) ein Strom. Beim Zurückgehen in die Normallage reißt diese Quecksilberverbindung ab und es entsteht ein Lichtbogen. (Für Kippzündung müßte das Quecksilberniveau der Kathode wie in Abb. 251a angegeben sein; ferner ist im Zündstromkreis ein Widerstand $R'$ vorzusehen zur Begrenzung des Zündstromes.) Bei allen größeren Gleichrichtern erfolgt jedoch das Zünden und Einsetzen der Erregung vollkommen selbsttätig. Zu diesem Zweck ist z. B. eine Tauch-Zündanode vorgesehen; diese taucht in das Quecksilber und wird hierauf herausgezogen, wodurch ein Lichtbogen entsteht. Die in Abb. 251 dargestellte Schaltung entspricht der sog. Kontraktionszündung. Wird der Gleichrichter wechselstromseitig eingeschaltet, so wird der Erregerumspanner $E$, und über das geschlossene Relais *1*, der Zündumspanner $Z$ eingeschaltet. Dessen Sekundärwicklung ist durch das Kathodenquecksilber kurzgeschlossen und es fließt ein großer Zündstrom. Längs dessen Strombahn ergibt sich ein Zusammenziehen (Kontraktion) des Quecksilbers (Kraftwirkung paralleler Ströme, s. S. 83) und es schnürt sich ab und unterbricht den Zündstrom, wodurch ein Lichtbogen entsteht.

Hierauf setzt die Erregung ein und der fließende Erregerstrom $I_E$ bringt das Relais *1* zum ansprechen; dessen Kontakte öffnen und schalten den Zündumspanner ab, worauf der Gleichrichter betriebsbereit ist.

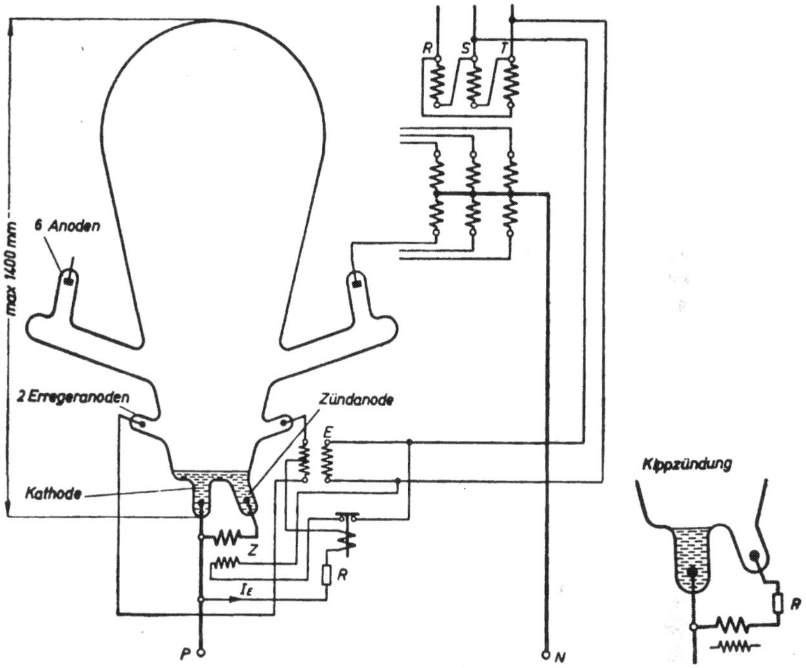


Abb. 251. Glasgleichrichter

**Gleichrichter mit Eisengefäß**

Wie aus Abb. 252 ersichtlich, hat das Gefäß (1) zylindrische Form; der Deckel mit den isoliert und vakuumdicht eingesetzten Anoden ist aufgeschraubt. Die Anoden sind aus Metall und von Schutzblechen umgeben, um direkten Zustrom von Quecksilberdampf zu verhindern. Bei Großgleichrichtern werden 12 oder 18 Anoden angewendet. Da infolge der Verschraubungen und aus anderen Gründen keine vollständige Dichtigkeit möglich ist, so muß, zur dauernden Aufrechterhaltung des notwendigen Vakuums eine Hochvakuumpumpe (2) vorgesehen werden. Diese wird, wenn nötig, selbsttätig eingeschaltet. Die Zündanode (3) wird mittels Elektromagnet eingetaucht, worauf die Erregeranoden (4) einsetzen. Die Kühlung (5) erfolgt mit Luft oder Wasser (doppelwandiger Behälter und Deckel). Die in Abb. 252 dargestellte Schaltung entspricht jener nach Abb. 245; die Sekundärwicklung des Umspanners (6) hat eine sog. Sechsphasen-Gabelschaltung. Für kleinere Leistungen wurden auch

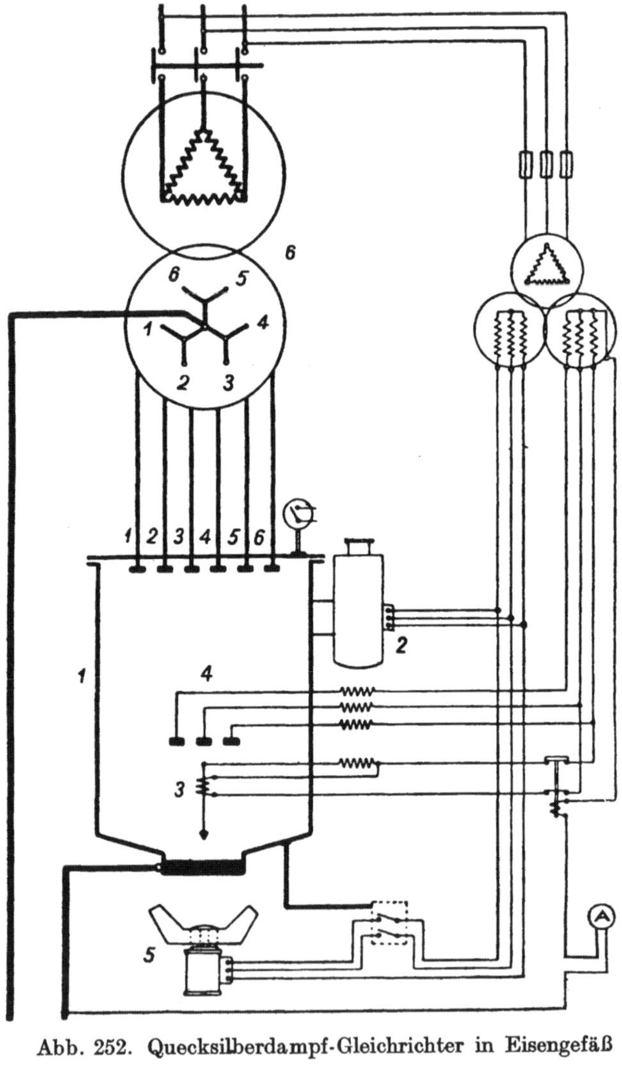


Abb. 252. Quecksilberdampf-Gleichrichter in Eisengefäß

pumpenlose Eisengleichrichter entwickelt; deren Gefäß ist vollständig verschweißt.

# Anzeigen

FSC
www.fsc.org
MIX
Papier | Fördert gute Waldnutzung
FSC® C083411